时尚插画

手绘MP4

夕阳西下

企业画册封面

相机广告

大头贴效果

绚彩照片

去除照片上的多余物

让图片变清晰

雅致生活

唇膏海报

美容网页

黑白照片上色

为图片换背景

房地产广告

儿童相册

拼贴照片

修正偏色的照片

部分实例展示

春天·快乐

燕子归来，在屋檐下歌咏
这是一个加信的季节
付出意味着更大的收获
春天的燕子飞在我头上
春天的河流与我的血液流在一起

贺卡上的故事

迷人大眼睛

结婚请帖

柔化图像

绘制漫画

图层蒙版

Photoshop CS4
中文版

完全自学手册

龙马工作室◎编著

人民邮电出版社

北京

图书在版编目（CIP）数据

Photoshop CS4中文版完全自学手册 / 龙马工作室编
著. -- 北京：人民邮电出版社，2010.5
ISBN 978-7-115-22553-5

Ⅰ. ①P… Ⅱ. ①龙… Ⅲ. ①图形软件，Photoshop
CS4-手册 Ⅳ. ①TP391.41-62

中国版本图书馆CIP数据核字(2010)第066134号

内 容 提 要

本书分为 4 篇共 25 章，其中【入门篇】、【基本技能篇】和【高级应用篇】全面介绍了 Photoshop CS4 的安装、卸载、基本操作、辅助工具、图像编辑的常用方法、选区的编辑、绘画与图像的修饰、调整图像色彩、矢量工具的应用、路径的应用、图层的应用、文字的编辑、通道的应用、蒙版的应用、滤镜的应用，还介绍了新增功能 3D 图像处理，网页、动画与视频的制作，以及打印与印刷的设置等各种工具及命令的应用。【案例实战篇】重点介绍了照片瑕疵处理、数字美容、工作中的图像处理、图像创意合成、美术设计和网页设计等应用案例。

为了便于读者自学，本书突出了对概念的讲解，使读者能深刻理解软件精髓，还介绍了实际操作，帮助读者解决问题，真正使读者做到知其然更知其所以然。

随书光盘中赠送了 22 小时总计 159 个与本书内容同步的视频教学录像，并提供全部视频案例的素材文件和结果文件，同时还奉送了 3 个小时的 CorelDRAW 教学录像、5 个小时的 Photoshop 经典设计实例教学录像、2 个小时的 Premiere 影视制作教学录像和 300 多页会声会影电子图书，使本书真正体现"完全"的含义，成为一本物超所值的好书。

本书适合广大图像处理与平面设计爱好者、实际工作中需要使用 Photoshop 进行图像处理的人员以及从事平面设计的人员学习使用，同时也适合各类院校相关专业的学生和各类培训班的学员学习。

Photoshop CS4 中文版完全自学手册

◆ 编　　著　龙马工作室
　　责任编辑　马雪伶

◆ 人民邮电出版社出版发行　　北京市崇文区夕照寺街 14 号
　　邮编　100061　　电子函件　315@ptpress.com.cn
　　网址　http://www.ptpress.com.cn
　　三河市潮河印业有限公司印刷

◆ 开本：787×1092　1/16
　　印张：25　　　　　　　　　彩插：2
　　字数：641 千字　　　　　　2010 年 5 月第 1 版
　　印数：1-4 000 册　　　　　2010 年 5 月河北第 1 次印刷

ISBN 978-7-115-22553-5

定价：49.00 元（附光盘）

读者服务热线：(010)67132692　印装质量热线：(010)67129223
反盗版热线：(010)67171154

前　言

Photoshop是一款优秀的图像处理软件，被广泛应用于个人数码照片处理、平面设计、广告设计和包装设计等多个领域。

本书内容

本书分为4篇共25章，主要内容如下。

第1篇（第1~3章）：入门篇。该篇主要讲解Photoshop CS4的安装与卸载、辅助工具以及图像编辑的常用方法等内容。初学者在学完本篇后将了解到Photoshop CS4的新增功能，掌握Photoshop CS4的基本操作。

第2篇（第4~11章）：基本技能篇。该篇主要讲解图像的选取、绘画与修饰图像、绘制矢量图形、路径的应用、文字的编辑和图层的应用等基础知识和基本操作。涉及时尚插画、删除照片中的无用文字、为图片换背景、手绘MP4、绘制漫画、制作结婚请柬、制作贺卡、相机广告、制作个性化桌面以及石纹文字等多个案例的制作。

第3篇（第12~19章）：高级应用篇。该篇主要讲解通道的应用、蒙版的应用和滤镜的应用，网页、动画与视频的制作以及打印与印刷的设置等各种工具及命令的应用。涉及透明婚纱、雅致生活、柔化图像、清晰化图像、去除照片中的杂点、迎春纳福动画等多个案例的制作。

第4篇（第20~25章）：案例实战篇。该篇主要通过照片瑕疵处理、数字美容、工作中的图像处理、图像合成、美术设计和网页设计等案例讲解Photoshop CS4的综合应用。这些案例将总结书中所讲述的知识点及功能，与实际应用完美结合。读者在学完本篇后将能轻松运用Photoshop CS4进行图像设计及图像处理。

本书特色

完全自学：内容全面、由浅入深。

量身打造：书中的**310**个综合实例完全来源于实际生活与工作，**37**个大型案例更是涉及Photoshop的各个常见应用领域，把整个案例从无到有的过程充分展现。

易学易用：颠覆传统"看"书的观念，变成一本能"操作"的图书。

超值光盘：随书光盘中奉送了**22**小时总计**159**个与本书内容同步的视频教学录像，并提供全部视频案例的素材文件和结果文件，同时奉送了**3**个小时的CorelDRAW教学录像、**5**个小时的Photoshop经典设计实例教学录像、**2**个小时的Premiere影视制作教学录像和**300**多页会声会影电子图书，使本书真正体现"完全"的含义，成为一本物超所值的好书。

光盘运行说明

（1）将光盘印有文字的一面朝上放入光驱中，几秒钟后光盘就会自动运行。

（2）若光盘没有自动运行，可以双击桌面上的【我的电脑】图标，打开【我的电脑】窗口，然后双击光盘图标，或者在光盘图标上单击鼠标右键，在弹出的快捷菜单中选择【自动播放】菜单项，光盘就会运行。

（3）光盘运行后，待片头动画播放完毕后即可进入光盘的主界面，教学录像按照其章节排列在各自的篇中，学习时选择相应的实例即可。

（4）请参阅光盘中"其他内容"文件夹下的"光盘使用说明"文档来查看详细信息。

创作团队

本书由龙马工作室组织编写，孔长征、李震、胡芬担任主编，其他参与本书编写、资料整理、多媒体开发及程序调试的有陈娜、高莉、白跃辉、宝力高、陈颖、程斌、崔姝怡、丁国栋、付磊、黄宝兴、姜中华、靳梅、李南、李荣昊、刘锦源、马世奎、马双、普宁、王常吉、王飞、王为、王优胜、魏新在、闻金川、徐津、刘子威和徐永俊等，在此对大家的辛勤工作一并表示衷心的感谢！

在编写本书的过程中，我们竭尽所能努力做到最好，但也难免有疏漏和不妥之处，恳请广大读者批评指正。若您在阅读过程中遇到困难或疑问，您可以给我们写信，我们的E-mail是march98@163.com。我们还有论坛网站，以解答您在学习本书中遇到的疑难问题，网址是http://www.51pcbook.com。

本书责任编辑的联系信箱：maxueling@ptpress.com.cn

龙马工作室

目 录

目
录

第3篇　高级应用篇

本书实例索引

第1篇 入门篇

- 第 1 章　Photoshop CS4 入门
- 第 2 章　漫步 Photoshop CS4
- 第 3 章　图像编辑的常用方法

　　入门篇主要讲解 Photoshop CS4 的安装与卸载、文件的基本操作、辅助工具以及图像编辑的常用方法等内容。通过本篇的学习，读者可以了解到 Photoshop CS4 的新增功能和 Photoshop CS4 的基本操作。

第 1 章　Photoshop CS4 入门

本章引言

　　Photoshop CS4 是一款专业的图形图像处理软件，是优秀设计师的必备工具之一。Photoshop 不仅为图形图像设计提供了一个更加广阔的发展空间，而且在图像处理中还有"化腐朽为神奇"的功能。

Photoshop CS4 是一款最优秀的图像处理软件之一，作为专业的图像处理软件，它被广泛地应用于平面设计公司、广告公司、制版公司、输出中心、图形图像处理公司、印刷厂、婚纱影楼以及网页类的公司等。

1.1　Photoshop 的基本概念

本节视频教学录像：5 分钟

在学习 Photoshop CS4 之前，需要先了解一下图像的基本概念和图像的色彩模式。

1. 图像的相关概念

（1）【位图】：又称光栅图，是由许多像小方块一样的"像素"组成的图形，由其位置与颜色值表示，能表现出颜色阴影的变化。Photoshop 主要用于处理位图。

（2）【矢量图】：通常无法提供照片类的图像，一般用于工程技术绘图。例如灯光的质量效果很难在一幅矢量图中表现出来。

（3）【分辨率】：每单位长度上的像素的数目叫做图像的分辨率，简单讲就是图像的清晰度与模糊度。分辨率有很多种，如屏幕分辨率、扫描仪分辨率和打印分辨率等。

（4）【通道】：在 Photoshop 中，通道是指色彩的范围。一般情况下，一种基本色为一个通道。如 RGB 颜色，R 为红色，所以 R 通道的范围为红色；G 为绿色；B 为蓝色。

（5）【图层】：在 Photoshop 中，一幅图像一般都由多个图层制作完成，每一层可以看做是一张透明的纸，叠放在一起就是一幅完整的图像。对其中一个图层进行修改时，对其他图层不会造成任何影响。

2. 图像的色彩模式

（1）【RGB 色彩模式】：又称加色模式，是屏幕显示的最佳颜色，由红、绿、蓝 3 种颜色组成，每一种颜色可以有 0～255 种亮度变化。

（2）【CMYK 色彩模式】：由品蓝、品红、品黄和黄色组成，又称为减色模式。一般打印输出和印刷都使用这种模式，所以打印图片一般都采用 CMYK 模式。

（3）【HSB 色彩模式】：是将色彩分解为色调、饱和度及亮度，通过调整色调、饱和度及亮度得到颜色和变化。

（4）【Lab 色彩模式】：是基于人对颜色的感觉。Lab 中的数值描述的是正常视力的人能够看到的所有颜色。因为 Lab 描述的是颜色的显示方式，而不是设备（如显示器、

打印机或数码相机）生成颜色所需的特定色料的数量，所以 Lab 被视为与设备无关的颜色模式。

（5）【索引颜色】：这种颜色模式下图像像素用一个字节表示，它由最多包含有 256 色的色表存储并索引其所用的颜色，它的图像质量不高，但所占空间较少。

（6）【灰度模式】：使用最多 256 级灰度。灰度图像的每个像素都有一个 0（黑色）到 255（白色）之间的亮度值，该模式可用于表现高品质的黑白图像。

（7）【位图模式】：Photoshop 使用的位图模式只使用黑白两种颜色中的一种表示图像中的像素。位图模式的图像也叫做黑白图像，它包含的信息最少，因而图像也最小。

1.2　Photoshop CS4 的安装与卸载

本节视频教学录像：8 分钟

在学习 Photoshop CS4 之前首先要安装 Photoshop CS4 软件。下面介绍在 Windows XP 系统中安装、启动与退出 Photoshop CS4 的方法。Photoshop CS4 提供两个版本： Photoshop CS4 和 Photoshop CS4 Extended 。其中 Photoshop CS4 Extended 包含 Photoshop CS4 的所有功能。本书介绍 Photoshop CS4 Extended 软件的功能与应用。

> *Tips*
>
> Photoshop CS4 Extended 包含 3D 编辑及合成功能、改进的视频控制功能、增强的度量和计数工具的全面图像分析功能以及 DICOM 图像支持和 MATLAB 处理例程，这些都是电影、视频和多媒体专业人士、使用 3D 及动画的图形和 Web 设计人员、制造专业人士、医疗专业人士、建筑师和工程师及科研人员等专业人士理想的选择。而 Adobe Photoshop CS4 是专业摄影师、图像设计师和 Web 设计人员等专业人士理想的选择。

1.2.1　安装 Photoshop CS4 的系统需求

在 Microsoft Windows 系统中运行 Photoshop CS4 的配置要求如下。

CPU	1.8 GHz 或更快的处理器
内存	512 MB 内存（推荐 1GB 或更大的内存）
硬盘	安装所需的 1GB 可用硬盘空间，安装过程中需要更多的可用空间（无法在基于闪存的存储设备上安装）
操作系统	带 Service Pack 2 的 Microsoft Windows XP（推荐 Service Pack 3）或带 Service Pack 1 的 Windows Vista Home Premium、Business、Ultimate 或 Enterprise 版（经认证可用于 32 位 Windows XP 及 32 位和 64 位 Windows Vista）
显示器	1024 × 768 的显示器分辨率（推荐 1280 × 800），16 位或更高的显卡
驱动器	DVD-ROM 驱动器

1.2.2　安装 Photoshop CS4

Photoshop CS4 是一款专业的设计软件，其安装方法比较简单，具体的安装步骤如下。

❶ 在光驱中放入安装盘，双击安装文件图标 ，接着弹出【Adobe Photoshop CS4 安装程序：正在初始化】对话框。

❷ 初始化结束后，进入【Adobe Photoshop CS4 安装－欢迎】界面，在【欢迎】下选择【我有 Adobe Photoshop CS4 的序列号】选项，在其下方的空白文本框内输入序列号，然后单击【下一步】按钮。

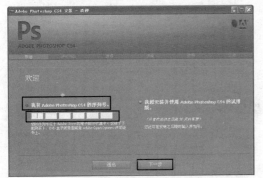

❸ 进入【Adobe Photoshop CS4 安装－许可协议】界面，单击【接受】按钮。

❹ 进入【Adobe Photoshop CS4 安装－选项】界面。

❺ 用户还可以根据需要安装共享组件，然后单击【安装】按钮，进入【Adobe Photoshop CS4 安装－进度】界面。

❻ 安装完成后，进入【Adobe Photoshop CS4 安装－完成】界面，单击【退出】按钮 Photoshop CS4 即安装成功。

1.2.3 卸载 Photoshop CS4

如果想要卸载 Photoshop CS4，可以执行以下操作。

❶ 单击屏幕左下方的【开始】按钮，在弹出的面板中单击 控制面板(C) 图标。

❷ 打开控制面板，然后在 Windows 控制面板中单击【添加或删除程序】图标。

❸ 在弹出的【添加或删除程序】窗口中选择需要卸载的程序 Photoshop CS4，单击右侧的【更改/删除】按钮。

1.3 Photoshop CS4 的新增功能

本节视频教学录像：11 分钟

Photoshop CS4 作为专业的图像处理软件，可以帮助用户创造高质量的图像，提高工作效率。同时 Photoshop CS4 的新增功能也能让用户使用起来更加得心应手。

1.【调整】调板

可快速访问用于在【调整】调板中非破坏性地调整图像颜色和色调所需的控件。包括处理图像的控件和位于同一位置的预设。

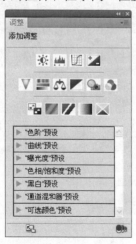

2.【蒙版】调板

在【蒙版】调板中可以快速创建精确的蒙版。【蒙版】调板提供的工具和选项的功能是：创建基于像素和矢量的可编辑的蒙版、调整蒙版浓度并进行羽化，以及选择不连续的对象。

3. 高级复合

使用增强的【自动对齐图层】命令创建更加精确的复合图层，并使用【球面对齐】命令以创建 360° 全景图。增强的【自动混合图层】命令可将颜色和阴影进行均匀的混合，并通过校正晕影和镜头扭曲来扩展景深。

4．画布旋转

单击【画布旋转】可平稳地旋转画布，便可以所需的任意角度进行无损查看。

5．更平滑地平移和缩放图像

使用更平滑地平移和缩放功能可以顺畅地浏览图像的任意区域。在缩放到单个像素时仍能保持清晰度，并且可以使用新的像素网格，轻松地在最高放大级别下进行编辑。

6．多样式的排列文档

在打开多个图像时，Photoshop 可以对图像进行多样性的排列，如下图所示。

7．Camera Raw 中原始数据的处理效果更好

可使用 Camera Raw 5.0 增效工具将校正应用于图像的特定区域，具有卓越的转换品质，并且可以将裁剪后的晕影应用于图像。

8．改进的 Lightroom 工作流程

增强的 Photoshop CS4 与 Photoshop Lightroom 2 的集成使您可以在 Photoshop 中打开 Lightroom 中的照片，并且可以重新使用 Lightroom 进行处理。还可以自动将 Lightroom 中的多张照片合并成全景图，并作为 HDR 图像或多图层 Photoshop 文件打开。

9．使用 Adobe Bridge CS4 进行有效的文件管理

使用 Adobe Bridge CS4 可以进行高效的可视化素材管理，该应用程序具有以下特性：更快速的启动速度、具有适合处理各项任务的工作区，以及创建 Web 画廊和 Adobe PDF 联系表的超强功能。

10．功能强大的打印选项

Photoshop CS4 打印引擎能够与所有主流的打印机紧密集成，还可以预览图像的溢色区域，并支持在 Mac OS 上进行 16

位图像的打印。

11．3D 加速

启用 OpenGL 绘图可以加速 3D 操作。

12．功能全面的 3D 工具

利用 3D 工具可以直接在 3D 模型上绘画，将 2D 图像绕 3D 形状折叠，将渐变形状转换为 3D 对象，为图层和文本添加景深，并且可以轻松导出常见的 3D 格式。

13．处理特大型图像的性能更佳

利用额外的内存，可以更快地处理特大型图像（需要安装 64 位版本 Microsoft Windows Vista 的 64 位计算机）。

1.4　举一反三

下面利用本章所学的知识制作一张黑白照片。

结果\ch01\黑白照片.jpg

提示：

(1) 选择【文件】▶【打开】菜单命令，打开随书光盘中的"素材\ch01\图 01.jpg"图像；

(2) 添加一个图层；

(3) 在【创建新的填充或调整图层】快捷菜单中选择【黑白】。

1.5　技术探讨

在安装 Adobe Photoshop CS4 软件时，系统会选择默认位置进行安装。用户也可以更改安装的位置。当安装界面进入【Adobe Photoshop CS4 安装 – 选项】界面时，单击【更改…】按钮，可以更改安装的位置。

选择安装的位置后单击【确定】按钮，即可更改 Adobe Photoshop CS4 的安装位置。

第 2 章　漫步 Photoshop CS4

本章引言

　　本章讲解 Photoshop CS4 的工作环境、文件的基本操作以及图像的查看
与导航控制等基本操作。在本章中还将详细讲解 Photoshop CS4 新增的功能
画布的旋转、平滑地平移和缩放以及多样式的排列文档等内容。

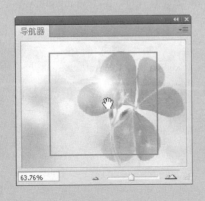

Photoshop CS4 的操作界面与以往版本相比有很大的改观，工具箱和调板都有很大的变化，操作区域更加开阔。下面就来详细介绍 Photoshop CS4 的工作环境。

2.1　Photoshop CS4 的工作界面

本节视频教学录像：14 分钟

Photoshop CS4 的工作界面的设计非常系统化，便于操作和理解，同时也易于被人们接受。

2.1.1　工作界面概览

Photoshop CS4 的工作界面主要由应用程序栏、菜单栏、工具箱、工具选项栏、调板、图像窗口和状态栏等几个部分组成，如下图所示。

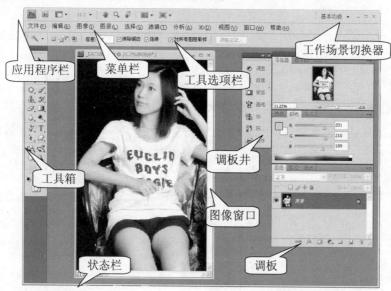

2.1.2　应用程序栏

Photoshop CS4 中新增了应用程序栏。用户可以更方便地选择命令，从而快速地对图像进行编辑和修饰，如下图所示。

1．Photoshop CS4 图标 Ps

双击此图标可关闭 Photoshop CS4 软件。

2．启动 Bridge Br

单击 Bridge 按钮可进入 Bridge 界面（在安装有 Bridge 插件时，方可进入 Bridge 界面）。

3. 查看额外内容

可以查看图像中的参考线、网格和标尺等内容。

4. 缩放级别 66.7 ▼

单击右侧的倒三角按钮 ▼，在弹出的下拉列表中选择一种缩放比例，可对图像进行相应比例的缩放。

5. 抓手工具 🖐

单击【抓手工具】按钮 🖐，可以快速切换到抓手工具对图像进行查看。

6. 缩放工具 🔍

单击【缩放工具】按钮 🔍，可以快速切换到缩放工具对图像进行缩放。

7. 旋转视图工具 🔄

单击【旋转视图工具】按钮 🔄，可以对图像进行旋转。

8. 排列文档 ▦ ▼

单击其右侧的倒三角按钮 ▼，选择排列方式可对图像进行多样式的排列。

9. 屏幕模式 ▣ ▼

单击其右侧的倒三角按钮 ▼，可切换屏幕的显示模式。

10. 工作场景切换器

单击工作场景切换器中的【基本功能】按钮可以打开一些常用的调板。在下拉菜单中选择命令后，界面中将显示出相对应的调板。

(1)【基本功能】

在 Photoshop CS4 启动后，软件默认的为【基本功能】时的界面，在界面中将显示出常用调板。

(2)【基本】命令

在【工作场景切换器】中选择【基本】命令时，系统会弹出【Adobe Photoshop CS4 Extended】对话框。

单击【是（Y）】按钮后，单击【文件】菜单可以看到菜单命令减少了，而最下方多了一个【显示所有菜单项目】菜单命令。

单击【显示所有菜单项目】菜单命令，将显示【文件】菜单下的所有菜单命令。

(3)【CS4 新增功能】

在【工作场景切换器】中选择【CS4 新增功能】命令时，系统会弹出【Adobe Photoshop CS4 Extended】对话框。

单击【是（Y）】按钮后，单击【文件】菜单可以看到一些菜单命令被添加了底纹。被添加了底纹的菜单命令都是 Photoshop CS4 新增的功能。

2.1.3 菜单栏

Photoshop CS4 中有 11 个主菜单，每个菜单内都包含一系列的命令，这些命令按照不同的功能采用分割线进行分离。其中 Photoshop CS4 新增了一个 3D 菜单。

文件(F) 编辑(E) 图像(I) 图层(L) 选择(S) 滤镜(T) 分析(A) 3D(D) 视图(V) 窗口(W) 帮助(H)

菜单栏包含执行任务的菜单，这些菜单是按主题进行组织的。

(1)【文件】菜单中包含的是用于处理文件的基本操作命令，如新建、保存、退出等菜单命令。

(2)【编辑】菜单中包含的是用于进行基本编辑操作的命令，如填充、自动混合图层、定义图案等菜单命令。

(3)【图像】菜单中包含的是用于处理画布图像的命令，如模式、调整、图像大小等菜单命令。

(4)【图层】菜单中包含的是用于处理图层的命令，如新建、图层样式、合并图层等菜单命令。

(5)【选择】菜单中包含的是用于处理选区的命令，如修改、变换选区、载入选区等菜单命令。

(6)【滤镜】菜单中包含的是用于处理滤镜效果的命令，如滤镜库、风格化、模糊等菜单命令。

(7)【分析】菜单中包含的是用于分析和测量数据的命令，如记录测量、标尺工具、计数工具等菜单命令。

(8)【3D】菜单中包含的是用于处理和合并现有的 3D 对象、创建新的 3D 对象、编辑和创建 3D 纹理，及组合 3D 对象与 2D 图像的命令。

(9)【视图】菜单中包含的是一些基本的视图编辑命令，如放大、打印尺寸、标尺等菜单命令。

(10)【窗口】菜单中包含的是一些基本的调板启用命令。

(11)【帮助】菜单中包含的是一些帮助命令。

2.1.4 工具箱

默认情况下，工具箱将出现在屏幕左侧。可以通过拖移工具箱的标题栏来移动它。也可以通过选择【窗口】➤【工具】菜单命令，显示或隐藏工具箱。

工具箱中的某些工具具有出现在上下文相关工具选项栏中的选项。通过这些工具，可以进行文字、选择、绘画、绘制、取样、编辑、移动、注释和查看图像等操作。通过工具箱中的工具，还可以更改前景色/背景色以及在不同的模式下工作。

可以展开某些工具以查看它们后面的隐藏工具。工具图标右下角的小三角形表示存在隐藏工具。

通过将鼠标指针放在任何工具上，用户可以查看有关该工具的信息。工具的名称将出现在指针下面的工具提示中。某些工具提示包含指向有关该工具的附加信息的链接。

工具箱如下图所示。

2.1.5 工具选项栏

　　大多数工具的选项都会在选中该工具的状态下在选项栏中显示，选中【移动工具】 ▶+ 时的选项栏如下图所示。

　　选项栏与工具相关，并且会随所选工具的不同而变化。选项栏中的一些设置（例如绘画模式和不透明度）对于许多工具都是通用的，但是有些设置则专用于某个工具（例如用于铅笔工具的【自动抹掉】设置）。

2.1.6 调板

　　使用调板可以监视和修改图像。

1.【图层】调板

　　【图层】调板列出了图像中的所有图层、图层组和图层效果。可以使用【图层】调板来显示和隐藏图层、创建新图层以及处理图层组。

2.【通道】调板

　　【通道】调板列出了图像中的所有通道，对于 RGB、CMYK 和 Lab 图像，将最先列出复合通道。通道内容的缩览图显示在通道名称的左侧，在编辑通道时会自动更新缩览图。

3.【路径】调板

　　【路径】调板列出了每条存储的路径、当前工作路径和当前矢量蒙版的名称和缩览图像。

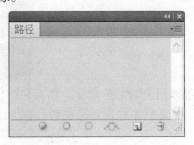

13

选择【窗口】命令可以控制调板的显示与隐藏。默认情况下，调板以组的方式堆叠在一起。按住鼠标左键拖曳调板的顶端可以移动调板组。还可以单击调板左侧的各类调板标签打开相应的调板。

2.1.7 图像窗口

通过【图像窗口】可以移动整个图像在工作区的位置。图像窗口显示图像的名称、显示百分比、色彩模式以及当前图层等信息。

显示相关信息

显示相关信息

单击窗口右上角的 ▬ 图标可以最小化图像窗口，单击 ▢ 图标可以最大化图像窗口，单击 ✕ 图标则可关闭整个图像窗口。

2.1.8 状态栏

状态栏位于每个文档窗口的底部，显示相关信息，例如图像当前的放大倍数、文件大小以及当前工具用法的简要说明等。

> 21.22% | 文档:11.2M/11.2M ▶

单击状态栏上的黑色三角可以弹出一个菜单。

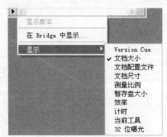

选择相应的菜单命令，状态栏的信息显示情况会随之改变，例如选择【暂存盘大小】命令，状态栏中将显示有关暂存盘大小的信息。

> 21.22% | 暂存盘: 80.9M/159.7M ▶

2.1.9 工具预设

如果需要频繁地对某一个工具使用相同的设置，则可以将这组设置作为预设存储起来，以便在需要的时候可以随时访问该预设。

创建工具预设的步骤如下。

❶ 选择一个工具，然后在其属性栏中设置所需的选项。

❷ 单击调板左侧的【工具预设】按钮 ✖ 或者选择【窗口】▶【工具预设】菜单命令，显示【工具预设】调板。

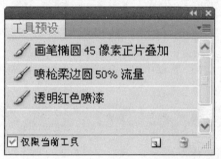

❸ 单击【创建新的工具预设】按钮 🖆。

❹ 弹出【新建工具预设】对话框，输入工具预设的名称，然后单击【确定】按钮即可。

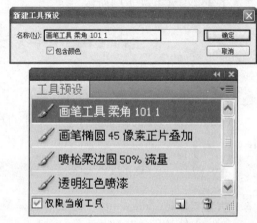

2.1.10 优化工作界面

Photoshop CS4 提供了屏幕模式按钮 ▣▾，单击按钮右侧的倒三角，可以通过选择【标准屏幕模式】、【带有菜单栏的全屏模式】和【全屏模式】3 个选项来改变屏幕的显示模式，也可以使用快捷键【F】来实现 3 种模式之间的切换。建议初学者使用【标准屏幕模式】。

Tips

当工作界面较为混乱时，可以选择【窗口】▶【工作区】▶【默认工作区】菜单命令，恢复到默认的工作界面。

要想拥有更大的画面观察空间则可使用全屏模式。

【带有菜单栏的全屏模式】如下图所示。

单击屏幕模式按钮，选择【全屏模式】时，系统会自动弹出【信息】对话框。单击【全屏】按钮，即可转换为全屏模式。

当在【全屏模式】下时，可按【Esc】键返回到主界面。

【全屏模式】如下图所示。

2.2　Photoshop CS4 文件的基本操作

本节视频教学录像：5 分钟

Photoshop CS4 的基本操作包括文件的新建、打开、保存以及一些基本的视图察看等操作。

2.2.1　新建文件

新建文件是 Photoshop 中最简单也是最常用的操作命令。

新建文件的操作步骤如下。

❶ 选择【文件】▶【新建】菜单命令。

❷ 在弹出的【新建】对话框中设置宽度、高度、分辨率、颜色模式等参数。

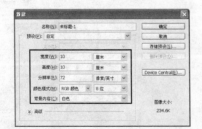

❸ 设置完成后单击【确定】按钮，即可创建一个新文档。

> **Tips**
>
> 制作网页图像时，一般选用【像素】作为单位；制作印刷品时，一般选用【厘米】作为单位。
>
> 使用快捷键【Ctrl+N】可以打开【新建】对话框。

1.【名称】文本框

用于填写新建文件的名称，【未标题-1】是 Photoshop 默认的名称，可以将其改为其他名称。

2.【预设】下拉列表

用于提供预设文件的尺寸，包括各种常

用规格，例如【剪切板】、【照片】等。

3.【宽度】设置项

用于设置新建文件的宽度，默认以像素为宽度单位，也可以选择英寸、厘米、点、派卡和列为单位。

4.【高度】设置项

用于设置新建文件的高度，单位同上。

5.【分辨率】设置项

用于设置新建文件的分辨率。默认的单位为像素/英寸，也可以选择像素/厘米。

6.【颜色模式】设置项

用于设置新建文件的模式，包括位图、灰度、RGB 颜色、CMYK 颜色和 Lab 颜色等几种模式。

7.【背景内容】下拉列表

用于选择新建文件的背景内容，包括白色、背景色和透明 3 种。

(1)【白色】：白色背景。

(2)【背景色】：以所设定的背景色（相对于前景色）为新建文件的背景。

(3)【透明】：透明的背景（以灰色与白色交错的格子表示）。

2.2.2　打开文件

在 Photoshop 中编辑一个已有的图像之前，需要先将其打开。下面介绍打开文件的操作步骤。

❶ 选择【文件】➤【打开】菜单命令，弹出【打开】对话框，找到图片所在的位置。

Tips

一般情况下【文件类型】默认为【所有格式】，也可以选择某种特定的文件格式，然后在大量的文件中进行筛选。

使用快捷键【Ctrl+O】组合键或者在工作区域内双击也可打开【打开】对话框。

❷ 单击【打开】对话框中的【查看】菜单图标 ，可以选择以"缩略图"的形式来显示图像。

Tips

在【打开】对话框的下部可以预览要打开的图片，【文件大小】显示的为图片的大小。

❸ 选中要打开的图片，然后单击【打开】按钮或者直接双击图像即可打开图像。

2.2.3 保存文件

新建文件或者对文件进行处理后，需要及时保存，以免因断电或者死机等突发事件造成数据丢失。

1. 用【存储】命令保存文件

❶ 选择【文件】▶【存储】菜单命令。

❷ 在弹出的【存储为】对话框中选择保存路径，单击【保存】按钮即可。

2. 用【存储为】命令保存文件

【存储为】命令可以将当前图像文件保存为另外的名称和其他的格式，或者将其存储在其他位置。

❶ 选择【文件】▶【存储为】菜单命令。

❷ 打开【存储为】对话框，选择保存路径和文件格式，单击【保存】按钮即可。

2.3 图像的查看与导航控制

本节视频教学录像：13 分钟

在处理图像的时候，会频繁地在图像的整体和局部之间来回切换，通过对整体的把握和对局部的修改来达到最终的完美效果。Photoshop CS4 提供了一系列的图像查看命令可以方便地完成这些操作。

2.3.1 使用导航器查看

使用【导航器】命令可以实现对局部图像的查看。

❶ 选择【窗口】▶【导航器】菜单命令。

❷ 打开【导航器】调板，在导航器缩略窗口中使用【抓手工具】可以移动图像的局部区域。

❸ 单击导航器中的【缩小】图标 ⌇ 可以缩小图像。

❹ 单击【放大】图标 ⌇ 可以放大图像。也可以在【导航器】调板左下角的位置直接输入缩放的数值。

2.3.2 使用【缩放工具】查看

利用【缩放工具】 🔍 可以实现对图像的缩放查看。使用【缩放工具】拖曳出想要放大的区域即可对局部区域进行放大，也可以利用快捷键来实现。

❶ 选择【缩放工具】 🔍 ，并在属性栏中单击【放大】按钮 🔍 。

❷ 在需要放大的区域用鼠标拖曳到适当的大小时，释放鼠标左键即可。

❸ 同理选择【缩小】按钮 🔍 ，在画布上单击即可缩小区域。

> *Tips*
>
> 按【Ctrl++】组合键，以画布为中心放大图像；按【Ctrl+-】组合键，以画布为中心缩小图像；按【Ctrl+0】组合键，满画布显示图像，即图像窗口充满整个工作区域。

2.3.3 使用【抓手工具】查看

当图像放大到图像窗口只能够显示局部图像的时候，如果需要查看图像中的某一个部分，可使用【抓手工具】 ✋ 。在使用【抓手工具】以外的工具时，按住空格键的同时拖曳鼠标，可以将所要显示的部分图像在图像窗口中显示出来，也可以拖曳水平滚动条和垂直滚动条来查看图像。使用【抓手工具】查看部分图像如下图所示。

2.3.4　画布旋转查看

在 Photoshop CS4 中新增了画布旋转功能，可以对画布进行任意角度的旋转，以便进行无损查看。

❶ 单击【编辑】➤【首选项】➤【性能】菜单命令，在弹出的【首选项】对话框中的【CPU设置】设置区中选择【启用 OpenGL 绘图】复选框，然后单击【确定】按钮。

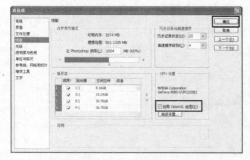

❷ 打开随书光盘中的"素材\ch02\1-2.jpg"文件。

❸ 在标题栏中单击【旋转视图工具】，然后在图像上单击即可出现旋转图标。

❹ 移动鼠标即可实现图像的旋转。

❺ 选择工具箱中的【矩形选框工具】，在图像中拖曳绘制选区。可以看到绘制选区的角度与图像旋转的角度是一致的。

⑥ 双击标题栏中的【旋转视图工具】  ，则可返回到图像原来的状态。

▌ 2.3.5　更平滑地平移和缩放

　　在 Photoshop CS4 中可以使用更平滑地平移和缩放，顺畅地浏览图像的任意区域。在缩放到单个像素时仍能保持清晰度，并且可以使用新的像素网格，轻松地在最高放大级别下进行编辑。

① 打开随书光盘中的 "素材\ch02\1-1.jpg、1-2.jpg、1-3.jpg、1-4.jpg、1-5.jpg、1-6.jpg、1-7.jpg、1-8.jpg、1-9.jpg、1-10.jpg" 文件。

② 此时可以看到图像会自动排列，单击图像标签可以在打开的素材文件中进行切换。还可以单击 ≫ 按钮，在弹出的下拉列表中选择相应的文件名进行素材文件之间的切换。

| 1-1.jpg |
| 1-2.jpg |
| 1-3.jpg |
| 1-4.jpg |
| 1-5.jpg |
| 1-6.jpg |
| ✔ 1-7.jpg |
| 1-8.jpg |
| 1-9.jpg |
| 1-10.jpg |

③ 拖曳图像标签可更改图像的排类顺序，单击 ≫ 按钮，可以看到图像的排列顺序已经发生了变化。

| 1-1.jpg |
| 1-2.jpg |
| 1-3.jpg |
| ✔ 1-7.jpg |
| 1-4.jpg |
| 1-5.jpg |
| 1-6.jpg |
| 1-8.jpg |
| 1-9.jpg |
| 1-10.jpg |

❹ 单击【缩放工具】🔍，对图像进行放大。当图像放大到一定程度时会出现网格。

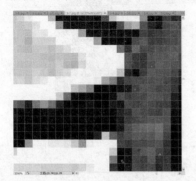

❺ 缩放图像，对图像的局部进行查看。按【H】键，切换到【抓手工具】，可以随意地拖动图像进行查看。

❻ 当由于图像过大不容易查看另外一处的图像时，可以按住【H】键，然后在图像中单击，此时图像会变为全局图像且图像中会出现一个方框，可以移动方框到需要查看的位置。

❼ 释放鼠标左键即可跳转到需要查看的区域。

2.3.6 多样式的排列文档

在打开多个图像时，系统可以对图像进行多样性的排列。

❶ 打开随书光盘中的 "素材\ch02\1-1.jpg、1-2.jpg、1-3.jpg、1-4.jpg、1-5.jpg、1-6.jpg" 文件。

❷ 单击标题栏中的【排列文档】按钮 ▦▾，在打开的菜单中单击【全部垂直拼贴】按钮 ▥，图像的排列将发生明显的变化。

❸ 切换为【抓手工具】，选择 "1-6" 文件，可拖曳进行查看。

❹ 按住【Shift】键的同时，拖曳"1-6"文件，可以发现其他图像也随之移动。

❺ 单击标题栏中的【排列文档】按钮 ，在打开的菜单中单击【六联】按钮。

用户可以根据需要选择适合的排列样式。其他选项含义如下。

【使所有内容在窗口中浮动】：可将所有文件以浮动的样式进行排列。

【新建窗口】：可将选择的文件复制一个新的文件。

【实际像素】：图像将以 100%像素显示。

【按屏幕大小缩放】：Photoshop 将根据屏幕的大小对图像进行缩放。

【匹配缩放】：Photoshop 将以当前选中的图像为基础对其他的图像进行缩放。

【匹配位置】：Photoshop 将以当前选中的图像为基础对其他的图像调整位置。

【匹配缩放和位置】：Photoshop 将以当前选中的图像为基础对其他的图像进行缩放和调整位置。

2.4 使用辅助工具

🎬 **本节视频教学录像：5 分钟**

辅助工具的主要作用是辅助操作，可以利用辅助工具提高操作的精确程度和提高工作的效率。在 Photoshop 中可以利用参考线、网格和标尺等工具来完成辅助操作。

2.4.1 使用标尺

利用标尺可以精确地定位图像中的某一点以及创建参考线。

选择【视图】➢【标尺】菜单命令，可以在画布中打开标尺。

2.4.2　使用网格

网格对于对称地布置图像很有用。

❶ 选择【视图】▶【显示】▶【网格】菜单命令或按【Ctrl+[】组合键即可显示网格。网格在默认的情况下显示为不被打印出来的线条。

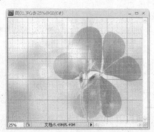

❷ 选择【编辑】▶【首选项】▶【参考线、网格、切片和计数】菜单命令，在弹出【首选项】对话框中设定网格的样式、大小和颜色。

2.4.3　使用参考线

　　参考线是浮在整个图像上不被打印出来的线条，可以移动或删除，也可以锁定参考线。锁定后，参考线的位置固定，可以避免无意中被移动。

1. 创建参考线

❶ 选择【视图】▶【新建参考线】菜单命令。

❷ 在弹出的【新建参考线】对话框中设置水平方向4厘米处参考线，然后单击【确定】按钮。

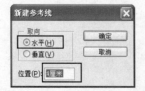

❸ 选择【视图】▶【新建参考线】菜单命令，在弹出的【新建参考线】对话框中设置垂直方向 6 厘米处参考线，单击【确定】按钮。

2. 删除参考线

删除参考线有以下两种方法。

（1）使用移动工具将参考线拖曳到标尺位置，可以一次删除一条参考线。

（2）选择【视图】➤【清除参考线】菜单命令，可以一次将图像窗口中的所有参考线全部删除。

3. 锁定参考线

为了避免在操作中移动参考线，可选择【视图】➤【锁定参考线】菜单命令将参考线锁定。

Tips

在显示标尺时，可从标尺处直接拖曳出参考线，按住【Shift】键并拖曳参考线可以使参考线对齐标尺。

2.5　自定义快捷键

本节视频教学录像：3 分钟

在 Photoshop CS4 中用户可通过【键盘快捷键和菜单】对话框查看所有快捷键，并可以编辑或创建快捷键。【键盘快捷键和菜单】对话框相当于一个快捷键编辑器，并包括所有支持快捷键的命令，其中一些是默认快捷键组中没有提到的。

❶ 选择【编辑】➤【键盘快捷键】菜单命令，弹出【键盘快捷键和菜单】对话框。

Tips

（1）【应用程序菜单】：允许为菜单栏中的项目自定义键盘快捷键。

（2）【面板菜单】：允许为面板菜单中的项目自定义键盘快捷键。

（3）【工具】：允许为工具箱中的工具自定义键盘快捷键。

❸ 在滚动列表框的【快捷键】列中选择要修改的快捷键，然后键入新的快捷键。

❷ 从【快捷键用于】下拉列表中选择一种快捷键类型。

❹ 单击【存储组】按钮 ，即会存储对当前的键盘快捷键组所做的所有更改。

2.6　使用 Photoshop CS4 的帮助功能

🎬 **本节视频教学录像：1 分钟**

Photoshop 中的帮助具有强大的指导功能，下面介绍"帮助"的功能。

❶ 选择【帮助】➤【Photoshop 帮助】菜单命令。

❷ 弹出【Adobe Help Viewer1.1】对话框，在对话框的【搜索】文本框中，可以输入相应的内容进行搜索查询，以获得相应的帮助。

2.7　我的第一个 Photoshop 平面作品

🎬 **本节视频教学录像：3 分钟**

本实例是使用移动工具和调整不透明度命令，制作一幅将巧克力放置在鱼缸中的奇幻效果的图片。

2.7.1 实例预览

素材\ch02\图 03.jpg

素材\ch02\图 04.psd

结果\ch02\第一个平面作品.jpg

2.7.2 实例说明

实例名称：第一个平面作品	
主要工具或命令：【移动工具】和调整不透明度命令等	
难易程度：★★　　常用指数：★★★★	

2.7.3 实例步骤

第 1 步：新建文件

❶ 单击【文件】➢【打开】菜单命令。

❷ 打开随书光盘中的 "素材\ch02\图 03.jpg" 和 "图 04.psd" 两幅图像。

第 2 步：移动图像

❶ 使用工具箱中的【移动工具】，将素材 "巧克力" 拖曳到 "图 03" 中。

❷ Photoshop 自动新建【图层 1】图层，关闭 "图 04" 文件。

第3步：调整图像的大小

❶ 选择"巧克力"所在的【图层1】图层。

❷ 按住【Ctrl+T】组合键执行自由变换命令来调整"巧克力"的位置和大小，调整完毕按【Enter】键确定。

第4步：调整图层的不透明度

❶ 在【图层】调板中选择【图层1】图层。

❷ 设置图层不透明度为"53%"，最终效果如下图所示。

2.7.4 实例总结

　　本实例是通过叠加图片来显示奇幻效果的，生活中大家可根据自己的喜好制作不同的图片，同样可以得到奇幻效果。

2.8 举一反三

　　根据本章所学的知识，制作一幅巧克力包装。

素材\ch02\图 05.jpg

素材\ch02\图 06.jpg

结果\ch02\巧克力包装.jpg

提示：

(1) 将"心形"拖曳到"玫瑰"中；

(2) 使用【橡皮擦工具】擦除不需要的部分。

2.9　技术探讨

对于新建的文件或已经存储过的文件，可以使用【存储为】菜单命令将文件另外存储为某种特定的格式。方法是：选择【文件】➤【存储为】菜单命令，打开【存储为】对话框进行保存即可。

1.【存储选项】设置区

用于对各种要素进行存储前的取舍。

(1) 【作为副本】复选框：选择此项，可将所编辑的文件存储成文件的副本并且不影响原有的文件。

(2) 【Alpha 通道】复选框：当文件中存在 Alpha 通道时，可以选择存储通道（选择此项）或不存储 Alpha 通道（撤选此项）。要查看图像是否存在 Alpha 通道，可执行【窗口】➤【通道】菜单命令，弹出【通道】调板，然后在其中查看即可。

(3) 【图层】复选框：当文件中存在多个图层时，可以保持各图层独立进行存储（选择此项）或将所有图层合并为同一图层存储（撤选此项）。要查看图像是否存在多个图层，可执行【窗口】➤【图层】菜单命令，弹出【图层】调板，然后在其中查看即可。

(4) 【注释】复选框：当文件中存在注释时，可以通过此选项将其存储或忽略。

(5) 【专色】复选框：当图像中存在专色通道时，可以通过此选项将其存储或忽略。专色通道同样可以在【通道】调板中查看。

2.【颜色】选项区

用于为存储的文件配置颜色信息。

3.【缩览图】复选框

用于为存储文件创建缩览图，该选项为灰色表明系统自动为其创建缩览图。

4.【使用小写扩展名】复选框

选择此项，则用小写字母创建文件的扩展名。

第 3 章　图像编辑的常用方法

本章引言

　　本章介绍使用 Photoshop CS4 进行图像处理和图像编辑的常用方法，例如恢复与还原，拷贝与粘贴，以及修改画布等操作。

使用 Photoshop CS4 进行图像处理的过程中，会重复使用许多命令和操作。下面就来具体学习这些常用的图像编辑方法。

3.1 恢复与还原

第3章 图像编辑的常用方法

🎞 **本节视频教学录像：4 分钟**

在编辑图像的过程中，如果某一步的操作出现了失误，或者对创建的效果不满意，就需要还原或者恢复图像。下面介绍如何进行图像的恢复与还原操作。

3.1.1 还原与重做

选择【编辑】➤【还原】菜单命令，或者按下【Ctrl+Z】组合键，可以撤销对图像的最后一次操作，将图像还原到上一步的编辑状态中。

如要取消还原操作，可选择【编辑】➤【重做】菜单命令。

3.1.2 前进一步与后退一步

【还原】命令只能还原一步操作，而选择【编辑】➤【后退一步】菜单命令则可以连续还原。连续执行该命令，或者连续按下【Alt+Ctrl+Z】组合键，便可逐步撤销操作。

选择【后退一步】命令操作后，可选择【编辑】➤【前进一步】菜单命令恢复被撤销的操作，连续执行该命令，或者连续按下【Shift+Ctrl+Z】组合键，可逐步恢复被撤销的操作。

3.1.3 恢复文件

选择【文件】➤【恢复】菜单命令，可以直接将文件恢复到最后一次保存的状态。

3.2 【历史记录】调板

🎞 **本节视频教学录像：6 分钟**

在 Photoshop CS4 中每进行一步操作，都会被记录在【历史记录】调板中。通过【历史记录】调板可以将图像恢复到操作过程中的某一状态，也可以再次回到当前的操作状态。在【历史记录】调板中还可以将当前处理结果创建为快照，或创建一个新的文件。

3.2.1 【历史记录】调板

【历史记录】调板可以撤销历史操作，返回到图像编辑以前的状态。下面就来学习【历史记录】调板的使用方法。

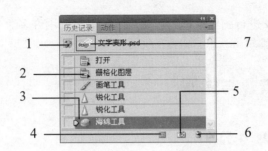

1. **设置历史记录画笔的源**

   在使用历史记录画笔时，该图标所在的位置将作为历史画笔的源图像。

2. **历史记录状态**

   被记录的操作命令。

3. **当前状态**

   将图像恢复到当前命令的编辑状态。

4. **从当前状态创建新文档**

   单击该按钮，可以基于当前操作步骤中图像的状态创建一个新的文件。

5. **创建新快照**

   单击该按钮，可以基于当前的图像状态创建快照。

6. **删除当前状态**

   在调板中选择某个操作步骤后，单击该按钮可将该步骤以及其后面的步骤删除。

7. **快照缩览图**

   被记录为快照的图像状态。

3.2.2 使用历史记录命令制作特效

使用【历史记录】调板可在当前工作会话期间跳转到所创建图像的任一最近状态。每次对图像应用更改时，图像的新状态都会添加到【历史记录】调板中。使用【历史记录】调板也可以删除图像状态，并且在 Photoshop 中，用户可以使用【历史记录】调板依据某个状态或快照创建文件。可以选择【窗口】➤【历史记录】菜单命令，或者单击【历史记录】调板选项卡打开【历史记录】调板。

❶ 打开随书光盘中的"素材\ch03\图 01.jpg"文件。

❷ 选择【图层】➤【新建填充图层】➤【渐变】菜单命令，打开【新建图层】对话框，然后单击【确定】按钮。

❸ 在弹出的【渐变填充】对话框中单击【渐变】右侧的▾按钮，在【渐变】下拉列表中选择【透明彩虹】渐变，单击【确定】按钮。

④ 在【图层】调板中将【渐变】图层的混合模式设置为【颜色】，效果如下图所示。

⑤ 选择【窗口】➤【历史记录】菜单命令，在弹出的【历史记录】调板中单击调板中的【新建渐变填充图层】图层，可将图像恢复为如右上图所示的状态。

⑥ 单击【快照缩览图】可撤销对图形进行的所有操作，即使中途保存过该文件，也可将其恢复到最初打开的状态。

⑦ 要恢复所有被撤销的操作，可在【历史记录】调板中单击【混合更改】图层。

3.3　拷贝与粘贴

🎬 **本节视频教学录像：3 分钟**

　　【拷贝】和【粘贴】都是应用程序中最普通的命令，用于完成复制和粘贴任务。与其他程序不同的是，在 Photoshop CS4 中还可以对选区内的图像进行特殊的复制与粘贴操作。例如，在选区内粘贴图像，或者清除选区内的图像。

　　下面通过使用【拷贝】和【粘贴】命令复制图像，具体操作步骤如下。

❶ 打开随书光盘中的"素材\ch03\图 07"和"素材\ch03\08.jpg"文件。

❷ 选择【椭圆选框工具】，按住【Shift+Alt】组合键，以盘子中心为起点绘制一个圆形选区。

❸ 同理在蛋糕上绘制一个圆形选区。

❹ 选择"图 07"文件，然后选择【编辑】➤【拷贝】菜单命令。

❺ 选择"图 08"文件，再选择【编辑】➤【粘贴】菜单命令即可。

3.4　图像的变换操作

本节视频教学录像：5 分钟

　　【编辑】➤【变换】下拉菜单中包含对图像进行变换的各种命令。通过这些命令可以对选区内的图像、图层、路径和矢量形状进行变换操作，例如旋转、缩放和扭曲等。执行这些命令时，当前对象上会显示出定界框，拖动定界框中的控制点即可进行变换操作。

　　使用【变换】命令调整图像的具体步骤如下。

❶ 打开随书光盘中的"素材\ch03\图 05"和"素材\ch03\06.jpg"文件。

❸ 选择【图层 1】图层，选择【编辑】➤【变换】➤【缩放】菜单命令，调整"图 06"的大小和位置。

❷ 选择【移动工具】，将"图 06"拖曳到"图 05"文档中，同时生成【图层 1】图层。

④ 在定界框内右击，在弹出的快捷菜单中选择【变形】命令调整透视效果，然后按【Enter】键确认调整。

⑤ 在【图层】调板中设置【图层1】图层的混合模式为【深色】，最终效果如下图所示。

3.5　裁剪图像

本节视频教学录像：3 分钟

在处理图像的时候，如果图像的边缘有多余的部分可以通过裁剪工具将其裁剪。使用裁剪工具可以保留图像中需要的部分，剪去不需要的内容。

选中【裁剪工具】 🔲 ，在属性栏中可以通过设置图像的宽、高、分辨率等来确定要保留图像的大小。单击【前面的图像】按钮 前面的图像 可以在前面的数值栏中显示当前图像的大小和分辨率。如果打开了两个文件，则显示新打开的图像的大小和分辨率。单击【清除】按钮 清除 可以将属性栏中的数值清除掉。

1. 拖曳时的属性栏参数设置

🔲 裁剪区域　删除　隐藏　☑屏蔽　颜色：■ 不透明度：75% ▶ □透视　　　　　　　　　⊘ ✓

（1）【屏蔽】复选框：选择此选项时图像中要被裁切的部分将用颜色标出来。

（2）【颜色】设置框：用于标识屏蔽部分用什么颜色显示。单击 ■ 弹出【拾色器】对话框。屏蔽颜色设置为红色时的效果如下图所示。

（3）【不透明度】设置框：用于设置被屏蔽部分颜色的不透明情况。

2. 使用【裁剪工具】裁剪图像

❶ 打开随书光盘中的"素材\ch03\图 04.jpg"文件。

❷ 选择【裁剪工具】 🔲 ，在图像中拖曳创建一个矩形，释放鼠标左键即可创建裁剪区域。

❸ 将鼠标指针移至定界框的控制点上，单击并拖动鼠标调整定界框的大小。

❹ 按【Enter】键确认剪裁，最终效果如下图所示。

3.【裁剪工具】使用技巧

（1）如有必要可以调整裁剪选框。如果要将选框移动到其他的位置，则可将鼠标指针放在定界框内并拖曳；如果要缩放选框，则可拖移手柄。

（2）如果要约束比例，则可在拖曳角手柄时按住【Shift】键。如果要旋转选框，则可将鼠标指针放在定界框外（指针将变为弯曲的箭头形状）并拖曳。

（3）如果要移动选框旋转时所围绕的中心点，则可拖曳位于定界框中心的圆。

（4）如果要使裁剪的内容发生透视，可以选择属性栏中的【透视】选项，并在 4 个角的定界点上拖曳鼠标，这样内容就会发生透视。如果要提交裁剪，可以单击属性栏中的 ✓ 按钮；如果要取消当前裁剪，则可单击 按钮。

3.6 修改图像的大小

🎬 **本节视频教学录像：**⌐ **分钟**

扫描或导入图像以后还需要调整其大小，以使图像能够满足实际操作的需要。

在 Photoshop CS4 中，可以使用【图像大小】对话框来调整图像的像素大小、打印尺寸和分辨率。

选择【图像】➤【图像大小】菜单命令，弹出【图像大小】对话框。

> **Tips**
>
> 在调整图像大小时，位图数据和矢量数据会产生不同的结果。位图数据与分辨率有关，因此更改位图图像的像素大小可能导致图像品质和锐化程度的损失。相反，矢量数据与分辨率无关，调整其大小不会降低图像边缘的清晰度。

（1）【像素大小】设置区：在此可以输入【宽度】值和【高度】值。如果要输入当前尺寸的百分比值，应选取【百分比】作为度量单位。图像的新文件大小会出现在【图像大小】对话框的顶部，而旧文件大小则在括号内显示。

（2）【缩放样式】复选框：如果图像带有应用了样式的图层，则可选择【缩放样式】复选框，在调整大小后的图像中，图层样式的效果也被缩放。只有选中了【约束比例】复选框，才能使用此复选框。

（3）【约束比例】复选框：如果要保持当前的像素宽度和像素高度的比例，则应选择【约束比例】复选框。更改高度时，该选项将自动更新宽度，反之亦然。

（4）【重定图像像素】复选框：在其下面的下拉列表中包括【邻近】、【两次线性】

和【两次立方】、【两次立方较平滑】、【两次立方较锐利】5个选项。

①【邻近】：选择此选项，速度快但精度低。建议对包含未消除锯齿边缘的插图使用该选项，以保留硬边缘并产生较小的文件。但是，该选项可能导致锯齿状效果，在对图像进行扭曲或缩放时或在某个选区上执行多次操作时，这种效果会变得非常明显。

②【两次线性】：对于中等品质方法可使用两次线性插值。

③【两次立方】：选择此选项，速度慢但精度高，可得到最平滑的色调层次。

④【两次立方较平滑】：在两次立方的基础上，适用于放大图像。

⑤【两次立方较锐利】：在两次立方的基础上，适用于图像的缩小，以保留更多在重新取样后的图像细节。

3.7　修改画布

▶ **本节视频教学录像：2 分钟**

使用【图像】➤【画布大小】菜单命令，可以添加或移去现有图像周围的工作区。该命令还可用于通过减小画布区域来裁剪图像。在 Photoshop CS4 中，所添加的画布有多个背景选项。如果图像的背景是透明的，那么添加的画布也将是透明的。

1. 【画布大小】对话框参数设置

(1)【宽度】和【高度】参数框：设置画布尺寸。

(2)【相对】复选框：在【宽度】和【高度】参数框内根据希望画布大小输入增加或减少的数值（输入负数将减小画布大小）。

(3)【定位】：单击某个方块可以指示现有图像在新画布上的位置。

(4)【画布扩展颜色】下拉列表框中包含 4 个选项。

①【前景】选项：选中此选项，则使用当前的前景颜色填充新画布。

②【背景】选项：选中此选项，则使用当前的背景颜色填充新画布。

③【白色】、【黑色】或【灰色】选项：选中这 3 项之一，则使用所选颜色填充新画布。

④【其他】选项：选中此选项，则使用拾色器选择新画布颜色。

2. 增加画布尺寸

❶ 打开随书光盘中的"素材\ch03\图 02.jpg"

文件。

❷ 选择【图像】➤【画布大小】菜单命令，弹出【画布大小】对话框。

❸ 在【宽度】和【高度】参数框中分别将原尺寸扩大 3 厘米。

❹ 单击【确定】按钮，最终效果如下图所示。

3.8　复制图像

📀 **本节视频教学录像：2 分钟**

　　如果要复制当前的图像文件，可以选择【图像】➤【复制】菜单命令，弹出【复制图像】对话框，在【为】文本框内输入复制后的图像名称。如果当前图像包含多个图层，【仅复制合并的图层】选项为可选状态，选中该选项，复制后的图像将自动合并图层。设置完成后，单击【确定】按钮即可复制当前文件。

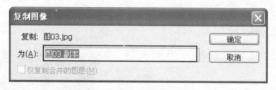

3.9　【渐隐】命令

📀 **本节视频教学录像：3 分钟**

　　【渐隐】命令主要用于降低颜色调整命令或滤镜效果的强度。当前使用画笔、滤镜、进行了填充或颜色调整以及添加了图层效果等操作后，【编辑】菜单中的【渐隐】命令才为可用状态，执行该命令可以修改操作的透明度和混合模式。

　　下面使用【渐隐】命令修改图像，具体操作步骤如下。

❶ 打开随书光盘中的"素材\ch03\图 03.jpg"文件。

❷ 选择【滤镜】▷【艺术效果】▷【木刻】菜
单命令，在弹出的【木刻】对话框中，设
置【色阶数】为"5"，【边缘简化度】为"5"，
【边缘逼真度】为"2"。

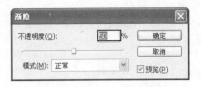

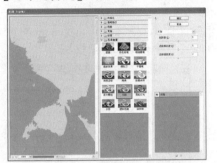

❹ 单击【确定】按钮效果如下图所示。

❸ 选择【编辑】▷【渐隐木刻】菜单命令，
在弹出的【渐隐】对话框中设置【不透明
度】为"50"，减弱滤镜效果的强度。

3.10 综合实例——局部放大照片

 本节视频教学录像：2 分钟

本实例学习如何使用【裁剪工具】和【图像大小】命令来局部放大照片。

3.10.1 实例预览

素材\ch03\图 09.jpg

结果\ch03\局部放大照片.jpg

3.10.2 实例说明

实例名称：局部放大照片	
主要工具或命令：【裁剪工具】等	
难易程度：★★　　常用指数：★★★★	

3.10.3 实例操作步骤

第1步：打开素材文件

❶ 选择【文件】➢【打开】菜单命令。

❷ 打开随书光盘中的"素材\ch03\图 09.jpg"文件。

第2步：裁剪图像

❶ 选择工具箱中的【裁剪工具】，在图像中拖曳创建一个矩形选框。

❷ 按【Enter】键确认剪裁。

第3步：调整图像大小

❶ 选择【图像】➢【图像大小】菜单命令，弹出【图像大小】对话框。

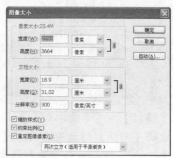

❷ 设置如下图所示的参数，单击【确定】按钮，最终效果如下图所示。

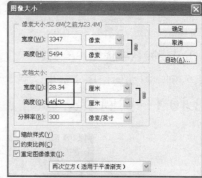

3.10.4 实例总结

　　本实例通过裁剪图片和更改【文档大小】来放大照片。注意，照片不可无限放大，放得过大，打印出来图像会模糊甚至失真。

3.11　举一反三

根据本章所学的知识，制作一幅水彩人物图像。

素材\ch03\图 10.jpg

结果\ch03\水彩人物.jpg

提示：

(1) 选择【图像】➤【画布大小】菜单命令，更改画布大小；

(2) 选择【滤镜】➤【艺术效果】➤【水彩】菜单命令，给图像添加水彩画效果；

(3) 使用【渐隐】命令调整图像的不透明度及混合的模式。

3.12　技术探讨

根据图像的所选状态或快照创建新文档的方法有以下几种。

(1) 将状态或快照拖曳至【从当前状态创建新文档】按钮 上。

(2) 选择状态或快照，然后单击【从当前状态创建新文档】按钮。

(3) 创建新快照：单击【历史记录】调板上的【创建新快照】按钮，可为当前文档的处理状态创建一个新的快照。

另外，单击快照的名称可以选择该快照。双击该快照，然后输入名称可以为该快照重命名。选择快照，然后单击【删除当前状态】按钮或将快照拖曳至该按钮上即可将该快照删除。

第2篇 基本技能篇

　　基本技能篇主要讲解图像的选取、绘画与修饰图像、绘制矢量图形、路径的应用、文字的编辑、图层的应用与图层的高级应用等内容。涉及删除照片中的无用文字、为图片换背景、手绘 MP4、绘制漫画、贺卡、制作个性桌面以及石纹文字等案例。

第 4 章 图像的选取

本章引言

　　万丈高楼从地起，在 Photoshop 中无论是绘图还是图像处理，图像的选取都是这些操作的基础。本章将针对 Photoshop 中常用的选取工具进行详细的讲解。

　　一般情况下要想在 Photoshop 中绘图或者修改图像，首先要选取图像，然后才可以对被选取的区域进行操作。这样即使你误操作了选区以外的内容也不会破坏图像，因为 Photoshop 不允许对选区以外的内容进行操作。灵活地使用多种选取工具可以创造出非常精确的选区，而运用选区对图像进行编辑可以变化出多种视觉效果，例如图像变形和透视效果等。掌握选取工具的使用是进行 Photoshop 操作的关键环节。

4.1　使用选取工具

🎬 **本节视频教学录像：24 分钟**

　　在处理图像的过程中，首先需要学会如何选取图像。本节介绍工具箱中常用的选取工具的使用方法。

　　在 Photoshop CS4 中对图像的选取可以通过多种方法进行。下面各图所示分别为通过不同的选取工具选取不同的图像的效果。

矩形选框工具

椭圆选框工具

单行选框工具

单列选框工具

套索工具

多边形套索工具

磁性套索工具

魔棒工具

4.1.1 矩形选框工具

【矩形选框工具】[·]主要用于选择矩形的图像，是 Photoshop CS4 中比较常用的工具。使用该工具仅限于选择规则的矩形，不能选取其他形状。

1. 使用【矩形选框工具】创建选区

❶ 打开随书光盘中的"素材\ch04\图 01.jpg"文件。

❷ 选择工具箱中的【矩形选框工具】[·]。

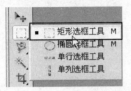

❸ 从选区的左上角到右下角拖曳鼠标从而创建矩形选区。

❹ 按住【Ctrl】键的同时拖动鼠标，可移动选区及选区内的图像。

❺ 按住【Ctrl+Alt】组合键的同时拖动鼠标，则可复制选区及选区内的图像。

Tips

　　在创建选区的过程中，按住空格键同时拖动选区可使其位置改变，释放空格键可继续创建选区。

2.【矩形选框工具】参数设置

　　在使用矩形选框工具时可对【选区的加减】、【羽化】、【样式】和【调整边缘】等参数进行设置。【矩形选框工具】的属性栏如下图所示。

　　(1) 选区的加减

❶ 选择【矩形选框工具】[·]，单击属性栏上的【新选区】按钮 ▣（快捷键为【M】）。

❷ 在需要选择的图像上拖曳鼠标创建矩形选区。

❸ 单击属性栏上的【添加到选区】按钮 ▣（在已有选区的基础上，按住【Shift】键），在需要选择的图像上拖曳鼠标可添加矩形选区。

❹ 单击属性栏上的【从选区减去】按钮 □（在已有选区的基础上按住【Alt】键），在需要选择的图像上拖曳鼠标可减去选区。

❺ 单击属性栏上的【与选区交叉】按钮 □（在已有选区的基础上同时按住【Shift】键和【Alt】键），在需要选择的图像上拖曳鼠标可创建与选区交叉的选区。

(2) 羽化参数设置

❶ 打开随书光盘中的 "素材\ch04\图 02.jpg" 文件。

❷ 选择工具箱中的【矩形选框工具】 □，在属性栏中设置【羽化】为 "0px"，然后在图像中绘制选区。

❸ 按【Ctrl+ Shift+I】组合键反选选区，按【Delete】键删除选区内的图像，最终结果如下图所示。

❹ 重复❶~❸的步骤，其中设置【羽化】为 "10px" 时，效果如下图所示。

❺ 重复❶~❸的步骤，其中设置【羽化】为 "50px" 时，效果如下图所示。

3. 边缘参数设置

建立好矩形选区后，单击【调整边缘】按钮 调整边缘... 打开【调整边缘】对话框，可以通过调整【半径】、【对比度】、【平滑】、【羽化】和【收缩/扩展】参数对选框进行调整，在对话框下方可以看到参数调整的示例效果。

4.1.2 椭圆选框工具

【椭圆选框工具】用于选取圆或椭圆的图像。

1. 使用【椭圆选框工具】创建选区

❶ 打开随书光盘中的"素材\ch04\图 03.jpg"文件。

❷ 选择工具箱中的【椭圆选框工具】 ⬭。

❸ 在画面中太阳的中心处按住【Shift + Alt】组合键的同时拖动鼠标，创建一个圆形选区。

❹ 将圆形选区填充为红色，然后按【Ctrl+D】组合键取消选区。

2. 【椭圆选框工具】参数设置

【椭圆选框工具】与【矩形选框工具】的参数设置基本一致。这里主要介绍它们之间的不同之处。

消除锯齿前后的对比效果如下图所示。

□ 消除锯齿

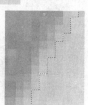

☑ 消除锯齿

Tips

在系统默认的状态下，【消除锯齿】复选框自动处于开启状态。

不是所有的图像中都要清除锯齿，例如现在流行的像素艺术突出的就是锯齿效果。

4.1.3 套索工具

应用【套索工具】可以以手绘形式随意地创建选取。

1. 使用【套索工具】创建选区

❶ 打开随书光盘中的"素材\ch04\图 04.jpg"文件。

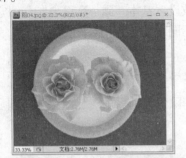

❷ 选择工具箱中的【套索工具】。

❸ 单击图像上的任意一点作为起始点，按住鼠标左键拖曳出需要选择的区域，到达合适的位置后释放鼠标，选区将自动闭合。

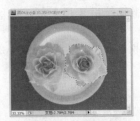

❹ 按住【Ctrl+Alt】组合键的同时拖动鼠标，可以将选区内的花朵任意复制，使其铺满盘子。

2.【套索工具】的使用技巧

（1）在使用【套索工具】创建选区时，如果释放鼠标时起始点和终点没有重合，系统会在它们之间创建一条直线来连接选区。

（2）在使用【套索工具】创建选区时，按住【Alt】键然后释放鼠标左键，可切换为【多边形套索工具】，移动鼠标指针至其他区域单击可绘制直线，释放【Alt】键可恢复为【套索工具】。

4.1.4 多边形套索工具

使用【多边形套索工具】可绘制选框的直线边框，适合选择多边形选区。使用【多边形套索工具】创建选区的具体操作如下。

❶ 打开随书光盘中的"素材\ch04\图 05.jpg"文件。

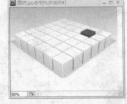

❷ 选择工具箱中的【多边形套索工具】。

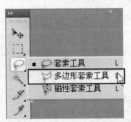

❸ 单击长方体上的一点作为起始点，然后依次在长方体的边缘上单击选择不同的点，

最后汇合到起始点或者双击鼠标就可以自动闭合选区。

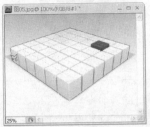

❹ 设置前景色为黑色，然后选择【选择】▷

【反向】菜单命令反选背景，按【Alt+Delete】组合键为选区填充黑色。

4.1.5 磁性套索工具

　　【磁性套索工具】可以智能地自动选取，特别适用于快速选择与背景对比强烈而且边缘复杂的对象。使用【磁性套索工具】创建选区的具体操作如下。

❶ 打开随书光盘中的"素材\ch04\图 06.jpg"文件。

❷ 选择工具箱中的【磁性套索工具】。

❸ 在图像上单击以确定第一个紧固点。如果想取消使用【磁性套索工具】，可按【Esc】键。将鼠标指针沿着要选择的图像的边缘慢慢地移动，选取的点会自动吸附到色彩差异的边沿。

Tips

　　需要选择的图像如果与边缘的其他色彩接近，自动吸附会出现偏差，这时可单击鼠标手动添加一个紧固点。如果要抹除刚绘制的线段和紧固点，可按【Delete】键，连续按【Delete】键可以倒序依次删除紧固点。

❹ 拖曳鼠标使线条移动至起点，鼠标指针会变为形状，单击即可闭合选框。

❺ 在【磁性套索工具】属性栏上单击【从选区中减去】按钮，然后使用同样的方法选择心形图像的内部区域。

❻ 选择【编辑】▷【自由变换】菜单命令，

调整图像大小，然后按住【Ctrl+Alt】组合键复制心形并调整位置，可形成"心心相印"的效果。

Tips

【自由变换】命令可以对选取的图像进行任意的变形和大小的调节。

4.1.6 魔棒工具

使用【魔棒工具】可以自动地选择颜色一致的区域，不必跟踪其轮廓，特别适用于选择颜色相近的区域。

Tips

不能在位图模式的图像中使用【魔棒工具】。

1. 使用【魔棒工具】创建选区

❶ 打开随书光盘中的"素材\ch04\图 07.jpg"文件。

❷ 选择工具箱中的【魔棒工具】。

❸ 在图像中单击想要选取的颜色，即可选取相近颜色的区域。

2.【魔棒工具】基本参数

使用【魔棒工具】时可对以下参数进行设置。

（1）【容差】文本框

在【容差】文本框中可以设置色彩范围，输入值的范围为 0~255，单位为"像素"。输入较高的值可以选择更宽的色彩范围。

(2)【消除锯齿】复选框

若要使所选图像的边缘平滑，可选择
【消除锯齿】复选框，参数设置可参照【椭
圆选框工具】参数设置。

(3)【连续】复选框

【连续】复选框用于选择相邻的区域。
选择【连续】复选框只能选择具有相同颜
色的相邻区域。

不选择【连续】复选框，则可使具有相
同颜色的所有区域图像都被选中。

(4)【对所有图层取样】复选框

要在所有可见图层中的图像中选择颜
色，则可选择【对所有图层取样】复选框；
否则，【魔棒工具】将只能从当前图层中选
择图像。

如果图片不止一个图层，则可选择【对
所有图层取样】复选框。

❶ 打开随书光盘中的"素材\ch04\图 08.psd"
  文件。

❷ 选择【图层 2】图层，不选择【对所有图层
  取样】复选框，使用【魔棒工具】单击选
  择【图层 2】图层中的图像。

❸ 选择【对所有图层取样】复选框，使用【魔
  棒工具】单击选择【图层 2】图层中的图像。

4.1.7 快速选择工具

【快速选择工具】可以更加方便快捷地进行选取操作。
使用【快速选择工具】创建选区的具体操作如下。

❶ 打开随书光盘中的"素材\ch04\图 09.jpg"
　文件。

❷ 选择工具箱中的【快速选择工具】 。

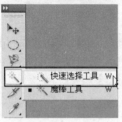

❸ 在属性栏中设置合适的画笔大小，然后在
　图像中单击想要选取的颜色，即可选取相
　近颜色的区域。如果需要继续加选，单击
　按钮后继续单击或者双击进行选取。

❹ 选择【图像】➢【调整】➢【色彩平衡】菜
　单命令，然后按【Ctrl+D】组合键取消选
　区。调整颜色后画面就更加丰富了。

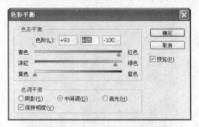

4.2 其他选择方法

📽 **本节视频教学录像：11 分钟**

本节介绍图像选取的其他方法。

4.2.1 使用【选择】命令选择选区

在【选择】菜单中也包含选择对象的命令，比如选择【选择】➢【全部】菜单命令或者
按下【Ctrl+A】组合键，可以选择当前文档边界内的全部图像。

1. 选择全部与取消选择

❶ 打开随书光盘中的"素材\ch04\图 10.jpg"
　文件。

❷ 选择【选择】▶【全部】菜单命令，选择当前图层中图像的全部。

❸ 选择【选择】▶【取消选择】菜单命令，取消对当前图层中图像的选择。

2. 重新选择

选择【选择】▶【重新选择】菜单命令，可重新选择已取消的选项。

3. 反向选择

选择【选择】▶【反向】菜单命令，可以选择图像中除选中区域以外的所有区域。

❶ 打开随书光盘中的"素材\ch04\图 11.jpg"文件。

❷ 使用【魔棒工具】 选择黑色背景。

❸ 选择【选择】▶【反向】菜单命令，反选选区从而选中图像中的木偶。

> **Tips**
>
> 使用【魔棒工具】时在属性栏中要选择【连续】复选框。

4.2.2 使用【色彩范围】命令选择选区

使用【色彩范围】命令可以对图像中的现有选区或整个图像内需要的颜色或颜色子集进行选择。

> **颜色子集**
>
> 颜色子集是对一种颜色进行编码的方法，也指一个技术系统能够产生的颜色的总和（不同的色域产生出的颜色多少各有不同）。在计算机图形处理中，色域是颜色的某个完全的子集（就是将颜色写成显示器和显卡能够识别的程式来描述）。颜色子集最常见的应用是用来精确地代表一种给定的情况。简单地说，就是一个给定的色彩空间（RGB/CMYK 等）范围。

使用【色彩范围】命令选区图像的具体操作步骤如下。

❶ 打开随书光盘中的"素材\ch04\图 04.jpg"文件，选择【选择】▶【色彩范围】菜单命令。

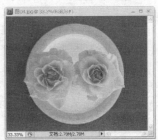

❷ 弹出【色彩范围】对话框，从中选择【图像】或【选择范围】单选项，单击图像或预览区选取想要的颜色，然后单击【确定】按钮即可。如果想退出选择，则可单击【取消】按钮。

❸ 这样在图像中就建立了与选择的色彩相近的图像选区。

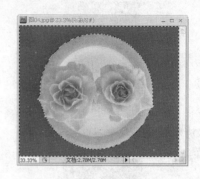

4.2.3 使用【抽出】命令选择选区

使用此命令可以对图像中的当前选区或整个图像内需要的颜色或颜色子集进行选择。【抽出】滤镜对话框为隔离前景对象并抹除它在图层上的背景提供了一种高级的操作方法。即使对象的边缘细微、复杂或无法确定，也无需太多的操作就可以将其从背景中抽出。使用【抽出】对话框中的工具可指定要抽出图像的部分。用鼠标拖移对话框的右下角可以调整对话框的大小。

使用【抽出】命令提取图像的具体操作步骤如下。

❶ 打开随书光盘中的"素材\ch04\图 14.jpg"文件，选择【滤镜】➤【抽出】菜单命令。

❷ 在该对话框右侧的【工具选项】设置区中设置【画笔大小】为"40"、【高光】为"绿色"，在【填充】下拉列表中选择【蓝色】。如果选择的是需要高光精确定义的边缘，则可选择【智能高光显示】复选框。

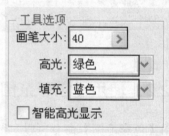

❸ 选择【边缘高光器工具】 ，绘制需要抽出的图像的闭合区域选框。

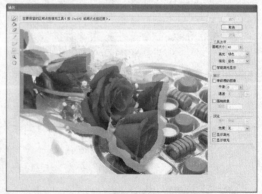

❹ 选择【填充工具】 对想要抽出的图像区

域进行填充。

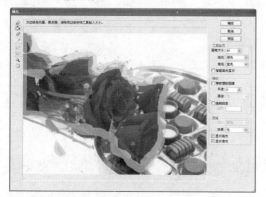

⑤ 单击【预览】按钮预览。

⑥ 在【预览】设置区中的【效果】下拉列表中选择【白色杂边】选项，以修改不精确的地方。

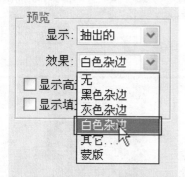

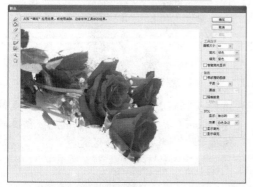

⑦ 选择【预览】设置区中第一个【显示】下拉列表中的【原稿】选项，图像将回到原稿的状态。

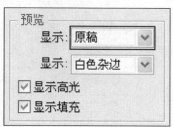

⑧ 使用【橡皮擦工具】 ☑ 可以精细地修正高光边缘。

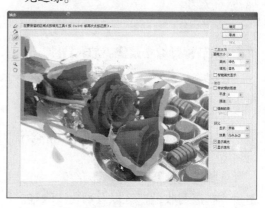

⑨ 使用【清除工具】 ☑ 把多余的图像清除。单击 确定 按钮，这样一张清晰的画面就设计完成了。

Tips

　　在安装 Photoshop CS4 后，在【滤镜】菜单中不能找到【抽出】命令。需要用户从 Adobe 官方网站下载一个"photoshop cs4 content"文件，从其安装目录中的"可选增效工具\增效工具\Filters"文件夹中复制"ExtractPlus.8BF"文件，然后将"ExtractPlus.8BF"放到安装目录中的"Adobe Photoshop CS4\Plug-ins\Filters"文件夹中，重启 Photoshop 后即可在【滤镜】菜单中找到【抽出】命令。

4.3 如何调整选区

![film] **本节视频教学录像：16 分钟**

在建立选区之后，还需要对选区进行修改。可以通过添加或删除像素（使用【Delete】键）或者改变选区范围的方法来修改选区。

4.3.1 使用【修改】命令调整选区

选择【选择】➢【修改】菜单命令可以对当前选区进行修改，比如修改选区的边界、平滑度、扩展与收缩选区以及羽化边缘等。

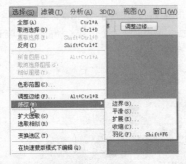

1. 修改选区边界

使用【边界】命令可以使当前选区的边缘产生一个边框，其具体操作如下。

❶ 打开随书光盘中的"素材\ch04\图 12.jpg"文件，选择【矩形选框工具】，在图像中建立一个矩形边框选区。

❷ 选择【选择】➢【修改】➢【边界】菜单命令，弹出【边界选区】对话框，在【宽度】文本框中输入"80"像素，单击【确定】按钮。

❸ 选择【编辑】➢【清除】菜单命令（或按【Delete】键），再按【Ctrl+D】组合键取消选择，制作出一个选区边框。

2. 平滑选区边缘

　　使用【平滑】命令可以使尖锐的边缘变得平滑，其具体操作如下。

❶ 打开随书光盘中的"素材\ch04\图 13.jpg"文件，然后使用【多边形套索工具】　在图像中建立一个多边形选区。

❷ 选择【选择】▶【修改】▶【平滑】菜单命令，弹出【平滑选区】对话框。在【取样半径】文本框中输入"100"像素，然后单击【确定】按钮，可以看到图像的边缘变得平滑了。

❸ 按【Ctrl+Shift+I】组合键反选选区，按【Delete】键删除选区内的图像，然后按【Ctrl+D】组合键取消选区。此时，一个五角形的相框就制作好了。

3. 扩展选区

　　使用【扩展】命令可以对已有的选区进行扩展。

❶ 打开随书光盘中的"素材\ch04\图 13.jpg"文件，然后建立一个椭圆形选区。

❷ 选择【选择】▶【修改】▶【扩展】菜单命令，弹出【扩展选区】对话框，在【扩展量】文本框中输入"100"像素，然后单击【确定】按钮，可以看到图像的边缘得到了扩展。

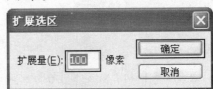

4. 收缩选区

使用【收缩】命令可以使选区收缩。

❶ 打开随书光盘中的"素材\ch04\图 12.jpg"文件，在图像中建立一个多边形选区。

❷ 选择【选择】➤【修改】➤【收缩】菜单命令，弹出【收缩选区】对话框，在【收缩量】文本框中输入"100"像素，然后单击【确定】按钮，可以看到图像边缘得到了收缩。

5. 羽化选区边缘

使用【羽化】命令，可以使硬边缘变得平滑，其具体操作如下。

❶ 打开随书光盘中的"素材\ch04\图 14.jpg"文件，选择【椭圆工具】，在图像中建立一个椭圆形选区。

❷ 选择【选择】➤【修改】➤【羽化】菜单命令，弹出【羽化选区】对话框，在【羽化半径】文本框中输入数值，其范围是 0.2～255，单击【确定】按钮。

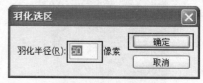

❸ 选择【选择】➤【反向】菜单命令，反选选区。

❹ 选择【编辑】➤【清除】菜单命令，按【Crl+D】组合键取消选区，清除反选选区后效果如下图所示。

4.3.2　修改选区

创建了选区后，有时需要对选区进行深入编辑，才能使选区符合要求。使用【选择】下拉菜单中的【扩大选取】、【选取相似】和【变换选区】命令可以对当前的选区进行扩展、收缩等编辑操作。

1. 扩大选取

使用【扩大选取】命令可以选择所有和现有选区颜色相同或相近的相邻像素。

❶ 打开随书光盘中的"素材\ch04\图 15.jpg"文件，选择【矩形选框工具】，在黄色区域中创建一个矩形选框。

❷ 选择【选择】➤【扩大选取】菜单命令，即可看到与矩形选框内颜色相近的相邻像素都被选中了。可以多次执行此命令，直至选择了合适的范围为止。

2. 选取相似

使用【选取相似】命令可以选择整个图像中的与现有选区颜色相邻或相近的所有像素，而不只是相邻的像素。

❶ 选择【矩形选框工具】，在黄色苹果上创建一个矩形选区。

❷ 选择【选择】➤【选取相似】菜单命令，这样包含于整个图像中的与当前选区颜色相邻或相近的所有像素就都会被选中。

3. 变换选区

使用【变换选区】命令可以对选区的范围进行变换。

❶ 打开随书光盘中的"素材\ch04\图 16.jpg"文件，选择【矩形选框工具】，在其中一张信纸上用鼠标拖曳出一个矩形选框。

❷ 选择【选择】➤【变换选区】菜单命令，或者在选区内单击鼠标右键，从弹出的快捷菜单中选择【变换选区】命令。

❸ 按住【Ctrl】键来调整节点以完整而准确地选取红色信纸区域，然后按【Enter】确认。

4.3.3　管理选区

选区创建之后，就需要对选区进行管理。

1. 存储选区

使用【存储选区】命令可以将制作好的选区进行存储，方便下一次操作。

❶ 打开随书光盘中的"素材\ch04\图16.jpg"文件，然后选择右边大信纸的选区。

❷ 选择【选择】➤【存储选区】菜单命令，弹出【存储选区】对话框，在【名称】文本框中输入"存储文档"，然后单击【确定】按钮。

❸ 此时在【通道】面板中就可以看到新建立的名为【存储文档】的通道。

❹ 如果在【存储选区】对话框中的【文档】下拉列表框中选择【新建】选项，那么就会出现一个新建的【存储文档】通道文件。

2. 载入选区

存储好选区以后，就可以根据需要随时载入保存好的选区。

❶ 继续上面的操作步骤，当需要载入存储好的选区时，可以选择【选择】➤【载入选区】菜单命令，打开【载入选区】对话框。

❷ 此时在【通道】下拉列表框中会出现已经存储好的通道的名称——存储文档，然后单击【确定】按钮即可。如果选择相反的选区，可选择【反相】复选框。

4.4 综合实例——时尚插画

本节视频教学录像: 11 分钟

本实例学习使用【魔棒工具】、【反选】命令、【椭圆选框工具】、调整选区命令和填充工具制作杂志的时尚插画效果。

4.4.1 实例预览

素材\ch04\荷花.jpg

素材\ch04\枫叶.jpg

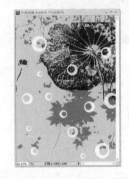

结果\ch04\时尚插画.jpg

4.4.2 实例说明

实例名称: 时尚插画
主要工具或命令:【魔棒工具】、【反选】命令、【椭圆选框工具】、调整选区命令和填充工具等
难易程度: ★★★　　常用指数: ★★★★

4.4.3 实例步骤

第 1 步: 新建文件

❶ 选择【文件】▶【新建】菜单命令。

❷ 在弹出的【新建】对话框中创建一个【宽度】为"210 毫米"、【高度】为"297 毫米"、【分辨率】为"72 像素/英寸"以及【颜色模式】为"RGB 颜色"的新文件。

❸ 单击【确定】按钮。

第2步：使用前景色填充

❶ 单击工具箱中的【设置前景色】按钮，设置前景色的颜色为粉色（R：255，G：182，B：239）。

❷ 单击【确定】按钮。

❸ 为背景图层填充前景色。

第3步：使用素材

❶ 打开随书光盘中的"素材\ch04\荷花.jpg"和"素材\ch04\枫叶.jpg"两个文件。

❷ 选择工具栏上的【魔棒工具】，然后在属性栏中设置容差为"80"。

❸ 选择枫叶素材图像中的蓝色天空。

❹ 选择【选择】▷【选取相似】命令，选择更大面积的蓝色天空。

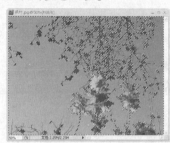

第4步：编辑选区

❶ 选择【选择】▷【反向】命令反选选区。

❷ 选择工具栏上的【矩形选框工具】。

❸ 将鼠标指针移动到选区的内部，然后拖曳鼠标将选区复制到新建的文件内，并调整其位置。

第5步：使用前景色填充

❶ 设置前景色的颜色为深一些的粉色（R：218，G：73，B：186）。

❷ 单击【确定】按钮。

❸ 新建一个图层，将选区填充为前景色，然后按【Ctrl+D】组合键取消选区。

第6步：使用素材

❶ 切换到荷花素材，选择工具箱中的【魔棒工具】，设置容差为"40"。

❷ 选择荷花素材图像中的蓝色区域。

❸ 选择【选择】➤【选取相似】命令选择更大面积的蓝色。

第7步：编辑选区

❶ 选择工具箱中的【矩形选框工具】，将鼠标指针移动到选区的内部，然后拖曳鼠标将选区复制到新建的文件内，并调整其位置。

❷ 在选区上右击鼠标，从弹出的快捷菜单中选择【变换选区】命令调整选区的大小。

第8步：使用前景色填充

❶ 在工具箱中单击【默认前景色和背景色】按钮。

❷ 新建一个图层。

❸ 将选区填充为前景色。

第9步：设置图层

❶ 选择【图层2】图层。

❷ 将【图层2】图层的不透明度设置为"85%"，制作合成效果。

第10步：绘制圆环

❶ 选择工具箱中的【椭圆选框工具】 ⬭。

❷ 在属性栏上设置为【减选模式】。

❸ 绘制圆环选区。

第11步：填充圆环

❶ 在工具箱中单击【默认前景色和背景色】按钮 ■。

❷ 新建一个图层。

❸ 按住【Ctrl+Delete】组合键将选区填充为背景色，然后按【Ctrl+D】组合键取消选区。

第12步：复制圆环

❶ 选择工具箱中的【移动工具】 ▸➕。

❷ 按住键盘上的【Alt】键复制白色圆环图形。

❸ 调整其大小和位置，然后设置所有白色圆环图层的【不透明度】为"85%"。制作完成后的效果如下图所示。

4.4.4 实例总结

本实例通过综合运用【椭圆选框工具】、【魔棒工具】、填充工具和选取命令等制作一幅时尚插画，读者在学习的时候，可灵活地运用选取工具及选择命令来绘制各种漂亮而实用的图案。

4.5 举一反三

根据本章所学的知识，制作一幅梦幻效果的时尚插画。

提示：

（1）选择【文件】➤【打开】菜单命令，打开随书光盘中的"素材\ch04\图 17.jpg"、"素材\ch04\图 18.jpg"、"素材\ch04\图 19.jpg"和"素材\ch04\图 20.jpg"4 个文件；

（2）选择【磁性套索工具】，沿着手表边缘慢慢地拖移鼠标，精确地选择边缘；

（3）选择【移动工具】，将选区内的手表图像拖曳到图 17.jpg 图像中；

（4）将手表所在图层的混合模式设置为【颜色加深】；

（5）将电脑所在图层的混合模式设置为【变亮】，得到右图所示的效果。

4.6　技术探讨

在选取工具中使用较多也最为方便的就是【套索工具】了，但有时候单一地使用套索工具所选取的对象不够精确，若配合其他工具一起使用，选取的图像将更为准确。

下面使用【磁性套索工具】，并配合【橡皮擦工具】选取照片中的人物。

❶ 打开随书光盘中的"素材\ch04\图 21.jpg"文件。

❷ 选择【图像】➤【调整】➤【去色】菜单命令，将图像去除颜色。

❸ 选择【磁性套索工具】，在属性栏中单击【从选区减去】按钮，在图像中创建如下图所示的选区。

❹ 选择【选择】➤【反向】菜单命令，反选选区。

❺ 将头发的颜色设为前景色，发丝边缘的颜色设为背景色（R：161、G：161、B：161），单击【背景橡皮擦工具】 ，在属性栏中设置各项参数，在人物边缘单击。

　　在工作中要制作出好的作品，首先必须熟练掌握基本的操作方法，然后在实际的工作中灵活变通地运用。

❻ 将背景点击完成之后，按【Ctrl+D】组合键取消选区，人物就抠取出来了。

第 5 章　绘画与修饰图像

本章引言

在 Photoshop CS4 中不仅可以直接绘制各种图形，还可以通过处理各种位图或矢量图制作各种图像效果。本章的内容比较简单易懂，读者可以按照实例步骤进行操作，也可以导入自己喜欢的图片进行编辑处理。

Photoshop CS4 在图像创作方面有着非常强大的功能，它在色彩设置、图像绘制、图像的变换等方面有着无可比拟的优势。它可以使没有任何美术基础的人成为合格的设计师，而作为一名优秀的设计师更应该具有高超的图像创作能力，只有这样才能让自己的艺术才华得到充分地展现。

5.1 【画笔】调板

🎬 **本节视频教学录像：6 分钟**

【画笔】调板是非常重要的调板，在【画笔】调板中可以设置各种绘画工具、图像修复工具、图像润饰工具和擦除工具的工具属性和描边效果。下面就来了解【画笔】调板的功能。

选择【窗口】➤【画笔】菜单命令可以打开【画笔】调板，也可以按【F5】快捷键或者在画笔的属性栏中单击 ▣ 按钮打开调板。

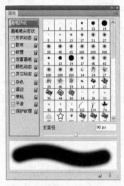

单击右上角的倒三角按钮可以弹出快捷菜单，从中可以追加画笔的样式。

【画笔预设】选项可以选择预设的画笔笔尖形状以及更改画笔的直径。

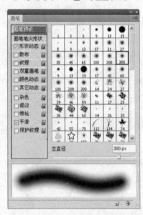

【画笔笔尖形状】选项不仅可以选择画笔的样式、直径硬度，还可以设置画笔在 x 轴、y 轴上的翻转、画笔的角度、圆度以及画笔的间距等。

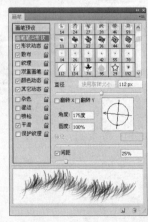

选择【形状动态】复选框后，其中的【大小抖动】、【角度抖动】和【圆度抖动】等设置发生变化时其效果也会发生不同的变化。下图所示为【大小抖动】为"100%"、【最小直径】为"20%"时的画笔效果。

选择【散布】复选框后，可以控制画笔在路径两侧的分布情况。下图所示为【散布】值为"200%"、【数量】为"5"、【数量抖动】为"0%"和【控制】为"渐隐"时的画笔效果。

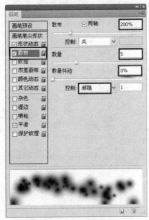

选择【颜色动态】复选框后，可以控制画笔颜色的色相、亮度和饱和度等参数的变化。

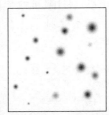

选择【其他动态】复选框后，可以控制不透明度抖动和流量抖动等参数的变化。

附加参数包括5个参数，分别是【杂色】、【湿边】、【喷枪】、【平滑】、【保护纹理】。

（1）选中【杂色】复选框，可以向画笔中添加额外的堆积性杂色。

（2）选中【湿边】复选框，可以沿画笔描边的边缘增大油彩量，从而创建水彩效果。

（3）选中【喷枪】复选框，可以对图像应用渐变色调，以模拟传统的喷枪手法。

（4）选中【平滑】复选框，可以在画笔描边中产生较平滑的曲线。

（5）选中【保护纹理】复选框，可以对所有具有纹理的画笔预设应用相同的图像和比例。选中此复选框后，使用多个纹理画笔笔尖可模拟出一致的画布纹理。

5.2　绘画工具

 本节视频教学录像：8 分钟

熟练掌握画笔的使用方法，不仅可以绘制出美丽的图画，而且还可以为其他工具的使用打下基础。

【画笔工具】是直接使用鼠标进行绘画的工具。绘画原理和现实中的画笔相似。

选中【画笔工具】 ，其属性栏如下图所示。

1. 更改画笔的颜色

通过设置前景色和背景色可以更改画笔的颜色。

2. 更改画笔的大小

在画笔属性栏中单击画笔后面的倒三角按钮，会弹出【画笔预设】选取器，如下图所示。在【主直径】文本框中可以输入1~2500像素的数值，或者直接通过拖曳滑块更改画笔直径。也可以通过快捷键更改画笔的大小：按【[】键缩小，按【]】键可放大。

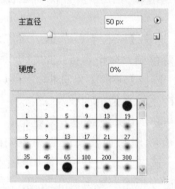

3. 更改画笔的硬度

可以在【画笔预设】选取器中的【硬度】文本框中输入 0~100%的数值，或者直接拖曳滑块更改画笔硬度。硬度为 0%的效果和硬度为 100%的效果分别如右上图所示。

4. 更改笔尖样式

在【画笔预设】选取器中可以选择不同的笔尖样式，如下图所示。

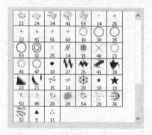

5. 设置画笔的混合模式

在画笔的属性栏中通过【模式】选项可以选择绘画时的混合模式（关于混合模式将在第 10 章中详细讲解）。

6. 设置画笔的不透明度

在画笔的属性栏中的【不透明度】参数框中，可以输入 1%~100%的数值来设置画笔的不透明度。不透明度为 20%时的效果和不透明度为100%时的效果分别如下图所示。

7. 设置画笔的流量

流量控制画笔在绘画中涂抹颜色的速度。在【流量】参数框中可以输入 0~100% 的数值来设定绘画时的流量。流量为 20% 时的效果和流量为 100% 时的效果分别如右上图所示。

8. 启用喷枪功能 ✍

喷枪功能是用来制造喷枪效果的。在画笔属性栏中单击 ✍ 图标，图标为反白时为启用该功能，图标灰色则表示取消该功能。

5.2.1 历史记录画笔工具

使用【历史记录画笔工具】可以结合历史记录对图像的处理状态进行局部恢复。
下面通过制作局部为彩色的图像来学习【历史记录画笔工具】的使用方法。

❶ 打开随书光盘中的"素材\ch05\图 01.jpg"文件。

❷ 选择【图像】➤【调整】➤【黑白】菜单命令，在弹出的【黑白】对话框中单击【确定】按钮，将图像调整为黑白颜色。

❸ 选择【窗口】➤【历史记录】菜单命令，在弹出的【历史记录】对话框中单击【黑白】以设置【历史记录画笔的源】 图标所在位置，将其作为历史记录画笔的源图像。

❹ 选择【历史记录画笔工具】 ，在属性栏中设置【画笔】为"21"，【模式】为"正常"，【不透明度】为"100%"，【流量】为"100%"。

> *Tips*
> 在绘制的过程中可根据需要调整画笔的大小。

❺ 在图像的花朵部分进行涂抹，以恢复花朵的色彩。

5.2.2 历史记录艺术画笔工具

【历史记录艺术画笔工具】使用指定的历史记录状态或快照中的源数据，以风格化描边进行绘画。

下面通过使用【历史记录艺术画笔工具】将图像处理成特殊效果。

❶ 打开随书光盘中的"素材\ch05\图 02.jpg"文件。

❷ 在【图层】调板的下方单击【创建新图层】按钮 ，新建【图层 1】图层。

❸ 双击工具箱中的【设置前景色】按钮 ，在弹出的【拾色器（前景色）】对话框中将前景色设置为灰色（C：0，M：0，Y：0，K：10），然后单击【确定】按钮。

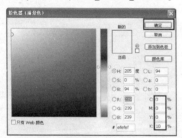

❹ 按【Alt+Delete】组合键为【图层 1】图层填充前景色。

❺ 选择【历史记录艺术画笔工具】 ，在属性栏中设置参数，如下图所示。

❻ 选择【窗口】➤【历史记录】菜单命令，在弹出的【历史记录】调板中单击【打开】步骤前的步骤，指定图像被恢复的位置。

❼ 将鼠标指针移至画布中单击并拖动鼠标进行图像的恢复，创建类似粉笔画的效果，如下图所示。

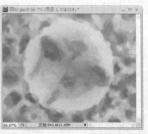

5.3 图像的修复

本节视频教学录像：20 分钟

用户可以通过 Photoshop CS4 所提供的命令和工具对不完美的图像进行修复，使之符合工作的要求或审美情趣。这些工具包括【图章工具】、【修补工具】和【修复画笔工具】等。

5.3.1 变换图形

对于大小和形状不符合要求的图片和图像可以使用【自由变换】命令对其进行调整。选择要变换的图层或选区，执行【编辑】➤【自由变换】菜单命令或使用【Ctrl+T】组合键，图形的周围会出现具有 8 个定界点的定界框，用鼠标拖曳定界点即可变换图形。在自由变换状态下可以完成对图形的缩放、旋转、扭曲、斜切和透视等操作。

1.【自由变换】相关参数设置

执行【编辑】➤【自由变换】菜单命令或使用【Ctrl+T】组合键后，将出现如下图所示的属性栏。

(1)【参考点位置】按钮：此按钮中有 9 个小方块，单击任一方块即可更改对应的参考点。

(2)【X】（水平位置）和【Y】（垂直位置）参数框：输入参考点的新位置的值也可以更改参考点。

(3)【相关定位】按钮△：单击此按钮可以相对于当前位置指定新位置；【W】、【H】参数框中的数值分别表示水平和垂直缩放比例，在参数框中可以输入 0 ～ 100% 的数值进行精确的缩放；

(4)【链接】按钮：单击此按钮可以保持在变换时图像的长宽比不变。

(5)【旋转】按钮：可以指定旋转角度。【H】、【V】参数框中的数值分别表示水平斜切和垂直斜切的角度；

在属性栏中还包含以下 3 个按钮：表示在自由变换和变形模式之间切换；✔ 表示应用变换；⊘ 表示取消变换，单击【Esc】键也可以取消变换。

2. 使用【自由变换】命令对图形进行变换

❶ 打开随书光盘中的 "素材\ch05\图 03.psd" 文件。

❷ 在【图层】调板中选择【图层 1】图层。

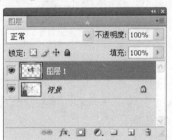

❸ 选择【编辑】➤【自由变换】菜单命令或使用【Ctrl+T】组合键，图形的周围会出现具有 8 个定界点的定界框。

定界框

❹ 在定界框中右击，在弹出的快捷菜单中选择【水平翻转】命令对图像进行翻转。

❺ 旋转完毕后再调整到适当的位置，最后按【Enter】键确定即可。

3. 【自由变换】使用技巧

❶ 继续上图的操作。

❷ 在自由变换状态下将鼠标指针移至定界点上，此时指针变为 ↘ 形状，然后拖曳鼠标可以实现对图像的水平、垂直缩放。

❸ 如果要对图形等比缩放，可将鼠标指针移到 4 个角的定界点上，然后按住【Shift】键拖曳鼠标即可。

❹ 如果想要以中心等比缩放，可将鼠标指针移到 4 个角的定界点上，然后按住【Shift+Alt】组合键拖曳鼠标即可。

❺ 在自由变换状态下，将鼠标指针移至定界点附近，指针会变为 ↻ 形状，然后拖曳鼠标即可对图像进行旋转。

❻ 如果旋转时按住【Shift】键，可以每次按 15° 旋转。

> **Tips**
>
> 在 Photoshop 中【Shift】键是一个锁键，它可以锁定水平、垂直、等比例和 15° 等。

❼ 在自由变换状态下按住【Ctrl】键，将鼠标指针移至 4 个角的定界点上，指针会变为 ▷ 形状，这时按住鼠标左键在任意方向上拖曳可以扭曲图形。

❽ 在自由变换状态下按住【Ctrl+Shift】组合键，将鼠标指针移至 4 个角的定界点上，指针会变为 ↘ 形状，这时按下鼠标左键在水平或垂直方向上拖曳，图形将出现斜切效果。

❾ 在自由变换状态下按住【Ctrl+Shift+Alt】组合键，将鼠标指针移至 4 个角的定界点上，指针会变为▷形状，这时按住鼠标左键在水平或垂直方向上拖曳，图形将出现透视效果。

> *Tips*
>
> 　　【自由变换】命令配合组合键使用和单独使用某一种变换命令的区别在于，【自由变换】命令可用于在一个连续的操作中应用变换（旋转、缩放、斜切、扭曲和透视等），不必选取其他命令，只需在键盘上按住一个键即可在变换类型之间进行切换。而关联菜单中的变换则需要不断地使用右键选择切换。

可以利用关联菜单实现变换效果。在自由变换状态下的图像中右击，弹出的菜单称为关联菜单。在该菜单中可以完成自由变换、缩放、旋转、扭曲、斜切、透视、旋转180°、顺时针旋转90°、逆时针旋转90°、水平翻转和垂直翻转等操作。

自由变换
缩放
旋转
斜切
扭曲
透视
变形
内容识别比例
旋转 180 度
旋转 90 度 (顺时针)
旋转 90 度 (逆时针)
水平翻转
垂直翻转

5.3.2 图章工具

　　图章工具包括仿制图章和图案图章两个工具。它们的基本功能都是复制图像，但复制的方式不同。

1.【仿制图章工具】

　　【仿制图章工具】是一种复制图像的工具，利用它可以做一些图像的修复工作。

　　下面通过复制图像来学习【仿制图章工具】的使用方法。

❶ 打开随书光盘中的"素材\ch05\图 04.jpg"文件。

❷ 选择【仿制图章工具】，把鼠标指针移

动到想要复制的图像上，按住【Alt】键，这时指针会变为⊕形状，单击鼠标即可把鼠标指针落点处的像素定义为取样点。

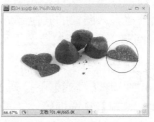

❸ 在要复制的位置单击或拖曳鼠标即可。

❹ 多次取样多次复制，直至画面饱满。

2. 【图案图章工具】

使用【图案图章工具】可以利用图案进行绘画。

下面通过绘制图像来学习【图案图章工具】的使用方法。

❶ 打开随书光盘中的"素材\ch05\图05.jpg"文件。

❷ 选择【图案图章工具】，并在属性栏中单击【点按可打开"图案"拾色器】按钮，在弹出的菜单中选择【星云】图案。

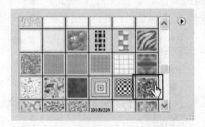

❸ 在需要填充图案的位置单击或拖曳鼠标即可。

5.3.3 修复画笔工具

【修复画笔工具】可用于消除并修复瑕疵，使图像完好如初。与【仿制图章工具】一样，使用【修复画笔工具】可以利用图像或图案中的样本像素来绘画。但是【修复画笔工具】可将样本像素的纹理、光照、透明度和阴影等与源像素进行匹配，从而使修复后的像素不留痕迹地融入图像的其他部分。

1. 【修复画笔工具】相关参数设置

【修复画笔工具】的属性栏中包括【画笔】设置项、【模式】下拉列表、【源】选项区和【对齐】复选框等。

（1）【画笔】设置项：在该选项的下拉列表中可以选择画笔样本。

（2）【对齐】复选框：选择该选项会对像素进行连续取样，在修复过程中，取样点随修复位置的移动而变化。取消该选项，则在修复过程中始终以一个取样点为起始点。

（3）【模式】下拉列表：其中的选项包括【替换】、【正常】、【正片叠底】、【滤色】、【变暗】、【变亮】、【颜色】和【亮度】等。

（4）【源】选项区：选择【取样】或者【图案】单选项。按住【Alt】键定义取样点，然后才能使用【源】选项区。选择【图案】单选项后要先选择一个具体的图案，然后使用才会有效果。

2. 使用【修复画笔工具】修复照片

❶ 打开随书光盘中的 "素材\ch05\图 06.jpg" 文件。

❷ 选择【修复画笔工具】 ，并设置各项参数。

❸ 按住【Alt】键并单击鼠标，以复制图像的起点，在需要修饰的地方单击并拖曳鼠标。

❹ 多次改变取样点并进行修饰，图片修饰完毕的效果如下图所示。

Tips

　　在对照片修复特别是针对人物的面部进行修复时，【修复画笔工具】的效果要远远好于【仿制图章工具】。

5.3.4　污点修复画笔工具

　　使用【污点修复画笔工具】 可以快速去除照片中的污点、划痕和其他不理想部分。使用方法与【修复画笔工具】类似，但当修复画笔要求指定样本时，污点画笔则可以自动从所修饰的区域周围取样。

1. 【污点修复画笔工具】相关参数设置。

　　(1)【画笔】：单击画笔后面的倒三角按钮，可以在打开的下拉调板中对画笔进行设置。

　　(2)【模式】下拉列表：用来设置修复图像时使用的混合模式，包括【正常】、【替换】、【正片叠底】等。选择【替换】选项可保留画笔描边的边缘处的杂色、胶片颗粒和纹理。

　　(3)【类型】选项区：用来设置修复的方法。选择【近似匹配】单选项，可使用选区边缘周围的像素来查找要用作选定区域修补的图像区域；选择【创建纹理】单选项，可使用选区中的所有像素创建一个用于修复该区域的纹理。

　　(4)【对所有图层取样】复选框：选择该选项可从所有可见图层中对数据进行取样，取消该选项则只从当前图层中取样。

2. 使用【污点修复工具】修复图像

❶ 打开随书光盘中的 "素材\ch05\图 07.jpg" 文件。

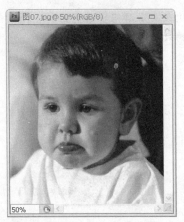

❷ 选择【污点修复画笔工具】 ，属性栏中
　各项参数设置保持不变（画笔大小可根据
　需要进行调整）。

❸ 将鼠标指针移动到污点上，单击鼠标即可
　修复斑点。

❹ 修复其他斑点区域，直至图片修饰完毕。

5.3.5　修补工具

　　【修补工具】可以说是对【修复画笔工具】的一个补充。【修复画笔工具】是使用画笔对图像进行修复，而【修补工具】则是通过选区对图像进行修复。像【修复画笔工具】一样，【修补工具】能将样本像素的纹理、光照和阴影等与源像素进行匹配，但使用【修补工具】还可以仿制图像的隔离区域。

1.【修补工具】相关参数设置

　　【修补工具】 的参数包括：【修补】选项区、【透明】复选框、【使用图案】设置框等。

　　（1）【修补】选项区：选择【源】单选项时，将选区拖至要修补的区域，释放鼠标后，将使用该区域的图像修补原来的选区；选择【目标】单选项时，则拖动选区至其他区域时，可复制原区域内的图像至当前区域。

　　（2）【透明】复选框：选择此选项，可对选区内的图像进行模糊处理，可以去除选区内细小的划痕。先用【修补工具】选择所要处理的区域，然后在其属性栏上选中【透明】复选框，区域内的图像就会自动地消除细小的划痕等。

　　（3）【使用图案】设置框：用指定的图案修饰选区。

2. 使用【修补工具】修复图像

❶ 打开随书光盘中的"素材\ch05\图 08.jpg"
　文件。

❷ 选择【修补工具】 ，在属性栏中设置【修
　补】为【源】。

❸ 在需要修复的位置绘制一个选区，将鼠标

指针移动到选区内，再向周围没有瑕疵的区域拖曳以修复瑕疵。

❹ 修复其他瑕疵区域，直至图片修饰完毕。

Tips

　　无论是【仿制图章工具】、【修复画笔工具】，还是【修补工具】，在修复图像的边缘时都应该结合选区完成。

5.4　使用【消失点】滤镜复制图像

本节视频教学录像：4 分钟

　　通过使用【消失点】滤镜，可以在图像中指定透视平面，然后应用到绘画、仿制、拷贝或粘贴等编辑操作。使用消失点修饰、添加或去除图像中的内容时，结果会更加逼真。Photoshop 可以正确确定这些编辑操作的方向，并将它缩放到透视平面。下面通过复制图像来学习【消失点】滤镜的使用方法。

❶ 打开随书光盘中的"素材\ch05\图 09.jpg"文件。

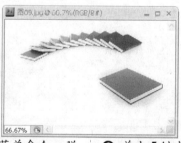

❷ 选择【滤镜】➤【消失点】菜单命令，弹出【消失点】对话框。

❸ 单击【创建平面工具】按钮 🔳，在书本上创建透视网格。

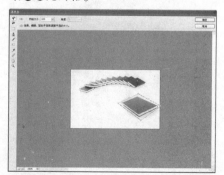

❹ 选择【图章工具】，按住【Alt】键复制书本，然后在空白处单击即可复制书本。

❺ 复制完毕后单击【确定】按钮。

5.5 图像的润饰

本节视频教学录像：11 分钟

用户可以使用 Photoshop CS4 中的工具对图像的细节进行修饰。

5.5.1 红眼工具

【红眼工具】可消除使用闪光灯拍摄的人物照片中的红眼，也可以消除使用闪光灯拍摄的动物照片中的白色或绿色反光。

1.【红眼工具】相关参数设置

选择【红眼工具】后的属性栏如下图所示。

（1）【瞳孔大小】设置框：设置瞳孔（眼睛暗色的中心）的大小。

（2）【变暗量】设置框：设置瞳孔的暗度。

2. 修复一张有红眼的照片

❶ 打开随书光盘中的"素材\ch05\图 10.jpg"文件。

❷ 选择【红眼工具】，在属性栏中设置其参数。

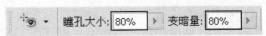

❸ 单击照片中的红眼区域，可得到如下图所示的效果。

> **Tips**
>
> 红眼是由于相机闪光灯在主体视网膜上反光引起的。在光线暗淡的条件下拍摄时，由于主体的虹膜张开得很宽，会更加明显地出现红眼现象。因此在拍摄时，最好使用相机的红眼消除功能，或者使用远离相机镜头位置的独立闪光装置。

5.5.2　模糊工具

使用【模糊工具】 ⬤ 可以柔化图像中的硬边缘或区域，从而减少细节。它的主要作用是进行像素之间的对比，使主题鲜明。

1.【模糊工具】相关参数设置

选择【模糊工具】 ⬤ 后的属性栏如下。

⬤ ▾　画笔：✱ ▾　模式：正常 ∨　强度：50% ▸　□对所有图层取样

（1）【画笔】设置项：用于选择画笔的大小、硬度和形状。

（2）【模式】下拉列表：用于选择色彩的混合方式。

（3）【强度】设置框：用于设置画笔的强度。

（4）【对所有图层取样】复选框：选中此复选框，可以使【模糊工具】作用于所有层的可见部分。

2. 使用【模糊工具】模糊背景

❶ 打开随书光盘中的"素材\ch05\图 11.jpg"文件。

❷ 选择【模糊工具】 ⬤ ，设置【模式】为"正常"，【强度】为"100%"。

❸ 按住鼠标左键在需要模糊的背景上拖曳鼠标即可。

5.5.3　锐化工具

使用【锐化工具】 △ 可以聚焦软边缘，以提高清晰度或聚焦的程度，也就是增大像素之间的对比度。

下面通过处理模糊图像为清晰图像来学习【锐化工具】的使用方法。

❶ 打开随书光盘中的"素材\ch05\图 11.jpg"文件。

❷ 选择【锐化工具】 △ ，设置【模式】为"正常"，【强度】为"50%"。

△ ▾　画笔：✱ ▾　模式：正常 ∨　强度：50% ▸　□对所有图层取样

❸ 按住鼠标左键在叶子上进行拖曳即可。

5.5.4　涂抹工具

使用【涂抹工具】 ⬤ 产生的效果类似于使用干画笔在未干的油墨上擦过，也就是说画笔周围的像素将随着笔触一起移动。

1. 【涂抹工具】相关参数设置

选择【涂抹工具】 后的属性栏如下。

【手指绘画】复选框：选中此复选框后可以设定涂痕的色彩，就好像用蘸上色彩的手指在未干的油墨上绘画一样。

2. 制造花儿被大风刮过的效果

❶ 打开随书光盘中的"素材\ch05\图 12.jpg"文件。

❷ 选择【涂抹工具】 ，属性栏中各项参数保持不变，但可根据需要更改画笔的大小。

❸ 按住鼠标左键在花朵边缘上进行拖曳即可。

5.5.5 减淡工具和加深工具

【减淡工具】和【加深工具】用于调节图像特定区域的曝光度，可以使图像区域变亮或变暗。摄影时，摄影师减弱光度可以使照片中的某个区域变亮（减淡），或增加曝光度使照片中的区域变暗（加深），减淡和加深工具的作用相当于摄影师调节光度。

1. 【减淡工具】和【加深工具】相关参数设置

选择【加深工具】 后的属性栏如下。

(1)【范围】下拉列表：有以下选项。

暗调：选中后只作用于图像的暗调区域。

中间调：选中后只作用于图像的中间调区域。

高光：选中后只作用于图像的高光区域。

(2)【曝光度】设置框：用于设置图像的曝光强度。建议使用时先把【曝光度】的值设置得小一些，一般情况选择 15% 比较合适。

> **Tips**
>
> 在使用【减淡工具】时，如果同时按下【Alt】键可暂时切换为【加深工具】。同样在使用【加深工具】时，如果同时按下【Alt】键则可暂时切换为【减淡工具】。

2. 对图像的中间调进行处理从而突出背景

❶ 打开随书光盘中的"素材\ch05\图 13.jpg"文件。

❷ 选择【减淡工具】🔍，属性栏中各项参数保持不变，但可根据需要更改画笔的大小。

❸ 按住鼠标左键在盘子及花上进行涂抹。

❹ 同理使用【加深工具】⊘涂抹底纹。

5.5.6 海绵工具

使用【海绵工具】🖌可以精确地更改选区的色彩饱和度。在灰度模式下，该工具通过使灰阶远离或靠近中间灰色来增加或降低对比度。

1. 【海绵工具】相关参数设置

选择【海绵工具】🖌后的属性栏如下。

在【模式】下拉列表中可以选择【降低饱和度】选项以降低色彩饱和度，选择【饱和度】选项以提高色彩饱和度。

2. 使用【海绵工具】使花儿更加鲜艳突出

❶ 打开随书光盘中的"素材\ch05\图 14.jpg"文件。

❷ 选择【海绵工具】🖌，设置【模式】为"饱和"，其他参数设置保持不变，但可根据需要更改画笔的大小。

❸ 按住鼠标左键在花上进行涂抹。

❹ 在属性栏的【模式】下拉列表中选择【降低饱和度】选项，再涂抹背景即可。

5.6 擦除图像

🎬 **本节视频教学录像：10 分钟**

在绘制图像时，有些多余的部分可以通过擦除工具将其擦除。使用擦除工具还可以选择和拼合一些图像。

5.6.1 橡皮擦工具

使用【橡皮擦工具】  ，通过拖动鼠标可以擦除图像中的指定区域。

1.【橡皮擦工具】相关参数设置

选择【橡皮擦工具】 后的属性栏如下。

【画笔】设置项：对橡皮擦的笔尖形状和大小进行设置，与【画笔工具】的设置相同，这里不再赘述。

【模式】下拉列表中有以下3种选项：【画笔】、【铅笔】和【块】模式。

选中【块】模式时属性栏如下。

在选中【块】模式时，不能设置橡皮擦的大小、不透明度和流量等参数。

2. 制作图案叠加的效果

❶ 打开随书光盘中的"素材\ch05\图 01.jpg"和"素材\ch05\图 15.jpg"文件。

❷ 使用【移动工具】 ，将"图 01"素材拖

曳到"图 15"素材中，并调整位置。

❸ 双击背景层弹出【新建图层】对话框，单击【确定】按钮。

❹ 背景图层转化为【图层 0】图层，把【图层 0】图层拖曳到【图层 1】图层上方。

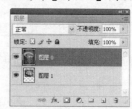

❺ 选择【橡皮擦工具】 ，保持各项参数设置不变，设置画笔的硬度为"0"，画笔的大小可根据涂抹时的需要进行更改。

❻ 按住鼠标左键在荷花所在的位置进行涂抹，涂抹后的最终效果如下图所示。

5.6.2 背景橡皮擦工具

【背景橡皮擦工具】 是一种可以擦除指定颜色的擦除器，这个指定颜色叫做标本色，表现为背景色。

【背景橡皮擦工具】只擦除了白色区域。其擦除的功能非常灵活，在一些情况下可以达到事半功倍的效果。

1. 【背景橡皮擦工具】相关参数设置

选择【背景橡皮擦工具】![icon]后的属性栏如下。

`沙 ▾ 画笔：* ▾ 之♪*▾ 限制：连续 ▾ 容差：50% ▾ □保护前景色`

(1)【画笔】设置项：用于选择形状。

(2)【限制】下拉列表：用于选择背景橡皮擦工具的擦除界限，包括以下3个选项。

不连续：在选定的色彩范围内可以多次重复擦除。

连续：在选定的标本色内不间断地擦除。

查找边界：在擦除时保持边界的锐度。

(3)【容差】设置框：可以输入数值或者拖曳滑块进行调节。数值越低，擦除的范围越接近标本色。大的容差值会把其他颜色擦成半透明的效果。

(4)【保护前景色】复选框：用于保护前景色，使之不会被擦除。

(5)【取样】设置：用于选取标本色方式的选择设置，有以下3种。

连续![icon]：单击此按钮，擦除时会自动选择所擦的颜色为标本色。此选项用于抹去不同颜色的相邻范围。在擦除一种颜色时，【背景橡皮擦工具】不能超过这种颜色与其他颜色的边界而完全进入另一种颜色，因为这时已不再满足相邻范围这个条件。当【背景橡皮擦工具】完全进入另一种颜色时，标本色即随之变为当前颜色，也就是说当前所在颜色的相邻范围为可擦除的范围。

一次![icon]：单击此按钮，擦除时首先在要擦除的颜色上单击以选定标本色，这时标本色已固定，然后就可以在图像上擦除与标本色相同的颜色范围。每次单击选定标本色只能做一次不间断地擦除，如果要继续擦除则必须重新单击选定标本色。

背景色板![icon]：单击此按钮即选定好背景色，即标本色，然后就可以擦除与背景色相同的色彩范围。

在 Photoshop 中是不支持背景层有透明部分的，而【背景橡皮擦工具】则可直接在背景层上擦除，因此擦除后 Photoshop CS4 会自动地把背景层转换为一般层。

2. 使用【背景橡皮擦工具】擦除背景

❶ 打开随书光盘中的"素材\ch05\图 16.jpg"文件。

❷ 选择【背景橡皮擦工具】![icon]，设置【限制】为"连续"，【容差】为"35%"，可根据需要更改画笔的大小。

❸ 按住鼠标左键在背景上单击，直至背景清除完毕。

5.6.3 魔术橡皮擦工具

【魔术橡皮擦工具】![icon]相当于魔棒加删除命令。选中【魔术橡皮擦工具】，在图像上欲擦除的颜色范围内单击，就会自动地擦除掉与此颜色相近的区域。

1. 【魔术橡皮擦工具】相关参数设置

选择【魔术橡皮擦工具】后的属性栏如下。

| 🖌 ▾ | 容差: 32 | ☑消除锯齿 | ☑连续 | □对所有图层取样 | 不透明度: 100% | ▸ |

(1)【容差】文本框：数值越小表示选取的颜色范围越接近，数值越大表示选取的颜色范围越大。在文本框中可输入 0～255 的数值。

(2)【消除锯齿】复选框：其功能已在前面介绍过。

(3)【连续】复选框：选择此选项，只擦除与单击点像素邻近的像素，取消此选项则可擦除图像中的所有相似像素。

(4)【对所有图层取样】复选框：选择此选项，可对所有可见图层中的取样擦除色样。

(5)【不透明度】设置框：用来设置擦除效果的不透明度。

2. 使用【魔术橡皮擦工具】擦除背景

❶ 打开随书光盘中的"素材\ch05\图 17.jpg"文件。

❷ 选择【魔术橡皮擦工具】🖌️，设置【不透明度】为"100%"。

❸ 在紧贴人物的背景处单击，此时可以看到已经清除了相似的背景。

❹ 再次单击，直至背景清除完毕。

5.7 填充与描边 ⠿

🎬 **本节视频教学录像：6 分钟**

填充与描边在 Photoshop 中是一个比较简单的操作，但是利用填充与描边可以为图像制作出美丽的边框、文字的衬底、填充一些特殊的颜色等，以得到让人意想不到的图像处理效果。本小节就来讲解一下使用 Photoshop 中的【油漆桶工具】和【描边】命令为图像增添特殊效果的方法。

5.7.1 油漆桶工具

【油漆桶工具】🪣 可以在图像中填充前景色或图案。如果创建了选区，填充的区域为所选区域；如果没有创建选区，则填充与鼠标单击点相近的区域。

下面通过为图像填充颜色来学习【油漆桶工具】的使用方法。

❶ 打开随书光盘中的"素材\ch05\图 18.psd"文件。

❷ 选择【油漆桶工具】，在属性栏中设置各项参数，如下图所示。

❸ 在工具箱中单击【设置前景色】按钮，在弹出的【拾色器（前景色）】对话框中设置前景色颜色（C：0、M：0、Y：100、K：0），然后单击【确定】按钮。

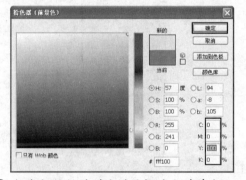

❹ 把鼠标指针移到蝴蝶的翅膀上并单击。

❺ 按照同样的方法设置颜色（C：0、M：40、Y：100、K：0）和颜色（C：0、M：100、Y：100、K：0）并分别填充其他部位。

5.7.2　【描边】命令

利用【编辑】菜单中的【描边】菜单命令，可以为选区、图层和路径等勾画彩色边缘。与【图层样式】对话框中的描边样式相比，使用【描边】命令可以更加快速地创建更为灵活、柔和的边界，而描边图层样式只能作用于图层边缘。

下面通过为图像添加边框的效果来学习【描边】命令的使用方法。

❶ 打开随书光盘中的"素材\ch05\图 19.jpg"文件。

❷ 使用套索工具在图像中绘制选区。

❸ 选择【编辑】➤【描边】菜单命令，在弹
出的【描边】对话框中设置【宽度】为"5px"，
颜色根据自己喜好设置。【位置】设置为"居
中"，然后单击【确定】按钮。按【Ctrl+D】
组合键取消选区。

❹ 双击【背景】图层，弹出【新建图层】对
话框，然后单击【确定】按钮，将背景层
转化为普通图层。

❺ 选择【编辑】➤【描边】菜单命令，在弹
出的【描边】对话框中设置【宽度】为
"20px"，【颜色】设置为黑色，【位置】设
置为"内部"，然后单击【确定】按钮。

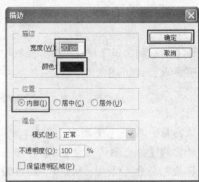

步骤❸中的【描边】对话框中各参数作
用如下。

（1）【描边】设置区：用于设定描边的
画笔宽度和边界颜色。

（2）【位置】设置区：用于指定描边位
置是在边界内、边界中还是在边界外。

（3）【混合】设置区：用于设置描边颜
色的模式及不透明度，并可选择描边范围是
否包括透明区域。

5.8 综合实例——删除照片中的无用文字

本节视频教学录像：19 分钟

本实例学习使用【橡皮擦工具】、【修复画笔工具】和【放大工具】来删除照片中无用
的文字。

5.8.1 实例预览

素材\ch05\图 20.jpg   结果\ch05\删除照片中无用的文字.jpg

5.8.2 实例说明

实例名称：删除照片中无用的文字	
主要工具或命令：【修复画笔工具】、【橡皮擦工具】和【放大工具】等	
难易程度：★★★★ 常用指数：★★★★	

5.8.3 实例步骤

第 1 步：打开文件

❶ 选择【文件】▷【打开】菜单命令。

❷ 打开随书光盘中的"素材\ch05\图 20.jpg"图像。

第 2 步：去除文字

❶ 选择【缩放工具】🔍，放大图像以便于操作。

❷ 选择【修补工具】⚙，在需要修复的位置绘制一个选区，将鼠标指针移动到选区内，再向周围没有瑕疵的区域拖曳鼠标以修复瑕疵。

第 3 步：去除花朵上的文字

❶ 选择【修复画笔工具】✏，然后按住【Alt】键单击复制图像的起点，在需要修饰的地方开始单击并拖曳鼠标。

❷ 按照同样的方法继续修复其他部位的文字。根据位置适时地调整画笔的大小，直

至修复完毕。

的边缘部位。最终效果如下图所示。

❸ 选择【仿制图章工具】，修复一些花瓣

5.8.4 实例总结

本实例通过综合运用【仿制图章工具】、【修复画笔工具】和【修补工具】等来修复图像中的瑕疵。读者在学习的时候，可灵活地综合运用各种修复工具并适时地调整画笔的大小和笔尖的硬度，来完美地修复图像。

5.9 举一反三

根据本章所学的知识，使用【修补工具】和【仿制图章工具】修复一幅人物面部有划痕的图像。

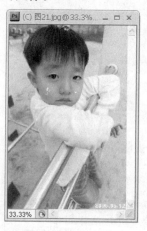

素材\ch05\图 21.jpg

结果\ch05\小朋友.jpg

提示：

(1) 选择【修补工具】，修复人物面部划痕；

(2) 选择【仿制图章工具】，修复其他部位。

5.10 技术探讨

【油漆桶工具】的属性栏中包含着该工具的设置选项。

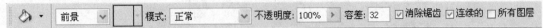

(1) 【填充】用来选择填充的方法，包括【前景色】和【图案】。

(2) 【模式】和【不透明度】用来设置填充的混合模式和不透明度。

(3) 【容差】用来定义必须填充的像素的颜色相似程度。低容差表示填充颜色值范围内与单位点像素非常相似的像素，高容差则填充更大范围内的像素。

(4) 【消除锯齿】：选择该选项，可平滑过渡该选区的边缘。

(5) 【连续的】：选择该选项，只填充与鼠标单击点相邻的像素；取消该选项，则填充图像中的所有相似像素。

(6) 【所有图层】：选择该选项，基于所有可见图层中的合并颜色数据填充像素；取消该选项，仅填充当前层。

第 6 章　调整图像的色彩

本章引言

　　颜色模型用数字描述颜色。可以通过不同的方法用数字描述颜色，而颜色模式决定在显示和打印图像时使用哪一种方法或哪一组数字。Photoshop 的颜色模式基于颜色模型，而颜色模型对于印刷中使用的图像非常有用。本章讲解图像颜色的相关知识。

6.1　图像的颜色模式

本节视频教学录像：8 分钟

颜色模式决定显示和打印电子图像的色彩模型（简单说色彩模型是用于表现颜色的一种数学算法），即一幅电子图像用什么样的方式在计算机中显示或打印输出。

常见的颜色模式包括位图模式、灰度模式、双色调模式、HSB（表示色相、饱和度、亮度）模式、RGB（表示红、绿、蓝）颜色模式、CMYK（表示青、洋红、黄、黑）颜色模式、Lab 颜色模式、索引颜色模式、多通道模式以及 8 位/16 位/32 位通道模式，每种模式的图像描述和重现色彩的原理及所能显示的颜色数量是不同的。Photoshop 的颜色模式基于颜色模型，而颜色模型对于印刷中使用的图像非常有用。它可以从以下模式中选择：RGB、CMYK、Lab 和灰度以及用于特殊色彩输出的颜色模式，如索引颜色和双色调。

选择【图像】➤【模式】菜单命令，打开【模式】的子菜单。

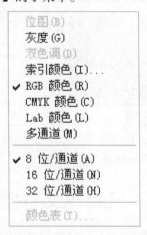

6.1.1　RGB 颜色模式

> **RGB 颜色模式**
>
> Photoshop 的 RGB 颜色模式使用 RGB 模型，对于彩色图像中的每个 RGB（红色、绿色、蓝色）分量，可以为每个像素指定一个 0（黑色）到 255（白色）之间的强度值。例如亮红色可能【R】值为"246"，【G】值为"20"，而【B】值为"50"。

不同的图像中 RGB 各个的成分也不尽相同，可能有的图中 R（红色）成分多一些，有的 B（蓝色）成分多一些。在电脑中显示时，RGB 的多少是指亮度，并用整数来表示。通常情况下 RGB 的 3 个分量各有 256 级亮度，用数字 0、1、2……255 表示。注意：虽然数字最高是 255，但 0 也是数值之一，因此共有 256 级。当这 3 个分量的值相等时，

结果是灰色。

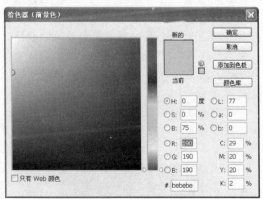

当所有分量的值均为 255 时，结果是纯白色。

当所有分量的值都为 0 时，结果是纯黑色。

RGB 图像使用 3 种颜色或 3 个通道在屏幕上重现颜色。

这 3 个通道将每个像素转换为 24 位（8位×3 通道）色信息。对于 24 位图像可重现多达 1 670 万种颜色，48 位图像（每个通道16 位）可重现更多的颜色。新建的 Photoshop图像的默认模式为 RGB，计算机显示器、电视机、投影仪等均使用 RGB 模型显示颜色。这意味着在使用非 RGB 颜色模式（如CMYK）时，Photoshop 会将 CMYK 图像插值处理为 RGB，以便在屏幕上显示。

6.1.2　CMYK 颜色模式

◎ CMYK 颜色模式

CMYK 颜色模式是一种基于印刷油墨的颜色模式，具有青色、洋红、黄色和黑色 4 个颜色通道，每个通道的颜色也是 8位，即 256 种亮度级别，4 个通道组合使得每个像素具有 32 位的颜色容量，在理论上能产生 232 种颜色。但是由于目前的制造工艺还不能制造出高纯度的油墨，CMYK 相加的结果实际上是一种暗红色，因此还需要加入一种专门的黑墨来中和。

上时，色谱中的一部分被吸收，而另一部分被反射回眼睛。理论上，纯青色（C）、洋红（M）和黄色（Y）色素混合将吸收所有的颜色并生成黑色，因此 CMYK 模式是一种减色模式，即为最亮（高光）颜色指定的印刷油墨颜色百分比较低，而为较暗（暗调）颜色指定的百分比较高。例如亮红色可能包含 2%青色、93%洋红色、90%黄色和 0%黑色。因为青色的互补色是红色（洋红色和黄色混合即能产生红色），减少青色的百分含量，其互补色红色的成分也就越多，因此CMYK 模式是靠减少一种通道颜色来加亮它的互补色，这显然符合物理原理。

CMYK 模式以打印纸上的油墨的光线吸收特性为基础，当白光照射到半透明油墨

CMYK 通道的灰度图和 RGB 类似。RGB 灰度表示色光亮度，CMYK 灰度表示油墨浓度。但二者对灰度图中的明暗有着不同的定义。

RGB 通道灰度图中较白部分表示亮度较高，较黑部分表示亮度较低，纯白表示亮度最高，纯黑表示亮度为零。RGB 模式下通道明暗的含义如下图所示。

CMYK 通道灰度图中较白表示油墨含量较低，较黑表示油墨含量较高，纯白表示完全没有油墨，纯黑表示油墨浓度最高。CMYK 模式下通道明暗的含义如右上图所示。

在制作要用印刷色打印的图像时应使用 CMYK 模式。将 RGB 图像转换为 CMYK 即产生分色。如果从 RGB 图像开始，则最好首先在 RGB 模式下编辑，然后在处理结束时转换为 CMYK。在 RGB 模式下，可以使用【校样设置】（选择【视图菜单】➤【校样设置】）命令模拟 CMYK 转换后的效果，而无需真的更改图像的数据。也可以使用 CMYK 模式直接处理从高端系统扫描或导入的 CMYK 图像。

6.1.3 灰度模式

> ### 🔘 灰度模式
>
> 所谓灰度图像，就是指纯白、纯黑以及两者中的一系列从黑到白的过渡色。灰度色中不包含任何色相，即不存在红色、黄色这样的颜色。灰度的通常表示方法是百分比，范围为 0%~100%。

在 Photoshop 中只能输入整数，百分比越高颜色越黑，百分比越低颜色越白。灰度最高相当于最高的黑，就是纯黑，灰度为

100%时的效果如下图所示。

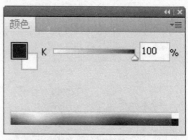

灰度最低相当于最低的黑，也就是没有黑，那就是纯白，灰度为 0%时的效果如下图所示。

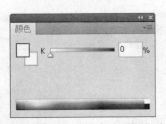

当灰度图像是从彩色图像模式转换而来时，灰度图像反映的是原彩色图像的亮度关系，即每个像素的灰阶对应着原像素的亮度，如下图所示。

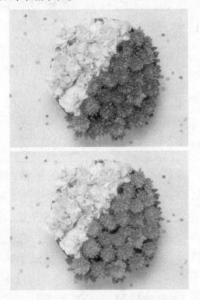

在灰度图像模式下，只有一个描述亮度信息的通道。

> *Tips*
>
> 只有灰度模式和双色调模式的图像才能转换为位图模式，其他模式的图像必须先转换为灰度模式，然后才能进一步地转换为位图模式。

6.1.4 位图模式

◎ 位图模式

在位图模式下，图像的颜色容量是一位，即每个像素的颜色只能在两种深度的颜色中选择，不是黑就是白。相应的图像由许多个小黑块和小白块组成。

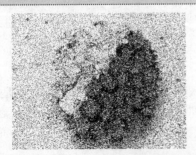

选择【图像】>【模式】>【位图】菜单命令，弹出【位图】对话框，从中可以设定转换过程中的减色处理方法。

（1）【分辨率】设置区：用于设定转换后图像的分辨率。

（2）【方法】设置区：在转换的过程中可以使用 5 种减色处理方法。选择【50%阈值】选项会将灰度级别大于 50%的像素全部转换为黑色，将灰度级别小于 50%的像素全部转换为白色；选择【图案仿色】选项可使用黑白点的图案来模拟色调；选择【扩散仿色】选项会产生一种颗粒效果；【半调网屏】选项是商业中经常使用的一种输出模式；选择【自定义图案】选项可以根据定义的图案来减色，使得转换更为灵活自由。

在位图图像模式下图像只有一个图层和一个通道，滤镜全部被禁用。

6.1.5　双色调模式

双色调模式

双色调模式可以弥补灰度图像的不足。因为灰度图像虽然拥有 256 种灰度级别，但是在印刷输出时，印刷机的每滴油墨最多只能表现 50 种的灰度。这意味着如果只用一种黑色油墨打印灰度图像，图像将非常粗糙，灰度模式的图像如下图所示。

但是如果混合另一种、两种或 3 种彩色油墨，因为每种油墨都能产生 50 种左右的灰度级别，那么理论上至少可以表现出 5 050 种灰度级别，这样打印出来的双色调、三色调或四色调图像就能表现得非常流畅了。这种靠几盒油墨混合打印的方法被称之为"套印"，绿色套印的双色调图像如下图所示。

以双色调套印为例，一般情况下双色调套印应用较深的黑色油墨和较浅的灰色油墨进行印刷。黑色油墨用于表现阴影，灰色油墨用于表现中间色调和高光。但更多的情况是将一种黑色油墨与一种彩色油墨配合，用彩色油墨来表现高光区，利用这一技术能给灰度图像轻微上色。

因为双色调使用不同的彩色油墨重新生成不同的灰阶，因此在 Photoshop 中将双色调视为单通道、8 位的灰度图像。在双色调模式中，不能像在 RGB、CMYK 和 Lab模式中那样直接访问单个的图像通道，而是通过【双色调选项】对话框中的曲线来控制通道。

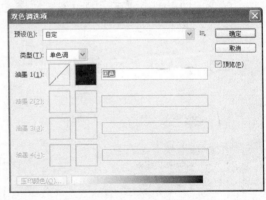

（1）【类型】下拉列表：可以从【单色调】、【双色调】、【三色调】和【四色调】中选择一种套印类型。

（2）【油墨】设置项：选择了套印类型后，即可在各色通道中使用曲线工具调节套印效果。

6.1.6 索引颜色模式

索引颜色模式

索引颜色模式用最多 256 种颜色生成 8 位图像文件。当转换为索引颜色时，Photoshop 将构建一个颜色查找表，用以存放索引图像中的颜色。如果原图像中的某种颜色没有出现在该表中，程序将选取最接近的一种或使用仿色来模拟该颜色。

索引颜色模式的优点是它的文件格式比较小，同时保持视觉品质不单一，因此非常适于用来做多媒体动画和 Web 页面。在索引颜色模式下只能进行有限的编辑，若要进一步进行编辑，则应临时转换为 RGB 模式。索引颜色文件可以存储为 Photoshop、BMP、GIF、Photoshop EPS、大型文档格式 (PSB)、PCX、Photoshop PDF、Photoshop Raw、Photoshop 2.0、PICT、PNG、Targa 或 TIFF 等格式。

选择【图像】▶【模式】▶【索引颜色】菜单命令，即可弹出【索引颜色】对话框。

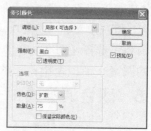

（1）【调板】下拉列表：用于选择在转换为索引颜色时使用的调色板。例如需要制作 Web 网页，则可选择 Web 调色板。

（2）【强制】下拉列表：可以选择将某些颜色强制加入到颜色表中，例如选择【黑白】，就可以将纯黑和纯白强制添加到颜色表中。

（3）【杂边】下拉列表：可以指定用于消除图像锯齿边缘的背景色。

在索引颜色模式下图像只有一个图层和一个通道，滤镜全部被禁用。

（4）【仿色】下拉列表：可以选择是否使用仿色。

（5）【数量】设置框：输入仿色数量的百分比值。该值越高，所仿颜色越多，但是可能会增加文件的大小。

6.1.7 Lab 颜色模式

Lab 颜色模式

Lab 颜色模型是在 1931 年国际照明委员会 CIE 制定的颜色度量国际标准模型的基础上建立的。1976 年，该模型经过重新修订后被命名为 CIE L*a*b。

Lab 颜色与设备无关，无论使用何种设备（如显示器、打印机、计算机或扫描仪等）创建或输出图像，这种模型都能生成一致的颜色。

Lab 颜色是 Photoshop 在不同颜色模式之间转换时使用的中间颜色模式。

Lab 颜色模式将亮度通道从彩色通道中分离出来成为一个独立的通道。将图像转换为 Lab 颜色模式，然后去掉色彩通道中的 a、b 通道而保留明度通道，这样就能获得 100% 逼真的图像亮度信息，得到 100% 准确的黑白效果。

6.2 快速调整图像色彩

🎬 **本节视频教学录像：18 分钟**

色彩是事物外在的一个重要特征，不同的色彩可以传递不同的信息，带来不同的感受。成功的设计师应该有很好的驾驭色彩的能力，Photoshop CS4 提供了强大的色彩设置功能。本节将介绍如何在 Photoshop CS4 中随心所欲地进行颜色的设置。

6.2.1 在工具箱中设定前景色和背景色

前景色和背景色是用户当前使用的颜色，工具箱中包含前景色和背景色的设置选项，它由设置前景色、设置背景色、切换前景色和背景色以及默认前景色和背景色等部分组成。

利用色彩控制图标可以设定前景色和背景色。

1. **【设置前景色】按钮** ■

单击此按钮将弹出拾色器来设定前景色，它会影响画笔、填充命令和滤镜等的使用。

2. **【设置背景色】按钮** ☐

设置背景色和设置前景色的方法相同。

3. **【默认前景色和背景色】按钮** ▣

单击此按钮默认前景色为黑色、背景色为白色，也可以使用快捷键【D】来完成。

4. **【切换前景色和背景色】按钮** ↺

单击此按钮可以使前景色和背景色相互交换，也可以使用快捷键【X】来完成。

设定前景色和背景色的方法有以下 4 种。

（1）单击【设置前景色】或者【设置背景色】按钮，然后在弹出的【拾色器（前景色）】对话框中进行设定。

（2）使用【颜色】调板设定。

（3）使用【色板】调板设定。

（4）使用【吸管工具】设定。

6.2.2 使用拾色器设置颜色

单击工具箱中的【设置前景色】或【设置背景色】按钮即可弹出【拾色器（前景色）】对话框，在拾色器中有 4 种色彩模型可供选择，分别是 HSB、RGB、Lab 和 CMYK。

Tips

通常使用 HSB 色彩模型，因为它是以人们对色彩的感觉为基础的。它把颜色分为色相、饱和度和明度 3 个属性，这样便于观察。

在设定颜色时可以拖曳彩色条两侧的三角滑块来设定色相，然后在【拾色器（前景色）】对话框中的颜色框中单击鼠标（这时鼠标指针变为一个圆圈）来确定饱和度和明度。完成后单击【确定】按钮即可。也可以在色彩模型不同的组件后面的文本框中输入数值来完成。

Tips

在实际工作中一般使用数值来确定颜色。

在【拾色器（前景色）】对话框的右上方有一个颜色预览框，分为上下两个部分，上部分代表新设定的颜色，下部分代表原来的颜色，这样便于进行对比。如果在它的旁边出现了惊叹号，则表示该颜色无法被打印。如果在【拾色器（前景色）】对话框中选中【只有 Web 颜色】复选框，颜色则会变少，这主要用于确定网页上使用的颜色。

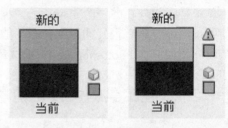

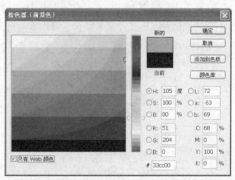

6.2.3 使用【颜色】调板设置颜色

【颜色】调板是设计工作中使用比较多的一个面板。可以通过选择【窗口】➤【颜色】菜单命令或按【F6】键调出【颜色】调板。

在设定颜色时要单击调板右侧的倒三角按钮，弹出调板菜单，然后在菜单中选择合适的色彩模式和色谱。

（1）【CMYK 滑块】：在 CMYK 颜色模式中（PostScript 打印机使用的模式）指定每个图案值（青色、洋红色、黄色和黑色）的百分比。

（2）【RGB 滑块】：在 RGB 颜色模式（监视器使用的模式）中指定 0 到 255（0 是黑色，255 是纯白色）之间的图素值。

（3）【HSB 滑块】：在 HSB 颜色模式中指定饱和度和亮度的百分数，指定色相为一个与色轮上位置相关的 0°～360°的角度。

（4）【Lab 滑块】：在 Lab 模式中输入 0～100（从绿色到洋红）和从－128～+127（从蓝色到黄色）的亮度值（L）。

（5）【Web 颜色滑块】：Web 安全颜色是浏览器使用的 216 种颜色，与平台无关。在 8 位屏幕上显示颜色时，浏览器会将图像中的所有颜色更改为这些颜色，这样可以确保为 Web 准备的图片在 256 色的显示系统上不会出现仿色。可以在文本框中输入颜色代号来确定颜色。

单击调板中的【设置前景色（或背景色）】按钮来确定要设定的或者更改的是前景色还是背景色。

接着可以通过拖曳不同色彩模式下的不同颜色组件中的滑块来确定色彩。也可以在文本框中输入数值来确定色彩，其中，灰度模式下可以在文本框中输入不同的百分比来确定颜色。

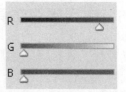

当把鼠标指针移至调板下方的色条上时，指针会变为吸管工具，此时单击同样可以设定需要的颜色。

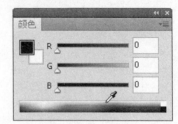

6.2.4　使用色板设置颜色

在设计中有些颜色可能会经常用到，这时可以把它们放到【色板】调板中。选择【窗口】➤【色板】菜单命令，即可打开【色板】调板。

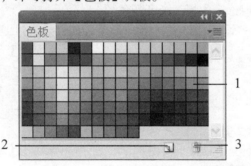

1. 色标

在色标上单击，可以把该色设置为前景色。

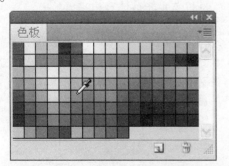

如果在色标上双击，则会弹出【色板名称】对话框，从中可以为该色标重新命名。

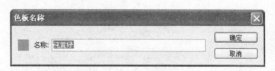

2. 【创建前景色的新色板】按钮

单击此按钮可以把常用的颜色设置为色标。

3. 【删除色标】按钮

选择一个色标，然后拖曳到该按钮上可以删除该色标。

6.2.5 使用吸管工具设置颜色

选择【吸管工具】 ✐,,然后在所需要的颜色上单击,可以把同一图像中不同部分的颜色设置为前景色。也可以把不同图像中的颜色设置为前景色。

将同一图像中不同部分的颜色设置为前景色的效果如下图所示。

将不同图像中的颜色设置为前景色的效果如下图所示。

6.2.6 使用渐变工具填充

渐变是由一种颜色向另一种颜色实现的过渡,以形成一种柔和的或者特殊规律的色彩区域,可以在整个文档或选区内填充渐变颜色。

1. 【渐变工具】相关参数设置

选择【渐变工具】▭后的属性栏如下。

(1) 【点按可编辑渐变】▭：选择和编辑渐变的色彩,是渐变工具最重要的部分,通过它能够看出渐变的情况。

(2) 渐变方式包括线性渐变、径向渐变、角度渐变、对称渐变和菱形渐变 5 种。

【线性渐变】▭：从起点到终点颜色在一条直线上过渡。

【径向渐变】▭：从起点到终点颜色按圆形向外发散过渡。

【角度渐变】▭：从起点到终点颜色做顺时针过渡。

【对称渐变】▭：从起点到终点颜色在一条直线同时做两个方向的对称过渡。

【菱形渐变】▭：从起点到终点颜色按

菱形向外发散过渡。

(3) 【模式】下拉列表：用于选择填充时的色彩混合方式。

(4) 【反向】复选框：用于决定掉转渐变色的方向,即把起点颜色和终点颜色进行交换。

(5) 【仿色】复选框：选中此复选框会添加随机杂色以平滑渐变填充的效果。

(6) 【透明区域】复选框：只有选中此复选框,不透明度的设定才会生效,包含有透明的渐变才能被体现出来。

2. 利用渐变绘制彩色圆柱

❶ 新建一个大小为 800 像素×600 像素、分辨率为 72 像素/英寸的画布。

❷ 在【图层】调板上单击【新建】按钮 ，新建【图层 1】图层。

❸ 选择工具箱中的【矩形选框工具】 ，然后在画布中建立一个矩形选框。

❹ 在属性栏中单击【添加到选区】按钮 ，然后使用【椭圆选框工具】 在矩形选框的底部绘制一个椭圆。

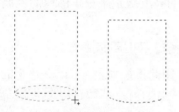

❺ 选择【渐变工具】 ，在其属性栏中单击【点按可编辑渐变】按钮 ，打开【渐变编辑器】对话框，选择【预设】中的【色谱】。

❻ 在参数设置栏中单击【线性渐变】按钮 ，然后在选区中水平拖曳填充渐变。

❼ 按【Ctrl+D】组合键取消选区，在【图层】调板上单击【新建】按钮 ，新建【图层 2】图层。选择【图层 2】图层，然后使用【椭圆选框工具】 在矩形的上方创建一个椭圆选区。

❽ 将选区填充为灰色（C：0、M：0、Y：0、K：10），然后取消选区。

6.3　图像色彩的高级调整

本节视频教学录像：42 分钟

色彩调整命令是 Photoshop CS4 的核心内容，各种调整命令是对图像进行颜色调整不可缺少的命令。在 Photoshop CS4 中还新增加了【自然饱和度】调整命令，为增加整个画面的"饱和度"提供了方便。

选择【图像】➤【调整】菜单命令，从其子菜单中可以选择各种命令。

亮度/对比度 (C)...	
色阶 (L)...	Ctrl+L
曲线 (U)...	Ctrl+M
曝光度 (E)...	
自然饱和度 (V)...	
色相/饱和度 (H)...	Ctrl+U
色彩平衡 (B)...	Ctrl+B
黑白 (K)...	Alt+Shift+Ctrl+B
照片滤镜 (F)...	
通道混合器 (X)...	
反相 (I)	Ctrl+I
色调分离 (P)...	
阈值 (T)...	
渐变映射 (G)...	
可选颜色 (S)...	
阴影/高光 (W)...	
变化 (N)...	
去色 (D)	Shift+Ctrl+U
匹配颜色 (M)...	
替换颜色 (R)...	
色调均化 (Q)	

6.3.1 调整色阶

【色阶】命令通过调整图像暗调、灰色调和高光的亮度级别来校正图像的色调，包括反差、明暗和图像层次，以及平衡图像的色彩。

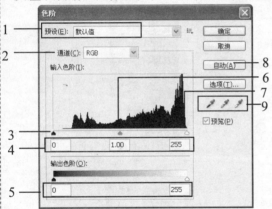

1.【预设】下拉列表

利用此下拉列表，可根据 Photoshop 预设的色彩调整选项对图像进行色彩调整。

2.【通道】下拉列表

利用此下拉列表，可以在整个的颜色范围内对图像进行色调调整，也可以单独编辑特定颜色的色调。若要同时编辑一组颜色通道，在选择【色阶】命令之前应按住【Shift】键并在【通道】调板中选择这些通道。之后，通道菜单会显示目标通道的缩写，例如红代表红色。【通道】下拉列表还包含所选组合的个别通道，可以只分别编辑专色通道和 Alpha 通道。

3. 阴影滑块

向右拖动该滑块可以增大图像的暗调范围，使图像显示得更暗。同时拖曳的程度会在【输入色阶】最左侧的参数框中得到量化。

4.【输入色阶】参数框

在【输入色阶】参数框中可以分别调整暗调、中间调和高光的亮度级别来修改图像的色调范围，以提高或降低图像的对比度。

可以在【输入色阶】参数框中键入目标值，这种方法比较精确，但直观性不好。以输入色阶直方图为参考，通过拖曳 3 个【输入色阶】滑块进行调整可使色调的调整更为直观。

5.【输出色阶】参数框

【输出色阶】参数框中只有暗调滑块和高光滑块，通过拖曳滑块或在参数框中键入目标值，可以降低图像的对比度。具体来说，向右拖曳暗调滑块，【输出色阶】左侧的参数框中的值会相应增加，但此时图像却会变亮；向左拖曳高光滑块，【输出色阶】右侧的参数框中的值会相应减小，但图像却会变暗。这是因为在输出时 Photoshop 的处理过程是这样的：比如将第一个参数框的值调为10，则表示输出图像会以在输入图像中色调值为 10 的像素的暗度为最低暗度，所以图像会变亮；将第二个参数框的值调为 245，则表示输出图像会以在输入图像中色调值 245 的像素的亮度为最高亮度，所以图像会变暗。总之，【输入色阶】的调整是用来增加对比度的，而【输出色阶】的调整则是用来减少对比度的。

6. 中间调滑块

左右拖曳可以增大或减小中间色调范围，从而改变图像的对比度。其作用与在【输入色阶】中间的参数框中键入数值相同。

7. 高光滑块

向左拖曳可以增大图像的高光范围，使图像变亮。高光的范围会在【输入色阶】最右侧的参数框中显示。

8.【自动】按钮

单击【自动】按钮可以将高光和暗调滑块自动地移动到最亮点和最暗点。

9. 吸管工具

用于完成图像中的黑场、灰场和白场的设定。使用【设置黑场吸管】在图像中的某点颜色上单击，该点则成为图像中的黑色，该点与原来黑色的颜色色调范围内的颜色都将变为黑色，该点与原来白色的颜色色调范围内的颜色整体都进行亮度的降低。使用【设置白场吸管】则正好与使用【设置黑场吸管】的作用相反。使用【设置灰场吸管】可以完成图像中的灰度设置。

下面通过调整图像的对比度来学习【色阶】命令的使用方法。

❶ 打开随书光盘中的"素材\ch06\图 02.jpg"图像。

❷ 选择【图像】▷【调整】▷【色阶】菜单命令，弹出【色阶】对话框。

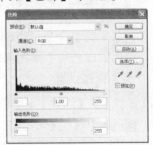

❸ 从中调整中间调滑块，使图像的整体色调的亮度有所提高，最终效果如下图所示。

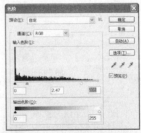

6.3.2 调整亮度/对比度

选择【亮度/对比度】命令，可以对图像的色调范围进行简单的调整。

使用【亮度/对比度】命令调整图像的具体步骤如下。

❶ 打开随书光盘中的 "素材\ch06\图 03.jpg"
图像。

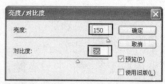

❸ 单击【确定】按钮，得到的最终图像效果
如下图所示。

❷ 选择【图像】➤【调整】➤【亮度/对比度】
菜单命令，弹出【亮度/对比度】对话框，
设置【亮度】为 "150"，【对比度】为 "36"。

6.3.3 调整色彩平衡

选择【色彩平衡】命令可以调节图像的色调，可分别在暗调区、灰色调区和高光区通过控制各个单色的成分来平衡图像的色彩，操作起来简单直观。

1. 【色彩平衡】参数设置

选择【图像】➤【调整】➤【色彩平衡】
菜单命令，即可打开【色彩平衡】对话框。

【色彩平衡】设置区：可将滑块拖曳至要在图像中增加的颜色，或将滑块拖离要在图像中减少的颜色。利用上面提到的互补性原理，即可完成对图像色彩的平衡。

【色调平衡】设置区：通过选择【阴影】、
【中间调】或【高光】单选项可以控制图像不同色调区域的颜色平衡。

【保持明度】复选框：可防止图像的亮度值随着颜色的更改而改变。

2. 使用【色彩平衡】命令调整图像

❶ 打开随书光盘中的 "素材\ch06\图 04.jpg"
图像。

❷ 选择【图像】➤【调整】➤【色彩平衡】菜
单命令，在弹出的【色彩平衡】对话框中
的【色阶】参数框中依次输入 "+28"、"+10"
和 "+30"。

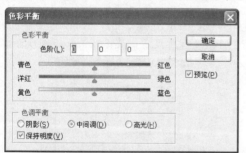

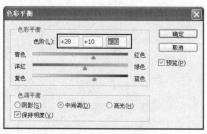

❸ 单击【确定】按钮，得到的最终图像效果
如右图所示。

6.3.4　调整曲线

Photoshop 可以调整图像的整个色调范围及色彩平衡。但它不是通过控制 3 个变量（阴影、中间调和高光）来调节图像的色调，而是对 0 到 255 色调范围内的任意点进行精确调节。同时，也可以选择【图像】➤【调整】➤【曲线】菜单命令，对个别颜色通道的色调进行调节以平衡图像色彩。

1.【通道】下拉列表

若要调整图像的色彩平衡，可以在【通道】下拉列表中选取所要调整的通道，然后对图像中的某一个通道的色彩进行调整。

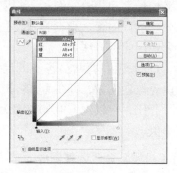

2. 曲线

水平轴（输入色阶）代表原图像中像素的色调分布，初始时分成了 5 个带，从左到右依次是暗调（黑）、1/4 色调、中间色调、3/4 色调、高光（白）；垂直轴代表新的颜色值，即输出色阶，从下到上亮度值逐渐增加。默认的曲线形状是一条从下到上的对角线，表示所有像素的输入与输出色调值相同。调整图像色调的过程，就是通过调整曲线的形状来改变像素的输入和输出色调，从而改变整个图像的色调分布。

将曲线向上弯曲会使图像变亮，将曲线向下弯曲会使图像变暗。

曲线上比较陡直的部分代表图像对比度较高的区域；相反，曲线上比较平缓的部分代表图像对比度较低的区域。

使用 ✎ 工具可以在曲线缩略图中手动绘制曲线。

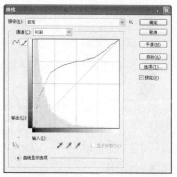

为了精确地调整曲线，可以增加曲线后面的网格数，按住【Alt】键单击缩略图即可。

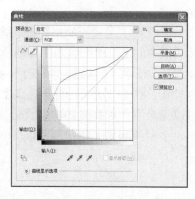

默认状态下在【曲线】对话框中：

(1) 移动曲线顶部的点主要是调整高光；

(2) 移动曲线中间的点主要是调整中间调；

(3) 移动曲线底部的点主要是调整暗调。

将曲线上的点向下或向右移动会将较大的【输入】值映射到较小的【输出】值，并会使图像变暗；相反，将曲线上的点向上或向左移动会将较小的【输入】值映射到较大的【输出】值，并会使图像变亮。因此如果希望将暗调图像变亮，则可向上移动靠近曲线底部的点；如果希望高光变暗，则可向下移动靠近曲线顶部的点。

【载入预设】选项：单击预设右边的下拉菜单按钮 ，选择【载入预设】选项可以将过去使用过的曲线载入使用，主要用于同类型图像的处理。

存储预设...
载入预设...
删除当前预设

【存储预设】选项：单击预设右边的下拉菜单按钮 ，选择【存储预设】选项可以将编辑好的曲线存储起来，以备以后解决同样的问题时使用。

3.【选项】按钮

单击该按钮可以弹出【自动颜色校正选项】对话框。

自动颜色校正选项控制由【色阶】和【曲线】对话框中的【自动颜色】、【自动色阶】、【自动对比度】和【自动】选项应用的色调和颜色校正。在【自动颜色校正选项】对话框中可以指定阴影和高光的剪贴百分比，并为阴影、中间调和高光指定颜色值。

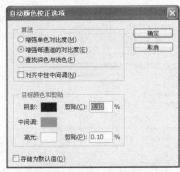

(1)【增强单色对比度】单选项：能统一剪贴所有的通道，这样可以在使高光显得更亮而暗调显得更暗的同时保留整体的色调关系。【自动对比度】命令使用此种算法。

(2)【增强每通道的对比度】单选项：可最大化每个通道中的色调范围，以产生更显著的校正效果。因为各个通道是单独调整的，所以增强每通道的对比度可能会消除或引入色痕。【自动色阶】命令使用此种算法。

(3)【查找深色与浅色】单选项：查找图像中平均最亮和最暗的像素，并用它们在最小化剪贴的同时最大化对比度。【自动颜色】命令使用此种算法。

(4) 目标颜色和剪贴：若要指定要剪贴黑色和白色像素的量，可在【剪贴】文本框中输入百分比，建议输入 0.00%到 9.99%之间的一个值。

4. 使用【曲线】命令调整图像

❶ 打开随书光盘中的"素材\ch06\图 05.jpg"图像。

❷ 选择【图像】➤【调整】➤【曲线】菜单命

令，在弹出的【曲线】对话框中调整曲线（或者设置【输入】为"139"，【输出】为"115"）。

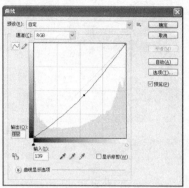

❸ 单击【确定】按钮，得到的最终图像效果如下图所示。

❹ 在【通道】下拉列表中选择【红】选项，调整曲线（或者设置【输入】为"147"，【输出】为"109"）。

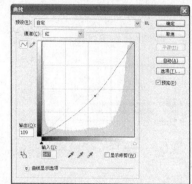

6.3.5 调整色相/饱和度

使用【色相/饱和度】命令，可以调节整个图像或图像中单个颜色成分的色相、饱和度和亮度。

> **色相、饱和度和亮度**
>
> "色相"就是通常所说的颜色，即红、橙、黄、绿、青、蓝和紫。
>
> "饱和度"简单地说，就是一种颜色的纯度，颜色纯度越高饱和度越大，颜色纯度越低相应颜色的饱和度就越小。
>
> "亮度"就是指色调，即图像的明暗度。

下面利用【色相/饱和度】命令来改变天空的颜色。

❶ 打开随书光盘中的"素材\ch06\图 06.jpg"图像。

❷ 选择【图像】➤【调整】➤【色相/饱和度】菜单命令，在弹出的【色相/饱和度】对话框中的【预设】下拉列表中选择【蓝色】选项，设置【色相】为"+180"，【饱和度】为"+21"，【明度】为"-3"。

❸ 单击【确定】按钮，得到的最终图像效果
如下图所示。

6.3.6 去色

使用【去色】命令可以将图像的颜色去掉，变成相同颜色模式下的灰度图像，每个像素仅保留原有的明暗度。例如给 RGB 图像中的每个像素指定相等的红色、绿色和蓝色值，使图像表现为灰度图像。此命令与在【色相/饱和度】对话框中将【饱和度】调整为"－100"的作用是相同的。

下面通过为图像去色来学习【去色】命令的使用方法。

❶ 打开随书光盘中的"素材\ch06\图 07.jpg"
图像。

❷ 选择【图像】➢【调整】➢【去色】菜单命令。

❸ 可以看到去色后的图像的整体对比度不是很好，选择【图像】➢【调整】➢【曲线】菜单命令，对图像做进一步的调整，得到的最终效果如下图所示。

6.3.7 匹配颜色

使用【匹配颜色】命令，可将一个图像（源图像）的颜色与另一个图像（目标图像）相匹配。

1. 【匹配颜色】对话框参数设置

选择【图像】➢【调整】➢【匹配颜色】菜单命令，即可打开【匹配颜色】对话框。

（1）【源】下拉列表：选取要将其颜色与目标图像中的颜色相匹配的源图像。如果不希望参考另一个图像来计算色彩调整，则可选择【无】选项。选择【无】选项后目标图像和源图像相同。

（2）【图层】下拉列表：从要匹配其颜色的源图像中选取图层。如果要匹配源图像中所有图层的颜色，则可从【图层】下拉列表中选择【合并的】选项。

（3）【应用调整时忽略选区】复选框：如果在图像中建立了选区，撤选【应用调整时忽略选区】复选框，则会影响目标图像中的选区，并将调整应用于选区图像中。使用该复选框可以实现对局部区域的颜色匹配。

（4）【明亮度】选项：可增加或减小目标图像的亮度。可以在【明亮度】参数框中输入一个值，最大值是 200，最小值是 1，默认值是 100。

（5）【颜色强度】选项：可以调整目标图像的色彩饱和度。可以在【颜色强度】参数框中输入一个值，最大值是 200，最小值是 1（生成灰度图像），默认值是 100。

（6）【渐隐】选项：可控制应用于图像的调整量。向右移动该滑块可以减小调整量。

2. 使用【匹配颜色】命令调整图像颜色

❶ 打开随书光盘中的 "素材\ch06\图 04.jpg" 和 "素材\ch06\07.jpg" 图像。

❷ 将 "图 04.jpg" 的颜色色调应用到 "图 07.jpg" 中。选择【图像】➤【调整】➤【匹配颜色】菜单命令，在弹出的【匹配颜色】对话框中设置【明亮度】为 "200"，【颜色强度】为 "100"，【渐隐】为 "24"，【源】设置为 "图 04.jpg"。

❸ 单击【确定】按钮，得到的最终图像效果如下图所示。

6.3.8　替换颜色

使用【替换颜色】命令可以创建蒙版，以选择图像中的特定颜色，然后替换这些颜色。可以设置选定区域的色相、饱和度和亮度，也可以使用拾色器选择替换颜色。由【替换颜色】命令创建的蒙版是临时性的。

1.【替换颜色】对话框参数设置

选择【图像】➤【调整】➤【替换颜色】菜单命令，即可弹出【替换颜色】对话框。

（1）【本地化颜色簇】复选框：如果正在图像中选择多个颜色范围，则选择【本地化颜色簇】复选框来构建更加精确的蒙版。

（2）【颜色容差】设置项：通过拖曳颜色容差滑块或在参数框中输入数值可以调整蒙版的容差，以扩大或缩小所选颜色区域。向右拖曳滑块，将增大颜色容差，使选区扩大；向左拖曳滑块将减小颜色容差，使选区减小。

（3）【选区】单选项：选择【选区】单选项将在预览框中显示蒙版。未蒙版区域为白色，被蒙版区域为黑色，部分被蒙版区域（覆盖有半透明蒙版）会根据其不透明度而显示不同亮度级别的灰色。

（4）【图像】单选项：选择【图像】单选项，将在预览框中显示图像。在处理大的图像或屏幕空间有限时，该选项非常有用。

（5）【吸管工具】：选择一种吸管在图中单击，可以确定将为何种颜色建立蒙版。带加号的吸管可用于增大蒙版（即选区），带减号的吸管可用于去掉多余的区域。

（6）【替换】设置区：通过拖曳【色相】、【饱和度】和【明度】滑块可以变换图像中所选区域的颜色，调节的方法和效果与应用【色相/饱和度】对话框一样。

2. 使用【替换颜色】命令替换花朵的颜色

❶ 打开随书光盘中的"素材\ch06\图 08.jpg"图像。

❷ 选择【图像】➤【调整】➤【替换颜色】菜单命令，在弹出的【替换颜色】对话框中使用吸管工具吸取图像中的黄色，并设置【颜色容差】为"151"，【色相】为"-53"，【饱和度】为"+21"，【明度】为"-7"。

❸ 单击【确定】按钮后的图像效果如下图所示。

6.3.9　可选颜色

可选颜色校正是在高档扫描仪和分色程序中使用的一项技术，它基于组成图像某一主色调的 4 种基本印刷色（CMYK），选择性地改变某一主色调（如红色）中某一印刷色（如青色 C）的含量，而不影响该印刷色在其他主色调中的表现，从而对图像的颜色进行校正。首先应确保在【通道】调板中选择了复合通道。

1.【可选颜色】对话框参数设置

选择【图像】➤【调整】➤【可选颜色】菜单命令，即可弹出【可选颜色】对话框。

（1）【预设】下拉列表：可以选择默认选项和自定选项。

（2）【颜色】下拉列表：选择要进行校正的主色调，可选颜色有 RGB、CMYK 中的各通道色及白色、中性色和黑色。

（3）【相对】单选项：用于增加或减少每一种印刷色的相对改变量。如为一个起始含有 50% 洋红色的像素增加 10%，该像素的洋红色含量则会变为 55%。

（4）【绝对】单选项：用于增加或减少每一种印刷色的绝对改变量。如为一个起始含有 50% 洋红色的像素增加 10%，该像素的洋红色含量则会变为 60%。

2. 使用【可选颜色】命令调整图像

❶ 打开随书光盘中的"素材\ch06\图 09.jpg"图像。

❷ 选择【图像】➤【调整】➤【可选颜色】菜单命令，在弹出的【可选颜色】对话框中的【颜色】下拉列表中选择【白色】选项，并设置【青色】为"-100"，【洋红】为"+100"，【黄色】为"- 67"，【黑色】为"+74"。

❸ 单击【确定】按钮，调整后的效果如下图所示。

6.3.10　阴影/高光

【阴影/高光】命令能基于阴影或高光中的局部相邻像素来校正每个像素，从而调整图像的阴影和高光区域。该命令适用于校正由强逆光而形成阴影的照片或者校正由于太接近相机闪光灯而有些发白的照片，在以其他采光方式拍摄的照片中，这种调整也可用于使阴影区域变亮。

1. 【阴影/高光】对话框参数设置

选择【图像】▷【调整】▷【阴影/高光】菜单命令，即可弹出【阴影/高光】对话框。

❷ 选择【图像】▷【调整】▷【阴影/高光】菜单命令，在弹出的【阴影/高光】对话框中的【阴影】设置区中将【数量】值设置为"91"，在【高光】设置区中将【数量】值设置为"8"。

(1) 【阴影】设置区用来设置图像的阴影区域，通过调整【数量】的值可以控制阴影区域的强度，该值越高，图像的阴影区域越亮。

(2) 【高光】设置区用来调整图像的高光区域，通过调整【数量】的值可以控制高光区域的强度，该值越高，图像的高光区域越暗。

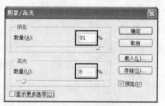

2. 使用【阴影/高光】命令调整图像

❶ 打开随书光盘中的"素材\ch06\图 10.jpg"图像。

❸ 单击【确定】按钮，调整后的效果如下图所示。

6.3.11 曝光度

【曝光度】命令专门用于调整 HDR 图像的色调，也可以用于 8 位和 16 位图像。

1. 【曝光度】对话框参数设置

选择【图像】▷【调整】▷【曝光度】菜单命令，即可弹出【曝光度】对话框。

(1) 【曝光度】设置项：可以调整色调范围的高光端，对极限阴影的影响很小。

(2) 【位移】设置项：可以使阴影和中间调变暗，对高光的影响很小。

(3) 【灰度系数校正】设置项：使用简单的乘方函数调整图像灰度系数，负值会被视为它们的相应正值。

2. 使用【曝光度】命令调整图像

❶ 打开随书光盘中的"素材\ch06\图 11.jpg"

图像。

❷ 选择【图像】➤【调整】➤【曝光度】菜单
命令，在弹出的【曝光度】对话框中进行
如右上图所示的参数设置。

❸ 单击【确定】按钮，调整后的效果如下图
所示。

6.3.12 通道混和器

通道混和器是使用图像中现有（源）颜色通道的混合来修改目标（输出）颜色通道。
颜色通道是代表图像（RGB 或 CMYK）中颜色分量的色调值的灰度图像。使用通道混和
器可以通过源通道向目标通道加减灰度数据。利用这种方法可以向特定颜色分量中增加或
减去颜色。

1. 【通道混和器】对话框参数设置

选择【图像】➤【调整】➤【通道混和
器】命令，即可弹出【通道混和器】对话框。

（1）【输出通道】下拉列表：选择进行
调整后作为最后输出的颜色通道，可随颜色
模式而异。

（2）【源通道】设置区：向右或向左拖
曳滑块可以增大或减小该通道颜色对输出
通道的贡献。在参数框中输入一个 -200 至
+200 之间的数值也能起到相同的作用。如果
输入一个负值，则先将原通道反相，再混合
到输出通道上。

（3）【常数】设置项：在参数框中输入
数值或拖曳滑块，可以将一个具有不透明度
的通道添加到输出通道上。负值作为黑色通
道，正值作为白色通道。

（4）【单色】复选框：选择【单色】复
选框，同样可以将相同的设置应用于所有的
输出通道，不过创建的是只包含灰色值的彩
色模式图像。如果先选择【单色】复选框，
然后再撤选，则可单独地修改每个通道的混
合，从而创建一种手绘色调的效果。

2. 使用【通道混和器】命令调整图像的颜色

❶ 打开随书光盘中的"素材\ch06\图 12.jpg"

图像。

❷ 选择【图像】➤【调整】➤【通道混和器】
菜单命令，在弹出的【通道混和器】对话
框中的【输出通道】下拉列表中选择【红】
选项，并在【源通道】设置区中设置【红
色】为"+71"，【绿色】为"0"，【蓝色】
为"0"。

❸ 在【输出通道】下拉列表中选择【绿】选
项，并设置【红色】为"0"，【绿色】为"+122"，
【蓝色】为"0"。

❹ 在【输出通道】下拉列表中选择"蓝"选
项，并设置【红色】为"0"，【绿色】为"0"，
【蓝色】为"+168"。

❺ 单击【确定】按钮，调整后的效果如下图
所示。

6.3.13 渐变映射

使用【渐变映射】命令，可以将图像的色阶映射为一组渐变色的色阶。如指定双色渐
变填充时，图像中的暗调被映射到渐变填充的一个端点颜色，高光被映射到另一个端点颜
色，中间调被映射到两个端点之间的层次。

1.【渐变映射】对话框参数设置

选择【图像】➤【调整】➤【渐变映射】
菜单命令，即可弹出【渐变映射】对话框。

(1)【灰度映射所用的渐变】下拉列表：
从列表中选择一种渐变类型，默认情况下，
图像的暗调、中间调和高光分别映射到渐变
填充的起始（左端）颜色、中间点和结束（右
端）颜色。

(2)【仿色】复选框：通过添加随机杂
色，可使渐变映射效果的过渡显得更为平
滑。

（3）【反向】复选框：颠倒渐变填充方向，以形成反向映射的效果。

2. 为图像添加渐变映射效果

❶ 打开随书光盘中的"素材\ch06\图 13.jpg"图像。

❷ 选择【图像】➤【调整】➤【渐变映射】菜单命令，在弹出的【渐变映射】对话框中选择一种渐变映射。

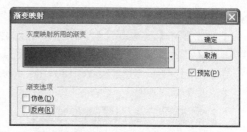

❸ 单击【确定】按钮，调整后的效果如下图所示。

6.3.14 照片滤镜

使用【照片滤镜】命令可以模仿在相机镜头前面加彩色滤镜的效果，以调整通过镜头传输的光的色彩平衡和色温。

1.【照片滤镜】对话框参数设置

选择【图像】➤【调整】➤【照片滤镜】菜单命令，即可弹出【照片滤镜】对话框。

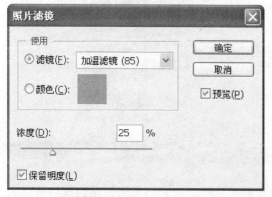

（1）【滤镜】单选项：选择各种不同镜头的彩色滤镜，用于平衡色彩和色温。

（2）【颜色】单选项：根据所选颜色预设给图像应用色相调整。如果照片有色痕，则可选取补色来中和色痕，还可以选用特殊颜色效果或增强应用颜色。例如，【水下】颜色可模拟在水下拍摄时产生的稍带绿色的蓝色色痕。

（3）【浓度】设置项：调整应用于图像的颜色数量，可拖动【浓度】滑块或者在【浓度】参数框中输入百分比。【浓度】越大，应用的颜色调整越大。

（4）【保留亮度】复选框：选中此复选框可以避免通过添加颜色滤镜导致图像变暗。

2. 使用照片滤镜调整图像偏色

❶ 打开随书光盘中的"素材\ch06\图 14.jpg"图像。

❷ 该图像整体色调偏红色。选择【图像】▷
【调整】▷【照片滤镜】菜单命令，在弹
出的【照片滤镜】对话框中设置【颜色】
为绿色（C：81、M：42、Y：100、K：44），
【浓度】为"64%"。

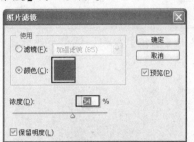

❸ 单击【确定】按钮后的效果如下图所示。

6.3.15　反相

使用【反相】命令可以反转图像中的颜色，通道中每个像素的亮度值都会转换为 256
级颜色值刻度上相反的值。例如值为 255 的正片图像中的像素会转换为 0，值为 5 的像素
会转换为 250。

下面使用【反相】命令为图片制作一种底片的效果。

❶ 打开随书光盘中的"素材\ch06\图 15.jpg"
图像。

❷ 选择【图像】▷【调整】▷【反相】菜单命
令，得到的效果如下图所示。

6.3.16　色调均化

【色调均化】命令可以重新分布图像中像素的亮度值，使它们更均匀地呈现所有范围
的亮度级别。Photoshop CS4 会将最亮值均调整为白色，最暗的值均调整为黑色，而中间值
则均匀地分布在整个灰度范围中。

1. 【色调均化】对话框参数设置

选择【图像】▷【调整】▷【色调均化】
菜单命令，即可弹出【色调均化】对话框。

（1）【仅色调均化所选区域】单选项：仅均匀分布选区内的像素。

（2）【基于所选区域色调均化整个图像】单选项：可根据选区内的像素均匀地分布所有图像像素。

2. 使用【色调均化】命令调整图像

❶ 打开随书光盘中的"素材\ch06\图 16.jpg"图像，使用【矩形选框工具】[::]在画面上创建一个选区。

❷ 选择【图像】➤【调整】➤【色调均化】菜单命令，在弹出的【色调均化】对话框中选择【仅色调均化所选区域】单选项。

❸ 单击【确定】按钮后得到的效果如下图所示。

（在正文右侧）

6.3.17 阈值

使用【阈值】命令可以将灰度或彩色图像转换为高对比度的黑白图像，可以指定某个色阶作为阈值。所有比阈值亮的像素转换为白色，而所有比阈值暗的像素则转换为黑色。【阈值】命令对确定图像的最亮和最暗区域有很大作用。

下面使用【阈值】命令制作黑白分明的图像效果。

❶ 打开随书光盘中的"素材\ch06\图 17.jpg"图像。

❷ 选择【图像】➤【调整】➤【阈值】菜单命令，在弹出的【阈值】对话框中设置【阈值色阶】为"162"。

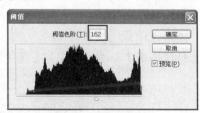

❸ 单击【确定】按钮后得到的效果如下图所示。

6.3.18　色调分离

【色调分离】命令可以指定图像中每个通道的色调级（或亮度值）的数目，然后将像素映射为最接近的匹配级别。例如在 RGB 图像中选取两个色调级可以产生 6 种颜色：两种红色、两种绿色和两种蓝色。

在图像中创建特殊效果，例如创建大的单调区域时此命令非常有用，在减少灰度图像中的灰色色阶数时，它的效果最为明显。但它也可以在彩色图像中产生一些特殊的效果。

下面使用【色调分离】命令来制作特殊效果。

❶ 打开随书光盘中的"素材\ch06\图 08.jpg"图像。

❷ 执行【图像】➤【调整】➤【色调分离】菜单命令，在弹出的【色调分离】对话框中设置【色阶】为"3"。

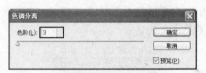

❸ 单击【确定】按钮后得到的效果如下图所示。

6.3.19　变化

【变化】命令通过显示替代物的缩览图，可以调整图像的色彩平衡、对比度和饱和度。使用【变化】命令可以完成不同色调区域的调整，如暗调、中间色调、高光以及饱和度等的调整。

【变化】命令对图像的调整仍然是使用互补色的原理来完成的。图像偏向绿色，那么就单击加深洋红缩略图，在图像中添加洋红色来平衡绿色。图像偏亮，那么就单击较暗缩略图，以降低图像的亮度。

选择【图像】➤【调整】➤【变化】菜单命令，即可弹出【变化】对话框。

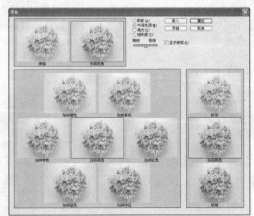

6.3.20 自然饱和度

在 Photshop CS4 中增加了一个新的调整图像的命令，即【自然饱和度】，但是它和原来的【饱和度】命令是不相同的。

【饱和度】与【色相/饱和度】命令中的【饱和度】选项效果相同，可以增加整个画面的"饱和度"，但如果调节到较高数值，图像会产生色彩过度饱和从而引起图像失真。而新增功能【自然饱和度】就不会出现这种情况。它在调节图像饱和度的时会保护已经饱和的像素，即在调整时会大幅增加不饱和像素的饱和度，而对已经饱和的像素只做很少、很细微地调整，特别是对皮肤的肤色有很好的保护作用，这样不但能够增加图像某一部分的色彩，而且还能使整幅图像饱和度正常。

下面使用【自然饱和度】命令调整图像的色彩。

❶ 打开随书光盘中的"素材\ch06\图 13.jpg"图像。

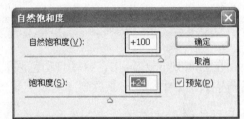

❸ 单击【确定】按钮后得到的效果如下图所示。

❷ 选择【图像】➤【调整】➤【自然饱和度】菜单命令，在弹出的【自然饱和度】对话框中设置【自然饱和度】为"+100"，【饱和度】为"+24"。

6.3.21 黑白

通过黑白的设定，可以创造高反差的黑白图片、红外线模拟图片以及复古色调等，极富有新意。

下面使用【黑白】命令调整图像的色彩。

❶ 打开随书光盘中的"素材\ch06\图 07.jpg"图像。

❷ 选择【图像】➤【调整】➤【黑白】菜单命令，在弹出的【黑白】对话框中设置【红

色】为"88"，【黄色】为"94"。

❸ 单击【确定】按钮后得到的效果如下图所示。

6.3.22　自动调整

在 Photoshop CS4 中，将【自动色调】、【自动对比度】和【自动颜色】3 个菜单命令从【调整】菜单中提取出来放到【图像】菜单中，使菜单命令的分类更清晰。

1. 自动色调

【自动色调】命令可以自动调整图像中的黑场和白场，将每个颜色通道中最亮的和最暗的像素映射到纯白，中间像素值按比例重新分布。使用【自动色调】命令可以增强图像的对比度，在像素值平均分布并且需要以简单的方式增加对比度的特定图像中，该命令可以提供较好的结果。

2. 自动对比度

【自动对比度】命令可以自动调整图像的对比度，使高光看上去更亮，阴影看上去更暗，该命令可以改进摄影或连续色调图像的外观，但无法改善单调颜色的图像。

3. 自动颜色

【自动颜色】命令可以自动搜索图像来标识阴影、中间调和高光，从而调整图像的对比度和颜色。

6.4　颜色取样器工具

本节视频教学录像：3 分钟

利用【颜色取样器工具】可以在图像上放置取样点，每个取样点的颜色信息都会显示在【信息】调板中。通过设置取样点，可以在调整图像的过程中观察到颜色值的变化情况。

选择【颜色取样器工具】，在需要取样的位置单击，可建立取样点，一个图像最多可放置 4 个取样点，在建立取样点的时候，会自动打开【信息】调板。

创建取样点后，可以根据需要移动它们的位置。将鼠标指针移至一个取样点上，单击并拖动鼠标可将其移动。取样点的位置改变后，拾取的颜色信息也会随之变化。

按住【Alt】键单击颜色取样点，可将其删除。如果要删除所有颜色取样点，可单击工具选项栏中的 清除 按钮。

6.5 【信息】调板

本节视频教学录像：4 分钟

【信息】调板显示鼠标指针下的颜色值以及其他有用的信息（显示的信息取决于所使用的工具）。【信息】调板还显示有关使用的选定工具的提示、提供文档状态信息，并可以显示 8 位、16 位或 32 位值。

选择【窗口】➤【信息】菜单命令，即可打开【信息】调板。

颜色取样器下的颜色超出了可打印的 CMYK 色域，则【信息】调板将在 CMYK 值旁边显示一个惊叹号。

在显示 CMYK 值时，如果鼠标指针或

当使用选框工具时，【信息】调板会随着鼠标指针的拖移显示指针位置的 x 坐标和 y 坐标以及选框的宽度（W）和高度（H）。

在使用裁剪工具或缩放工具时，【信息】调板会随着鼠标指针的拖移显示选框的宽度（W）和高度（H），还显示裁剪选框的旋转角度。

当使用直线工具、钢笔工具、渐变工具或移动选区时，【信息】调板将在进行拖移时显示起始位置的 x 坐标和 y 坐标、x 坐标的变化（DX）、y 坐标的变化（DY）、角度（A）和长度（L）。

在使用二维变换命令时（例如旋转和缩放等命令），【信息】调板会显示宽度（W）和高度（H）的百分比变化、旋转角度（A）以及水平切线（H）或垂直切线（V）的角度。

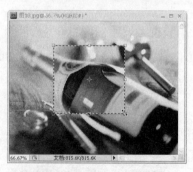

在使用任一颜色调整对话框（如【信

息】）时，【信息】调板会显示鼠标指针和颜色取样器下的像素的前后颜色值。

如果启用了【显示工具提示】选项，【信息】调板会显示状态信息，如文档大小、文档配置文件、文档尺寸、暂存盘大小、效率、计时以及当前工具。

6.6 【直方图】调板

![视频]本节视频教学录像：3 分钟

直方图用图形表示图像的每个亮度级别的像素数量，显示了像素在图像中的分布情况，通过查看直方图，可以判断图像在阴影、中间调和高光中包含的细节是否充足，以便对图像进行适当的调整。

选择【窗口】➤【直方图】菜单命令，即可打开【直方图】调板。

直方图提供有许多选项，用以查看有关图像的色调和颜色信息。默认情况下，直方图显示整个图像的色调范围。

单击【直方图】调板右上侧的倒三角按钮，可以从弹出的调板菜单中选择下列视图之一。

> 不使用高速缓存的刷新
>
> ✔ 紧凑视图
> 　扩展视图
> 　全部通道视图
>
> ✔ 显示统计数据
> 　用原色显示通道
>
> 　关闭
> 　关闭选项卡组

选择【紧凑视图】菜单可显示不带控件或统计的直方图，该直方图代表整个图像。

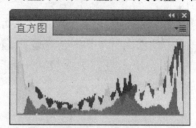

选择【扩展视图】菜单可查看带有统计和访问控件的直方图，以便选择由直方图表示的通道，查看【直方图】调板中的选项，刷新直方图以显示未高速缓存的数据，以及在多图层文档中选取特定图层。

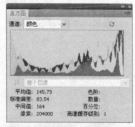

有关像素亮度值的统计信息出现在【直方图】调板中直方图的下方，【直方图】调板必须位于【扩展视图】或【全部通道视图】中，而且必须从调板菜单中选取【显示统计数据】菜单。

统计信息包括以下几项。

（1）【平均值】：表示平均亮度值。

（2）【标准偏差】：表示亮度值的变化范围。

（3）【中间值】：显示亮度值范围内的中间值。

（4）【像素】：表示用于计算直方图的像素总数。

（5）【高速缓存级别】：显示鼠标指针下面的区域的亮度级别。

（6）【数量】：表示相当于鼠标指针下面亮度级别的像素总数。

（7）【百分位】：显示鼠标指针所指的级别或该级别以下的像素累计数。该值表示图像中所有像素的百分数，从最左侧的 0% 到最右侧的 100%。

（8）【色阶】：显示指针下面的区域的亮度级别。

选择【全部通道视图】时，除了显示【扩展视图】中的所有选项以外，还显示通道的单个直方图。单个直方图不包括 Alpha 通道、专色通道或蒙版。

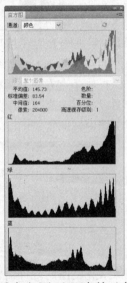

通过察看直方图可以清楚地知道图像所存在的颜色问题。

直方图由左到右标明图像色调由暗到亮的变化情况。

低色调图像（偏暗）的细节集中在暗调处。

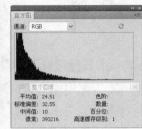

高色调图像（偏亮）的细节集中在高光处。

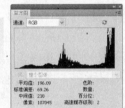

平均色调图像（偏灰）的细节则集中在中间调处。

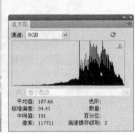

全色调范围的图像在所有的区域中都有大量的像素。识别色调范围有助于确定相应的色调校正方法。

6.7 综合实例——为图片换背景

📽 **本节视频教学录像：4 分钟**

本实例使用图像调整命令中的【替换颜色】命令为照片更换背景。

6.7.1 实例预览

素材\ch06\图 19.jpg   结果\ch06\为图片换背景.jpg

6.7.2 实例说明

实例名称：为图片换背景
主要工具或命令：【替换颜色】命令等
难易程度：★★★★　　　常用指数：★★★★

6.7.3 实例步骤

第1步：打开文件

❶ 选择【文件】➤【打开】菜单命令。

❷ 打开随书光盘中的"素材\ch06\图 19.jpg"
图像。

第2步：调整背景颜色

❶ 选择【图像】➤【调整】➤【替换颜色】菜

单命令，在弹出的【替换颜色】对话框中
设置【颜色容差】为"151"。

❷ 使用吸管吸取背景的颜色。

❸ 在【替换】设置区中设置【色相】为"+83"，
【饱和度】为"+48"，【明度】为"-9"。

❹ 单击【确定】按钮。

第3步：调整枕头的颜色

❶ 选择【图像】➤【调整】➤【替换颜色】菜
单命令，在弹出的【替换颜色】对话框中
设置【颜色容差】为"139"。

❷ 使用吸管吸取枕头的颜色。

❸ 在【替换】设置区中设置【色相】为"-73"，
【饱和度】为"+28"，【明度】为"-11"。

❹ 单击【确定】按钮，完成图像的调整。

6.7.4 实例总结

本实例通过运用【替换颜色】命令为图片更换背景，读者在学习的时候，还可以应用
【可选颜色】命令及【色相\饱和度】命令为图像更换颜色。

6.8 举一反三

根据本章所学的知识修复一幅图像。

素材\ch06\图 20.jpg

结果\ch06\调整亮度.jpg

提示：

(1) 选择【色彩平衡】菜单命令，调整偏黄的色调；

(2) 选择【曲线】菜单命令，调整亮度。

6.9 技术探讨

Photoshop CS4 自带了很多种渐变，直接选择就可以使用。单击【预设】框中的渐变缩
览图中的小色标，即可选择其作为当前要使用的渐变，鼠标指针在色标上停留时会自动提
示该渐变的名称。

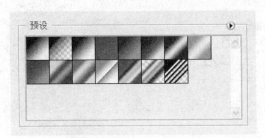

在【色标】上右击可以弹出快捷菜单，从中选择【重命名渐变】菜单项，则弹出【渐变名称】对话框。

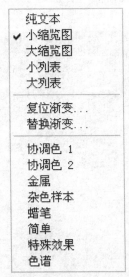

选择【新建渐变】菜单项，可以新建一个渐变；选择【删除渐变】菜单项，则可以把当前所选的渐变删除。

默认情况下在渐变缩览图中有几种特殊的渐变，分别是"前景到背景"、"前景到透明"、"黑色到白色"以及"透明条纹"。如果在所有的默认渐变中找不到所需要的渐变，则可以再追加或替换。单击渐变缩览图右上角的黑色三角 ▶ 会弹出一个下拉菜单。

选择【复位渐变】菜单项会弹出【渐变编辑器】对话框，单击【确定】按钮即可将

默认渐变替换当前的一组渐变（也就是默认渐变会出现在渐变菜单中）。单击【追加】按钮可将默认渐变添加到渐变菜单中。

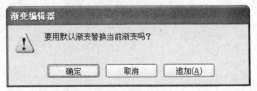

单击【追加】按钮后的效果，如下图所示。

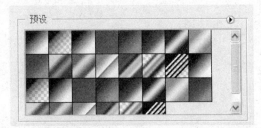

选择【替换渐变】菜单项会弹出【渐变编辑器】对话框，单击【是】按钮后会弹出【存储】对话框。

选择所需要的渐变组后单击【载入】按钮即可。

也可以直接选择要替换或追加的渐变组的名称用来替换或追加。例如选择【色谱】，弹出【渐变编辑器】对话框，单击【确定】按钮或【追加】按钮即可将色谱渐变添加到渐变菜单中。

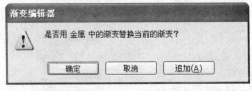

单击【确定】按钮后的效果如下图所示。

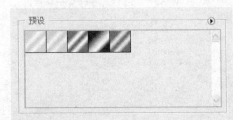

第 7 章　绘制矢量图形

本章引言

　　本章主要介绍位图和矢量图的特征，形状图层、路径和填充像素的区别，使用钢笔工具和形状工具绘制矢量对象，并以简单实例进行详细演示。学习本章时应多多尝试实例操作中的应用，这样可以加强学习效果。

7.1　了解图像的类型

📽 **本节视频教学录像：3 分钟**

　　计算机图像主要分为两类，一类是位图图像，另一类就是矢量图像。Photoshop 是典型的位图软件，但它也包含矢量功能，可以创建矢量图形和路径，了解两类图像间的差异对于创建、编辑和导入图片是非常有益的。

7.1.1　位图

　　位图图像在技术上称为栅格图像，它由网格上的点组成，这些点称为像素。在处理位图图像时，所编辑的是像素，而不是对象或形状。位图图像是连续色调图像（如照片或数字绘画）最常用的电子媒介，因为它们可以表现阴影和颜色的细微层次。

　　在屏幕上缩放位图图像时，它们可能会丢失细节，因为位图图像与分辨率有关，它们包含固定数量的像素，并且为每个像素分配了特定的位置和颜色值。如果在打印位图图像时采用的分辨率过低，位图图像可能会呈锯齿状，因为此时增加了每个像素的大小。

7.1.2　矢量图

　　矢量图形由经过精确定义的直线和曲线组成，这些直线和曲线称为向量。移动直线、调整其大小或更改其颜色时不会降低图形的品质。

　　矢量图形与分辨率无关，也就是说，可以将它们缩放到任意尺寸，可以按任意分辨率打印，而不会丢失细节或降低清晰度。因此，矢量图形最适合表现醒目的图形。这种图形（例如徽标）在缩放到不同大小时必须保持线条清晰，如下图所示。

7.2　矢量工具创建的内容

📽 **本节视频教学录像：5 分钟**

Photoshop 中的矢量工具可以创建不同类型的对象，包括形状图层、工作路径和填充像素。选择了矢量工具之后，在工具选项栏上按下相应的按钮，指定一种绘制模式，然后才能进行操作。

▋ 7.2.1 形状图层

使用形状工具或钢笔工具可以创建形状图层。形状中会自动填充当前的前景色，但也可以更改为其他颜色或使用渐变或图案进行填充。形状的轮廓存储在链接图层的矢量蒙版中。

单击工具选项栏中的【形状图层】按钮□后，可在单独的形状图层中创建形状。形状图层由填充区域和形状两部分组成，填充区域定义了形状的颜色、图案和图层的不透明度；形状则是一个矢量蒙版，它定义图像显示和隐藏区域。形状是路径，它出现在【路径】调板中。

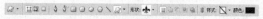

▋ 7.2.2 工作路径

【路径】调板显示了存储的路径、当前工作路径和当前矢量蒙版的名称和缩览图。减小缩览图的大小或将其关闭，可在【路径】调板中列出更多路径，而关闭缩览图可提高性能。要查看路径，必须先在【路径】调板中选择路径名。

单击【路径】按钮◰后，可绘制工作路径，它出现在【路径】调板中，创建工作路径后，可以使用它来创建选区、创建矢量蒙版，或者对路径进行填充和描边，从而得到光栅化的图像。在通过绘制路径选取对象时，需要单击【路径】按钮◰。

7.2.3 填充区域

单击【填充像素】按钮□后，绘制的将是光栅化的图像，而不是矢量图形。在创建填充区域时 Photoshop 使用前景色作为填充颜色，此时【路径】调板中不会创建工作路径，【图层】面板中可以创建光栅化图像，但不会创建形状图层，该选项不能用于钢笔工具，只有使用各种形状工具时（矩形工具、椭圆工具、自定形状等工具）才能使用该按钮。

7.3 了解路径与锚点

🎬 **本节视频教学录像：4 分钟**

要想掌握 Photoshop 的矢量工具，先要了解路径与锚点。下面就来了解路径与锚点的特征以及它们的关系。

7.3.1 路径

> 🌀 **路径**
>
> 路径由定位点和连接定位点的线段（曲线）构成；每一个定位点还包含了两个句柄，用以精确调整定位点及前后线段的曲度，从而匹配想要选择的边界。

可以使用前景色描边路径，从而在图像上创建一个永久的效果，但路径通常被用作选择的基础，它可以进行精确定位和调整，比较适用于不规则的、难于使用其他工具进行选择的区域。

路径分为两种：一种是包含起点和终点的开放式路径，如下图（左）所示；一种是没有起点和终点的闭合式路径，如下图（右）所示。

由于路径是矢量对象，它不包含像素，因此，没有进行填充或者描边的路径是不能被打印出来的。

第 7 章 绘制矢量图形

7.3.2 锚点

锚点又称为定位点，它的两端会连接直线或曲线。由于控制柄和路径的关系，可分为以下 3 种不同性质的锚点。

(1) 平滑点：方向线是一体的锚点。

(2) 角点：没有公共切线的锚点。

(3) 拐点：控制柄独立的锚点。

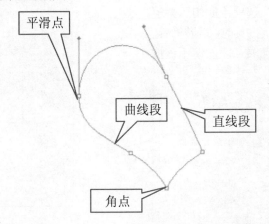

7.4 钢笔工具

 本节视频教学录像：9 分钟

【钢笔工具】 可以创建精确的直线和曲线。它在 Photoshop 中主要有两种用途：一是绘制矢量图形，二是选取对象。在作为选取工具使用时，【钢笔工具】描绘的轮廓光滑、准确，是最为精确的选取工具之一。

1. 钢笔工具使用技巧

(1) 绘制直线：分别在两个不同的地方单击就可以绘制直线。

(2) 绘制曲线：单击鼠标绘制出第一点，然后单击并拖曳鼠标绘制出第二点，这样就可以绘制曲线并使锚点两端出现方向线。方向点的位置及方向线的长短会影响到曲线的方向和曲度。

(3) 曲线之后接直线：绘制出曲线后，若要在之后接着绘制直线，需要按下【Alt】键暂时切换为转换点工具，然后在最后一个锚点上单击使控制线只保留一段，再松开【Alt】键在新的地方单击另一点即可。

选择【钢笔工具】，然后单击选项栏中的黑色三角可以弹出【钢笔选项】窗口。从中选择【橡皮带】复选框，可以在绘制时直观地看到下一节点之间的轨迹。

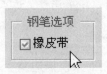

2. 使用钢笔工具绘制一朵小花

❶ 新建一个 10cm×10cm 的图像。

❷ 选择【钢笔工具】 ✒，并在选项栏中单击
【路径】按钮 ▨，在画布中确定一个点开
始绘制花朵。

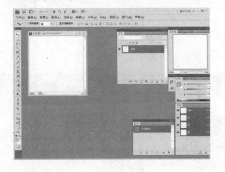

❸ 绘制花朵部分。

❹ 继续绘制花朵其他部分，直至完成，最终
效果如下图所示。

3. 自由钢笔工具

　　【自由钢笔工具】 ✒用来绘制比较随
意的图形，它的特点和使用方法都与套索工
具非常相似，使用它绘制路径就像用铅笔工
具在纸上绘图一样。选择该工具后，在画面
单击并拖动鼠标即可绘制路径，路径的形状
为鼠标指针运动的轨迹，Photoshop 会自动
为路径添加锚点，因而无需设定锚点的位
置。下图所示为用【自由钢笔工具】绘制的
小花。

4. 添加锚点工具

　　【添加锚点工具】 ✒可以在路径上添
加锚点。选择该工具后，将鼠标指针移至路
径上，待指针显示为 ♣ 状时，单击鼠标即可
添加一个角点，如下图所示。

　　如果单击并拖动鼠标，则可添加一个平
滑点，如下图所示。

5. 删除锚点

　　使用【删除锚点工具】 ✒可以删除路
径上的锚点。选择该工具后，将鼠标指针移
至路径锚点上，待指针显示为 ♣ 状时，单击
鼠标即可删除该锚点。

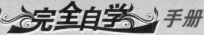

该锚点可以将其转化为角点，如下图所示。

6. 转换点工具

【转换点工具】用来转换锚点类型，它可将角点转化为平滑点，也可将平滑点转换为角点。选择该工具后，将鼠标指针移至路径的锚点上，如果该锚点是平滑点，单击

如果该锚点是角点，单击该锚点可以将其转化为平滑点，如下图所示。

7.5　综合实例——手绘 MP4

🎬 **本节视频教学录像：27 分钟**

本实例使用【矩形工具】、路径选择工具绘制一个精美的 MP4。

7.5.1　实例预览

素材\ch07\图 01.jpg　　　　结果\ch07\MP4.psd

7.5.2　实例说明

实例名称：手绘 MP4
主要工具或命令：【矩形工具】和【自由变换】命令等
难易程度：★★★★　　　常用指数：★★★★

7.5.3　实例步骤

第 1 步：新建文件

❶ 单击【文件】▶【新建】菜单命令。

❷ 在弹出的【新建】对话框中的【名称】文本框中输入"MP4"，设置【宽度】为"800像素"，【高度】为"600 像素"，【分辨率】为"72 像素/英寸"。

❸ 单击【确定】按钮。

第2步：绘制正面

❶ 在【图层】调板中单击【创建新图层】按钮🔲，新建【图层1】图层。

❷ 选择【圆角矩形工具】🔲，在属性栏中单击【填充像素】按钮🔲，设置【半径】为"25px"，单击【几何选项】按钮▾，在打开的【圆角矩形选项】面板中设置【W】为"6.85厘米"，【H】为"15.5厘米"。

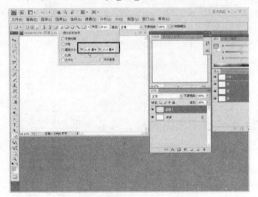

❸ 设置前景色为紫色（C：23、M：84、Y：0、K：0），使用鼠标在画布中单击绘制一个紫色的圆角矩形。

第3步：填充渐变色

❶ 在【图层】调板上单击【锁定透明像素】按钮🔲，设置前景色为浅紫色（C：8、M：39、Y：0、K：0）。

❷ 选择【渐变工具】🔲，在属性栏上单击【点按可编辑渐变】按钮▨，在弹出的【渐变编辑器】对话框中选择【前景到透明】渐变，单击【确定】按钮。

❸ 在矩形上创造一个线性渐变，如下图所示。

第4步：添加描边效果

❶ 在【图层】调板上双击【图层1】缩览图，弹出【图层样式】对话框，选择【描边】复选框设置描边【大小】为"2"个像素，【位置】为"外部"，【颜色】为紫色（C：32、M：87、Y：0、K：0）。

❷ 单击【确定】按钮，效果如下图所示。

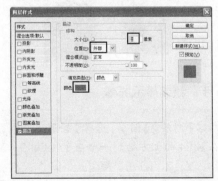

第5步：绘制细节

❶ 设置前景色（C：5、M：13、Y：1、K：0）。

❷ 选择【画笔工具】 ，在属性栏中选择一个尖角画笔样本，设置【主直径】大小为"13px"。

❸ 按住【Shift】键拖动鼠标绘制一条水平线。

❹ 选择【多边形套索工具】 ，创建一个多边形选区，在选区内填充紫色（C：23、M：84、Y：0、K：0），按【Ctrl+D】组合键取消选区。

第6步：绘制显示屏幕

❶ 新建【图层2】图层，选择【矩形工具】 ，在MP4的上方绘制一个灰色（C：9、M：18、Y：2、K：0）矩形。

❷ 在【图层】调板中按住【Alt】键拖动【图层1】的 fx 图标到【图层2】图层，为矩形添加描边样式。

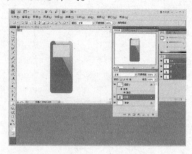

❸ 双击【图层2】缩览图，弹出【图层样式】对话框，选择【内阴影】复选框并设置如下图所示的参数。

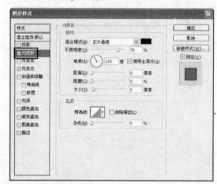

❹ 单击【确定】按钮，效果如下图所示。

第7步：添加素材

❶ 打开随书光盘中的"素材\ch07\图01.jpg"图像。

❷ 选择【移动工具】 ，将"图01"拖曳到"MP4"文档中。按【Ctrl+T】组合键调整图像的位置和大小，使其符合屏幕大小。

第8步：添加细节

❶ 单击【图层3】图层的【指示图层可见性】按钮 👁，隐藏【图层 3】图层，新建【图层 4】图层，选择【矩形选框工具】，在屏幕的上方创建一个如下图所示的矩形选区。

❷ 选择【渐变工具】，在属性栏上单击【点按可编辑渐变】按钮，在弹出的【渐变编辑器】对话框中选择【前景到背景的渐变】，单击【确定】按钮，并显示【图层 3】图层。

❸ 在选区内填充线性渐变，按【Ctrl+D】组合键取消选区。

❹ 双击【图层 4】的图层缩览图，弹出【图层样式】对话框，选择【描边】复选框并设置描边【大小】为"1"个像素，【位置】为"外部"，【颜色】为深灰色（C：31、M：

25、Y：25、K：0）。

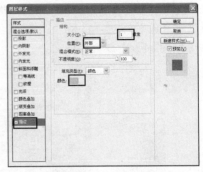

❺ 单击【确定】按钮，效果如下图所示。

❻ 按住【Ctrl】键选择【图层 3】和【图层 4】图形，按【Ctrl+Alt+G】组合键，创建剪贴蒙版。

第9步：添加图标

❶ 打开随书光盘中的"素材\ch07\图标.psd"图像。

❷ 选择【移动工具】，将"图标"拖曳到"MP4"文档中，按【Ctrl+T】组合键调整图像的位置和大小，使其符合屏幕大小。

第10步：制作键盘

❶ 新建一个图层，选择【椭圆选框工具】◯，在"MP4"文档的下方绘制一个圆形选区。

❷ 设置前景色（C：9、M：88、Y：0、K：0），按【Alt+Delete】组合键填充。

❸ 选择【编辑】➤【描边】菜单命令，为圆形描边，【宽度】为"1px"，【颜色】为深红（C：13、M：90、Y：0、K：0），单击【确定】按钮，按【Ctrl+D】组合键取消选区。

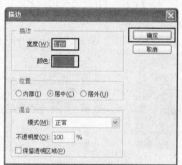

第 11 步：绘制按键

❶ 新建一个图层，选择【多边形工具】⬡，在属性栏中单击【填充像素】按钮▢，设

置【边数】为"3"。

❷ 设置前景色为白色，在画面中绘制按键。

❸ 在【图层】调板中复制一个【图层8】图层，并将复制的三角形调整到合适的位置。

❹ 选择【矩形选框工具】▢，在三角形的前方绘制一个矩形，填充为白色，并取消选区。

❺ 按照同样的方法绘制其他按键。

第 12 步：添加文字

❶ 选择【文字工具】T，在键盘上方输入"MENU"。

❷ 在属性栏中设置字体【大小】为"12点"，

【字体】为"Arial Black"，【颜色】为白色，最终效果如下图所示。

第13步：添加背景

❶ 选择【背景】图层，为其添加一个浅紫色（C: 7、M: 24、Y: 0、K: 0）到深紫色（C: 44、M: 100、Y: 6、K: 1）的线性渐变。

❷ 按住【Ctrl】键选择【背景】图层以外的所有图层，按【Ctrl＋E】组合键合并图层。

❸ 在【图层】调板中复制一个【MP4】图层，按【Ctrl+T】组合键执行水平翻转命令，单击【Enter】键确定。

❹ 在【图层】调板上设置其【不透明度】为"35%"，最终效果如下图所示。

7.5.4 实例总结

本实例通过运用矩形工具和渐变填充等命令来绘制 MP4，读者在学习的时候应注意所绘物体的尺寸和质感的表现。

7.6 举一反三

根据本章所学的知识绘制一幅彩虹蝴蝶结图像。

提示：

(1) 选择【钢笔工具】 ；

(2) 选择【渐变填充工具】填充渐变色。

结果\ch07\彩虹蝴蝶结.psd

7.7 技术探讨

使用【钢笔工具】 编辑路径的技巧在于使用【钢笔工具】时，鼠标指针在路径和锚点上有不同的显示状态，通过对这些状态的观察，可以判断【钢笔工具】此时的功能，了解指针的显示状态可以更加灵活地使用钢笔工具。

【 🖊× 】状态：当鼠标指针在画面中显示为 🖊× 时，单击鼠标可创建一个角点，单击并拖动鼠标可以创建一个平滑点。

【 🖊+ 】状态：在工具属性栏中选择【自动添加/删除】选项后，当鼠标指针显示为 🖊+ 时，单击鼠标可在路径上添加锚点。

【 🖊- 】状态：选择【自动添加/删除】选项后，当鼠标指针在当前路径的锚点上显示为 🖊- 时，单击鼠标可删除该点。

【 🖊o 】状态：在绘制路径的过程中，将鼠标指针移至路径的锚点上时，指针会显示为 🖊o 形状，此时单击可闭合路径。

【 🖊□ 】状态：选择了一个开放的路径后，将鼠标指针移至该路径的一个端点上，指针显示为 🖊□ 形状时单击鼠标，然后便可继续绘制路径。如果在路径的绘制过程中，将钢笔工具移至另外一个开放路径的端点上，指针显示为 🖊□ 形状时，单击鼠标可以将两端开放式的路径连接。

第 8 章　路径的应用

本章引言

　　路径在 Photoshop 中主要用来精确选择图像、精确绘制图形，是工作中运用得比较多的一个概念。本章就来讲解路径的特点以及使用路径绘制漫画的方法。

路径是由线条及其包围的区域组成的矢量轮廓，利用路径可以选择图像和精确绘制图像。

8.1　路径

🎬 **本节视频教学录像：2 分钟**

路径可以转换为选区，也可以进行填充或者描边。

1. 路径的特点

路径是不包含像素的矢量对象，与图像是分开的，并且不会被打印出来，因而也更易于重新选择、修改和移动。修改后不影响图像效果。

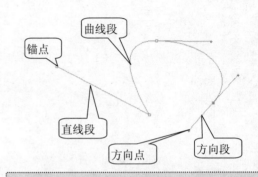

2. 路径的组成

路径由一个或多个曲线段、直线段、方向点、锚点和方向线构成。

> **Tips**
>
> 锚点选中时为一个实心的方点，不选中时是空心的方点。控制点在任何时候都是实心的方点，而且比锚点小。

8.2　使用【路径】调板

🎬 **本节视频教学录像：13 分钟**

在【路径】调板中可以对路径快速而方便地进行管理。【路径】调板可以说是集编辑路径和渲染路径的功能于一身。在这个调板中可以完成从路径到选区和从自由选区到路径的转换，还可以对路径施加一些效果，使路径看起来不那么单调。【路径】调板如下图所示。

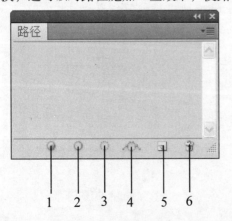

1. 用前景色填充路径

用前景色填充路径区域。

2. 用画笔描边路径

用画笔工具描边路径。

3. 将路径作为选区载入

将当前的路径转换为选区。

4. 从选区生成工作路径

从当前的选区中生成工作路径。

5. 创建新路径

可创建新的路径。

8.2.1 填充路径

单击【路径】调板上的【用前景色填充路径】按钮 ，可以用前景色对路径进行填充。

1. 用前景色填充路径

❶ 新建一个 10cm×10cm 的文挡。

❷ 使用【自定形状工具】 绘制一个路径。

❸ 单击【用前景色填充路径】按钮 ，填充前景色。

6. 删除当前路径

可删除当前选择的路径。

2. 【用前景色填充路径】按钮使用技巧

按住【Alt】键的同时单击【用前景色填充路径】按钮，可以弹出【填充路径】对话框，在该对话框中可设置【使用】的方式、混合模式以及渲染的方式，设置完成之后单击【确定】按钮，即可对路径进行填充。

8.2.2 描边路径

单击【用画笔描边路径】按钮可以实现对路径的描边。

1. 用画笔描边路径

❶ 新建一个 10cm×10cm 的图像。

❷ 选择【自定形状工具】 绘制一个路径。

❸ 单击【用画笔描边路径】按钮 填充路径。

2. 【用画笔描边路径】按钮使用技巧

描边情况与画笔的设置有关，所以要对描边进行控制就必需先对画笔进行相关设置（例如画笔的大小和硬度等）。按住【Alt】键的同时单击【用画笔描边路径】按钮，弹出【描边路径】对话框，设置完描边的方式后单击【确定】按钮，即可对路径进行描边。

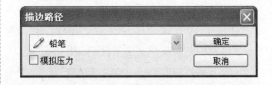

8.2.3 路径和选区的转换

单击【将路径作为选区载入】按钮 ，可以将路径转换为选区进行操作，也可以按

【Ctrl+Enter】组合键完成这一操作。

1. 将路径转化为选区

❶ 打开随书光盘中的"素材\ch08\蝴蝶.jpg"图像。

❷ 选择【快速选取工具】。

❸ 在蝴蝶以外的白色区域创建选区。

❹ 按【Ctrl+Shift+I】组合键反选选区，在【路径】调板上单击【从选区生成工作路径】按钮，将选区转换为路径。

❺ 单击【将路径作为选区载入】按钮，将路径载入为选区。

2.【将路径作为选区载入】按钮使用技巧

按住【Alt】键的同时单击【将路径作为选区载入】按钮，可弹出【建立选区】对话框，在该对话框中可以设置【羽化半径】等选项。

单击【从选区生成工作路径】按钮，可以将当前的选区转换为路径进行操作。按住【Alt】键的同时单击【从选区生成工作路径】按钮，可弹出【建立工作路径】对话框。

Tips

【容差】是控制路径在转换为选区时的精确度的，【容差】值越大，建立路径的精确度就越低；【容差】值越小，精确度就越高，但同时锚点也会增多。

8.2.4 工作路径

在【路径】调板中单击路径预览图，路径将以高亮显示。如果在调板中的灰色区域单击，路径将变为灰色，这时路径将被隐藏。

工作路径是出现在【路径】调板中的临时路径，用于定义形状的轮廓。用钢笔工具在画布中直接创建的路径以及由选区转换的路径都是工作路径。

在工作路径被隐藏时使用钢笔工具直接创建路径，那么原来的路径将被新路径所代替。双击工作路径的名称，将会弹出【存储路径】对话框，可以实现对工作路径重命名并保存操作。

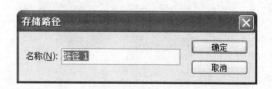

8.2.5　【创建新路径】、【删除当前路径】按钮的使用

单击【创建新路径】按钮 后，再使用钢笔工具建立路径，路径将被保存。在按住【Alt】键的同时单击此按钮，可弹出【新建路径】对话框，可以为生成的路径重命名。

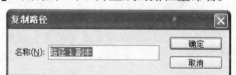

在按住【Alt】键的同时，若将已存在的路径拖曳到【创建新路径】按钮上，则可实现对路径的复制并得到该路径的副本。

将已存在的路径拖曳到【删除当前路径】按钮 上可将该路径删除。也可以选中路径后使用【Delete】键将路径删除。按住【Alt】键的同时再单击【删除当前路径】按钮，可以将路径直接删除。

8.2.6　剪贴路径

如果要将 Photoshop 中的图像输出到专业的页面排版程序，如 InDesign、PageMaker 等软件时，可以通过剪贴路径来定义图像的显示区域。在输出到这些程序中以后，剪贴路径以外的区域将变为透明区域。下面就来讲解一下剪贴路径的输出方法。

❶ 打开随书光盘中的"素材\ch08\苹果.jpg"图像。

❷ 选择【钢笔工具】 ，在苹果图像周围创建路径。

❸ 在【路径】调板中双击【工作路径】图层，在弹出的【存储路径】对话框中输入路径的名称，然后单击【确定】按钮。

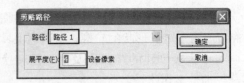

❺ 选择【文件】▶【存储】菜单命令，在弹出的【存储为】对话框中设置文件的名称、保存的位置和文件存储格式，然后单击【保存】按钮。

❹ 单击【路径】调板右上角的倒三角按钮，在弹出的下拉菜单中选择【剪贴路径】命令，在弹出的【剪贴路径】对话框中设置路径的名称和展平度（定义路径由多少个直线片段组成），然后单击【确定】按钮。

8.3 使用形状工具

🎬 **本节视频教学录像：13 分钟**

使用形状工具可以方便地绘制出许多特定的形状，还可以通过形状的运算以及自定义形状让形状更加丰富。绘制形状的工具有【矩形工具】、【圆角矩形工具】、【椭圆工具】、【多边形工具】、【直线工具】以及【自定形状工具】。

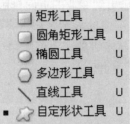

8.3.1 绘制规则形状

Photoshop 提供了 5 种绘制规则形状的工具：【矩形工具】、【圆角矩形工具】、【椭圆工具】、【多边形工具】和【直线工具】。

1. 绘制矩形

使用【矩形工具】□可以很方便地绘制出矩形或正方形。

选中【矩形工具】□，然后在画布上单击并拖曳鼠标即可绘制出所需要的矩形。若在拖曳鼠标的同时按住【Shift】键，则可绘制出正方形。

【矩形工具】的属性栏如下。

单击 ·右侧的倒三角按钮，会出现矩形工具的选项菜单，其中包括【不受约束】单选项、【方形】单选项、【固定大小】单选项、【比例】单选项、【从中心】复选框、【对齐像素】复选框等选项。

矩形选项
◉ 不受约束
○ 方形
○ 固定大小 W: ___ H: ___
○ 比例 W: ___ H: ___
☐ 从中心   ☐ 对齐像素

（1）【不受约束】单选项：选中此单选项，矩形的形状完全由鼠标的拖曳决定。

（2）【方形】单选项：选中此单选项，绘制的矩形为正方形。

（3）【固定大小】单选项：选中此单选项，可以在【W:】参数框和【H:】参数框中输入所需的宽度和高度值，默认的单位为像素。

（4）【比例】单选项：选中此单选项，可以在【W:】参数框和【H:】参数框中输入所需的宽度和高度的整数比。

（5）【从中心】复选框：选中此复选框，拖曳矩形时鼠标指针的起点则为矩形的中心。

（6）【对齐像素】复选框：选中此复选框，可使矩形边缘自动地与像素边缘重合。

2. 绘制圆角矩形

使用【圆角矩形工具】 可以绘制具有平滑边缘的矩形。其使用的方法与【矩形工具】相同，只需在画布上拖曳鼠标即可。

【圆角矩形工具】的属性栏与【矩形工具】的相同，只是多了【半径】参数框。

半径：10 px

【半径】参数框用于控制圆角矩形的平滑程度。输入的数值越大越平滑，输入 0 时则为矩形，有一定数值时则为圆角矩形。

3. 绘制椭圆

使用【椭圆工具】 可以绘制椭圆，按住【Shift】键可以绘制圆。【椭圆工具】的属性栏的用法和前面介绍的属性栏基本相同，这里不再赘述。

4. 绘制多边形

使用【多边形工具】 可以绘制出所需的正多边形。绘制时鼠标指针的起点为多边形的中心，而终点则为多边形的一个顶点。

【多边形工具】的属性栏如下图所示。

边：5

【边】参数框：用于输入所需绘制的多边形的边数。

单击属性栏中的倒三角按钮 ▾ ，可以打开【多边形选项】设置框。

多边形选项
半径：___
☐ 平滑拐角
☐ 星形
缩进边依据：___
☐ 平滑缩进

【多边形选项】中包括【半径】、【平滑拐角】、【星形】、【缩进边依据】和【平滑缩进】选项。

(1) 【半径】参数框：用于输入多边形的半径长度，单位为像素。

(2) 【平滑拐角】复选框：选中此复选框，可使多边形具有平滑的顶角。多边形的边数越多越接近圆形。

(3) 【星形】复选框：选中此复选框，可使多边形的边向中心缩进，且呈星状。

(4) 【缩进边依据】设置框：用于设定边缩进的程度。

(5) 【平滑缩进】复选框：只有选中【星形】复选框时此复选框才可选。选中【平滑缩进】复选框可使多边形的边平滑地向中心缩进。

5. 绘制直线

使用【直线工具】\ 可以绘制直线或带有箭头的线段。

使用的方法是：鼠标指针拖曳的起始点为线段起点，拖曳的终点为线段的终点。按住【Shift】键可以将直线的方向控制在 0° 、45° 或 90° 方向。

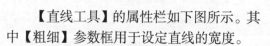

【直线工具】的属性栏如下图所示。其中【粗细】参数框用于设定直线的宽度。

单击属性栏中的倒三角按钮 ，可弹出【箭头】设置框，包括【起点】、【终点】、【宽度】、【长度】和【凹度】选项。

(1) 【起点】、【终点】复选框：二者可选择一个，也可以都选，用以决定箭头在线段的哪一方。

(2) 【宽度】参数框：用于设置箭头宽度和线段宽度的比值，可输入 10%～100% 的数值。

(3) 【长度】参数框：用于设置箭头长度和线段宽度的比值，可输入 10%～5000% 的数值。

(4) 【凹度】参数框：用于设置箭头中央凹陷的程度，可输入 – 50%～50% 的数值。

6. 使用形状工具绘制图形

❶ 新建一个 10cm×10cm 的图像。

❷ 选择【矩形工具】□，在属性栏中选择【填充像素】按钮 □，设置前景色为黑色。

❸ 绘制一个矩形。

❹ 新建一个图层，使用【椭圆工具】○绘制两个车轮。

❺ 新建一个图层,设置前景色为白色,使用【椭圆工具】  绘制两个圆形。

❻ 新建一个图层,使用【圆角矩形工具】 ▢ 绘制窗户。

8.3.2 绘制不规则形状

使用【自定形状工具】  可以绘制不规则的图形或是自定义的图形。

1.【自定形状工具】的属性栏参数设置

【形状】设置项:用于选择所需绘制的形状。单击 形状: 右侧的倒三角按钮会出现【形状】调板,这里存储着可供选择的形状。

单击【形状】调板右上侧的 ▶ 按钮,可以弹出一个下拉菜单。

从中选择【载入形状】菜单项,可以载入外部文件,其文件类型为*.CSH。

2. 使用【自定形状工具】绘制图画

❶ 新建一个 10cm × 10cm 的图像。

❷ 选择【自定形状工具】  ,在【形状】调板中选择需要的形状,设置前景色为黑色。

❸ 在图像上单击并拖动鼠标，即可绘制一个
自定形状，多次单击并拖动鼠标可以绘制
出大小不同的形状。

❹ 新建一个图层。选择其他形状，继续绘制，
直至绘制完成。

8.3.3 自定义形状

Photoshop CS4 不仅可以使用预置的形状，还可以把自己绘制的形状定义为自定义形状，
以便于以后使用。

自定义形状的操作步骤如下。

❶ 使用【钢笔工具】 ◊ 绘制出自己喜欢的图
形。

钮。

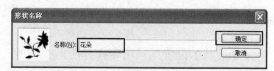

❸ 选择【自定形状工具】 ♣ ，然后在【形
状】调板中找到自定义的形状即可。

❷ 选择【编辑】▷【定义自定形状】菜单命
令，在弹出的【形状名称】对话框中输入
自定义形状的名称，然后单击【确定】按

8.4 综合实例——绘制漫画

🎬 **本节视频教学录像：20 分钟**

本实例使用【钢笔工具】、【铅笔工具】和【移动工具】绘制一幅漫画。

8.4.1 实例预览

素材\ch08\图 02.jpg

结果\ch08\绘制漫画.jpg

8.4.2　实例说明

实例名称：绘制漫画	
主要工具或命令：【钢笔工具】和填充工具等	
难易程度：★★★★　　常用指数：★★★★	

8.4.3　实例步骤

第1步：打开文件

❶ 选择【文件】➤【打开】菜单命令。

❷ 打开随书光盘中的"素材\ch08\图 01.psd"
文件。

第2步：绘制外形

❶ 选择【钢笔工具】，在属性栏中单击【路
径】按钮，根据小狗的外形来绘制路径。

❷ 分别按住【Ctrl】键和【Alt】键来调整路
径。

❸ 按住【Ctrl】键的同时在【路径】调板中单
击路径缩览图，将路径转换为选区。

❹ 设置前景色为黄色（C：0、M：0、Y：100、
K：0）。

❺ 新建【图层 1】图层，按【Alt+Delete】组
合键填充。

❻ 选择【编辑】➤【描边】菜单命令，为其
描 "6px" 的黑边，并按【Ctrl + D】组合
键取消选区。

❼ 使用同样的方法绘制小狗的头部，填充橘
黄色（C：0、M：30、Y：100、K：0）。

第3步：绘制五官

❶ 在【图层】调板中单击【背景】图层以外

的所有图层前的【指示图层可见性】按钮，将图层隐藏。

❷ 设置前景色为白色，新建一个图层，选择【椭圆工具】，绘制小狗的鼻子并将其填充为白色。

❸ 选择【编辑】➤【描边】菜单命令，为椭圆描"3px"的黑边。按照同样的方法绘制小狗的眼珠，眼珠中心部位填充为黑色。

❹ 选择【钢笔工具】，使用绘制小狗外形的方法绘制小狗的舌头。

第4步：绘制胡子

❶ 设置前景色为黑色。

❷ 选择【铅笔工具】，在属性栏中设置画笔大小为"5px"，【硬度】为"45%"，在小狗脸部绘制胡子。

第5步：合并图层

❶ 在【图层】调板上单击隐藏的图层前的【指示图层可见性】按钮将图层显示出来。

❷ 按住【Ctrl】键选择【背景】图层以外的所有图层，按【Ctrl＋E】组合键合并图层。

第6步：使用素材

❶ 打开随书光盘中的"素材\ch08\图02.jpg"文件。

❷ 使用【移动工具】将小狗拖曳到"图02"中，按【Ctrl+T】组合键调整其大小和位置。

❸ 复制几只小狗并调整其大小和位置。

8.4.4 实例总结

本实例利用【钢笔工具】和【铅笔工具】绘制一幅漫画，读者在学习的时候可以根据自己的喜好绘制背景。

8.5 举一反三

运用本章所学的知识，绘制一幅卡通图像。

结果\ch08\可爱苹果.jpg

提示：
(1) 选择【文件】➤【新建】菜单命令，新建一个空白文档；
(2) 使用【钢笔工具】绘制，然后设置不同颜色进行填充。

8.6 技术探讨

【填充路径】对话框如下图所示。

在【填充路径】对话框中可以设置填充的路径的内容和混合模式等选项。

(1) 【使用】下拉列表中可以选择使用前景色、背景色、颜色、图案、历史记录、黑色、50%灰色、白色等颜色填充路径。如果选择【图案】选项，则可以在下面的【自定图案】下拉框中选择需要使用的图案。

(2) 在【模式】下拉列表中可以选择填充使用的混合模式。

(3) 在【不透明度】参数框中可以设置填充效果的不透明度。

(4) 选择【保留透明区域】复选框后，仅限于填充包含像素的图层区域。

(5) 【羽化半径】参数框可为填充设置羽化。

(6) 选择【消除锯齿】复选框后，可部分填充边缘像素，进而在选区的像素和周围像素之间创建精细的过渡。

第 9 章　图层的应用

本章引言

　　图层功能是 Photoshop 处理图像的基本功能，也是 Photoshop 中很重要的一部分。本章将介绍图层的基本操作和应用。

9.1　图层特性

🎞 **本节视频教学录像：9 分钟**

图层是 Photoshop 最为核心的功能之一。它承载了几乎所有的编辑操作。如果没有图层，所有的图像将处在同一个平面上，这对于图像的编辑来讲，简直是无法想象的，正是因为有了图层功能，Photoshop 才变得如此强大。本节将讲解图层的 3 种特性：透明性、独立性和叠加性。

9.1.1　透明性

透明性是图层的基本特性。图层就像是一层层透明的玻璃，在没有绘制色彩的部分，透过上面图层的透明部分，能够看到下面图层的图像效果。在 Photoshop 中图层的透明部分表现为灰白相间的网格。

❶ 打开随书光盘中的"素材\ch09\图 01.jpg"和"素材\ch09\图 02.jpg"文件。

❷ 选择【窗口】▷【图层】菜单命令，打开【图层】调板。

❸ 使用工具箱中的【魔棒工具】✨，在红花以外的白色画布的任意区域单击，选中白色画布。

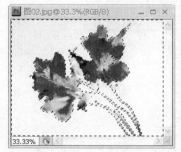

❹ 按【Ctrl+Shift+I】组合键反选选区，选中红花。

❺ 使用工具箱中的【移动工具】，选择并拖曳红花到"图 01.jpg"图片上，从【图层】调板中可以看到【图层 1】中有灰白相间的网格，即为透明部分。

> 图层 1 中的灰白相间网格表示透明部分

❻ 使用具箱中的【移动工具】，选择【图层 1】中的红花并移动其位置。

以上操作表明，无论红花怎样移动，总能透过红花所在图层的透明部分看到背景图层的内容，说明红花所在的图层具有透明性。

9.1.2 独立性

把一幅作品的各个部分放到单个的图层中，能方便地操作作品中任何部分的内容。各个图层之间是相对独立的。对其中一个图层进行操作时，其他的图层不受影响。

❶ 打开随书光盘中的"素材\ch09\图 03.jpg"文件。

❷ 使用工具箱中的【魔棒工具】 ✎ 创建红花以外的选区，然后按【Ctrl+Shift+I】组合键反选选区，选中红花。

❸ 使用工具箱中的【移动工具】 ✛，选择并移动选区中的红花，会发现背景图层中的图像被破坏。

怎样做才能移动红花而不破坏图像呢？

❶ 打开随书光盘中的"素材\ch09\图 01.jpg"和"素材\ch09\图 04.psd"文件。

❷ 使用工具箱中的【移动工具】 ✛，选择并拖曳"图 04.psd"图片到"图 01.jpg"图片上，此时从【图层】调板中可以看到红花和花瓶处于两个图层中。

❸ 使用工具箱中的【移动工具】▶⊕，选择并拖曳【图层1】中红花的位置，会发现背景图层中的图像没有被破坏。

以上操作表明，红花和花瓶处于同一图层上时，移动红花后会破坏图像，而红花和花瓶分别放置在两个图层上时，无论怎样移动红花，均不会破坏背景图层中的图像。说明图层具有独立性。

9.1.3　遮盖性

图层之间的遮盖性指的是当一个图层中有图像信息时，会遮盖住下层图像中的图像信息。

❶ 打开随书光盘中的"素材\ch09\图01.jpg"文件。

❷ 打开随书光盘中的"素材\ch09\图04.psd"文件。

❸ 使用工具箱中的【移动工具】▶⊕，选择并拖曳"图04.psd"图片到"图01.jpg"图片上，此时从【图层】调板中可以看到红花和花瓶处在不同的图层中。

❹ 打开随书光盘中的"素材\ch09\图05.psd"文件。

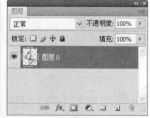

❺ 使用工具箱中的【移动工具】▶⊕，选择并拖曳"图05.psd"图片到"图01.jpg"图片上，此时从【图层】调板中可以看到有3个图层。

以上操作表明，红花遮盖了花瓶，蝴蝶遮盖了红花的一部分，说明图层具有遮盖性。

9.2 【图层】调板

本节视频教学录像：6 分钟

Photoshop 中的所有图层都被保存在【图层】调板中，对图层的各种操作基本上都可以在【图层】调板中完成。使用【图层】调板可以创建、编辑和管理图层以及为图层添加样式，还可以显示当前编辑的图层信息，使用户清楚地掌握当前图层操作的状态。

选择【窗口】➢【图层】菜单命令或按【F7】键，均可打开【图层】调板。

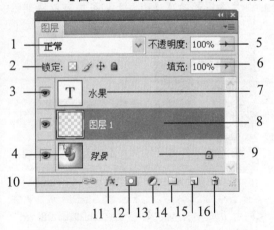

图层中的图像。

1. 图层混合模式

创建图层中图像的各种特殊效果。

2. 【锁定】工具栏

4 个按钮分别是【锁定透明像素】、【锁定图像像素】、【锁定位置】和【锁定全部】。

3. 显示或隐藏

显示或隐藏图层。当图层左侧显示眼睛图标 时，表示当前图层在图像窗口中显示，单击眼睛图标 ，图标消失并隐藏该

4. 图层缩览图

该图层的显示效果预览图。

5. 图层不透明度

设置当前图层的总体不透明度。

6. 图层填充不透明度

设置当前图层的填充百分比。

7. 图层名称

图层的名称。

8. 当前图层

在【图层】调板中蓝色高亮显示的图层为当前图层。

9. 背景图层

在【图层】调板中，位于最下方、图层名称为"背景"二字的图层，即是背景图层。

10. 链接图层

在图层上显示 图标时，表示图层与

图层之间是链接图层，在编辑图层时可以同时进行编辑。

11. 添加图层样式

单击该按钮，从弹出的菜单中选择相应选项，可以为当前图层添加图层样式效果。

12. 添加图层蒙版 🔲

单击该按钮，可以为当前图层添加图层蒙版效果。

13. 创建新的填充或调整图层 ⊘.

单击该按钮，从弹出的菜单中选择相应选项，可以创建新的填充图层或调整图层。

14. 创建新组 🗀

创建新的图层组。可以将多个图层归为一个组，这个组可以在不需要操作时折叠起来。无论组中有多少个图层，折叠后只占用相当于一个图层的空间，方便管理图层。

15. 创建新图层 🗅

单击该按钮，可以创建一个新的图层。

16. 删除图层 🗑

删除当前图层。

9.3 图层的分类

本节视频教学录像：17 分钟

Photoshop 的图层类型有多种，可以将图层分为普通图层、背景图层、文字图层、形状图层、蒙版图层和调整图层 6 种。

9.3.1 普通图层

普通图层是一种常用的图层。在普通图层上用户可以进行各种图像编辑操作。

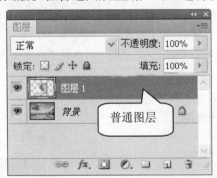

普通图层

9.3.2 背景图层

使用 Photoshop 新建文件时，如果【背景内容】选择为白色或背景色，在新文件中就会自动创建一个背景图层，并且该图层还有一个锁定的标志 🔒。背景图层始终在最底层，就像一栋楼房的地基一样，不能与其他图层调整叠放顺序。

一个图像中可以没有背景图层，但最多只能有一个背景图层。

背景图层的不透明度不能更改，不能为背景图层添加图层蒙版，也不可以使用图层样式。如果要改变背景图层的不透明度、为其添加图层蒙版或者使用图层样式，可以先将背景图层转换为普通图层。

把背景图层转换为普通图层的具体操作如下。

❶ 打开随书光盘中的"素材\ch09\图06.jpg"文件。

❷ 选择【窗口】➤【图层】菜单命令，打开【图层】调板，在【图层】调板中选择【背景】图层。

❸ 选择【图层】➤【新建】➤【背景图层】菜单命令。

❹ 弹出【新建图层】对话框。

❺ 单击【确定】按钮，背景图层即转换为普通图层。

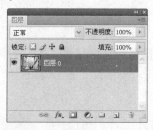

Tips

使用【背景橡皮擦工具】 和【魔术橡皮擦工具】 擦除背景图层时，背景图层便自动变成普通图层。

直接在背景图层上双击，可以快速将背景图层转换为普通图层。

9.3.3 文字图层

文字图层是一种特殊的图层，用于存放文字信息。它在【图层】调板中的缩览图与普通图层不同。

文字图层主要用于编辑图像中的文本内容，用户可以对文字图层进行移动、复制等操作。但是不能使用绘画和修饰工具来绘制和编辑文字图层中的文字，不能使用【滤镜】菜单命令。如果需要编辑文字，则必须栅格化文字图层，被栅格化后的文字将变为位图图像，不能再修改其文字内容。

> 🌀 **栅格化的概念**
>
> 　　栅格化操作就是把矢量图转化为位图。在 Photoshop 中有一些图是矢量图，例如使用【文字工具】输入的文字或使用【钢笔工具】绘制的图形。如果想对这些矢量图形做进一步的处理，例如想使文字具有影印效果，就要使用【滤镜】➤【素描】➤【影印】菜单命令，而该命令只能处理位图图像，不能处理矢量图。此时就需要先把矢量图栅格化，转化为位图，再进一步处理。矢量图经过栅格化处理变成位图后，就失去了矢量图的特性。

栅格化文字图层就是将文字图层转换为普通图层。可以执行下列操作之一。

1. 普通方法

选中文字图层，选择【图层】➤【栅格化】➤【文字】菜单命令，文字图层即可转换为普通图层。

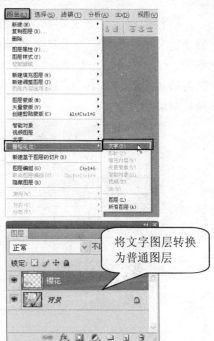

2. 快捷方法

在【图层】调板中的文字图层上右击，从弹出的快捷菜单中选择【栅格化文字】选项，即可将文字图层转换为普通图层。

9.3.4 形状图层

形状是矢量对象，与分辨率无关。形状图层一般是使用工具箱中的形状工具（【矩形工具】▢、【圆角矩形工具】▢、【椭圆工具】◯、【多边形工具】◯、【直线工具】＼、【自定形状工具】✿或【钢笔工具】✒）绘制图形后而自动创建的图层。

> *Tips*
>
> 要创建形状图层，一定要先在属性栏中单击【形状图层】按钮▢。关于形状工具组的使用方法会在后面的章节中详细讲解。

形状图层包含定义形状颜色的填充图层和定义形状轮廓的矢量蒙版。形状轮廓是路径，显示在【路径】调板中。如果当前图层为形状图层，在【路径】调板中可以看到矢量蒙版的内容。

用户可以对形状图层进行修改和编辑，具体操作如下。

❶ 打开随书光盘中的"素材\ch09\图 07.jpg"文件。

❷ 创建一个形状图层，然后在【图层】调板中双击图层的缩览图。

❸ 打开【拾取实色：】对话框。

❹ 选择相应的颜色后单击【确定】按钮，即可重新设置填充颜色。

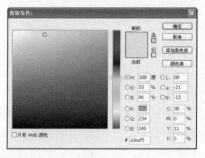

❺ 使用工具箱中的【直接选择工具】▷，即可修改或编辑形状中的路径。

如果要将形状图层转换为普通图层，需要栅格化形状图层，其方法有以下 3 种。

1. 完全栅格化法

选择形状图层，选择【图层】➤【栅格

化】➤【形状】菜单命令，即可将形状图层
转换为普通图层，同时不保留蒙版和路径。

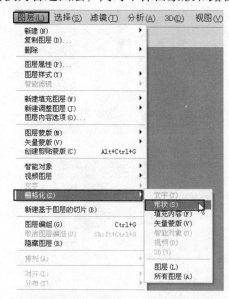

2. 路径和蒙版栅格化

选择【图层】➤【栅格化】➤【填充内
容】菜单命令，将栅格化形状图层填充，同
时保留矢量蒙版。

3. 蒙版栅格化法

选择【图层】➤【栅格化】➤【矢量蒙
版】菜单命令，将栅格化形状图层的矢量蒙
版，但同时转换为图层蒙版，路径丢失。

9.3.5 蒙版图层

蒙版图层是用来存放蒙版的一种特殊图层，依附于除背景图层以外的其他图层。蒙版
的作用是显示或隐藏图层的部分图像，也可以保护区域内的图像，以免被编辑。用户可以
创建的蒙版类型有图层蒙版和矢量蒙版两种。

1. 图层蒙版

图层蒙版是与分辨率有关的位图图像，
由绘画或选择工具创建。创建图层蒙版的具
体操作如下。

❶ 打开随书光盘中的"素材\ch09\图 08.jpg"
和"素材\ch09\图 09.jpg"文件。

❷ 使用工具箱中的【移动工具】，将"图09.jpg"图片拖曳到"图08.jpg"图片上。

❸ 单击【图层】调板下方的【添加图层蒙版】按钮，为当前图层创建图层蒙版，并设置【不透明度】为"59%"。

❹ 根据自己的需要调整图片的位置，然后把

前景色设置为黑色，选择【画笔工具】，开始涂抹直至两幅图片融合在一起。

这时可以看到，两幅图片已经融合在一起，构成了一幅图片。

> **Tips**
>
> 选择图层后选择【图层】➤【图层蒙版】菜单命令，在弹出的子菜单中选择合适的菜单命令，即可创建图层蒙版。
>
>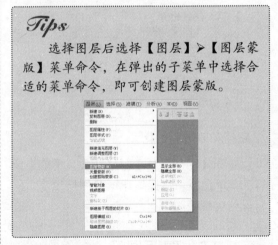

2. 矢量蒙版

矢量蒙版与分辨率无关，一般是使用工具箱中的【钢笔工具】、形状工具（【矩形工具】、【圆角矩形工具】、【椭圆工具】、【多边形工具】、【直线工具】和【自定形状工具】）绘制图形后而创建的。

矢量蒙版可在图层上创建锐边形状。若需要添加边缘清晰的图像，可以使用矢量蒙

版。创建矢量蒙版的具体操作如下。

❶ 打开随书光盘中的"素材\ch09\图 07.jpg"
　文件。

❷ 选择图层后，选择工具箱中的【自定形状
　工具】，在背景图层上拖动鼠标指针绘
　制任意形状即可创建矢量蒙版。

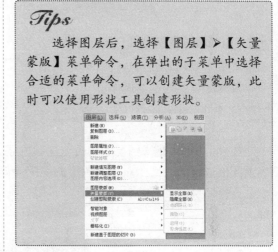
9.3.6　调整图层

　　利用调整图层可以将颜色或色调调整应用于多个图层，而不会更改图像中的实际颜色
或色调。颜色和色调调整信息存储在调整图层中，并且影响它下面的所有图层。这意味着
操作一次即可调整多个图层，而不用分别调整每个图层。要想创建调整图层，可以执行下
列操作之一。

1. 使用按钮创建新图层

　　单击【图层】调板下方的【创建新的填
充或调整图层】按钮，在弹出的快捷菜
单中选择合适的子菜单，可以创建一个调整
图层。

令，即可创建一个调整图层。

2. 使用菜单创建新图层

选择【图层】▶【新建调整图层】菜单命令，在弹出的子菜单中选择合适的菜单命

<table>
<tr><td><img>9.4</img></td><td>图层的基本操作</td></tr>
</table>

本节视频教学录像：8 分钟

本节主要学习如何选择和确定当前图层、图层上下位置关系的调整、图层的对齐与分布以及图层编组等基本操作。

9.4.1 选择图层

在 Photoshop 的【图层】调板上深颜色显示的图层为当前图层，大多数的操作都是针对当前图层进行的，因此对当前图层的确定十分重要。

选择图层的方法如下。

❶ 打开随书光盘中的"素材\ch09\图 10.psd"文件。

❷ 在【图层】调板中选择【图层 1】图层即可选择"花"所在的图层，此时"花"所在的图层为当前图层。

Tips

还可以直接在图像中的"花"上右击，然后在弹出的菜单中选择【图层 1】图层，即可选中"花"所在的图层。

9.4.2 调整图层叠加次序

改变图层的排列顺序就是改变图层像素之间的叠加次序，可以通过直接拖曳图层的方法来实现。

1. 调整图层位置

❶ 打开随书光盘中的"素材\ch09\图 11.psd"文件。

❷ 选中"香蕉"所在的【图层4】图层，选择【图层】➤【排列】➤【置为底层】菜单命令。

❸ 效果如下图所示。

2. 调整图层位置的技巧

Photoshop 提供有 5 种排列方式。

置为顶层(F)	Shift+Ctrl+]
前移一层(W)	Ctrl+]
后移一层(K)	Ctrl+[
置为底层(B)	Shift+Ctrl+[
反向(R)	

(1)【置为顶层】：将当前图层移动到最上层，快捷键为【Shift+Ctrl+]】。

(2)【前移一层】：将当前图层向上移一层，快捷键为【Ctrl+]】。

(3)【后移一层】：将当前图层向下移一层，快捷键为【Ctrl+[】。

(4)【置为底层】：将当前图层移动到最底层，快捷键为【Shift+Ctrl+[】。

(5)【反向】：将选中的图层顺序反转。

9.4.3　合并与拼合图层

合并图层即是将多个有联系的图层合并为一个图层，以便于进行整体操作。首先选择要合并的多个图层，然后选择【图层】➤【合并图层】菜单命令即可。也可以通过【Ctrl+E】组合键来完成。

1. 合并图层

❶ 打开随书光盘中的"素材\ch09\图 10.psd"
　文件。

❷ 在【图层】调板中按住【Ctrl】键的同时单击所有图层，单击【图层】调板右上角的倒三角按钮，在弹出的快捷菜单中选择【合并图层】命令。

❸ 最终效果如右上图所示。

2. 合并图层的操作技巧

Photoshop 提供有 3 种合并的方式。

合并图层(E)	Ctrl+E
合并可见图层	Shift+Ctrl+E
拼合图像(F)	

(1)【合并图层】：在没有选择多个图层的状态下，可以将当前图层与其下面的图层合并为一个图层。也可以通过【Ctrl+E】组合键来完成。

(2)【合并可见图层】：将所有的显示图层合并到背景图层中，隐藏图层被保留。也可以通过【Shift+Ctrl+E】组合键来完成。

(3)【拼合图像】：可以将图像中的所有可见图层都合并到背景图层中，隐藏图层则被删除。这样可以大大地降低文件的大小。

9.4.4　图层编组

【图层编组】命令用来创建图层组。如果当前选择了多个图层，则可以选择【图层】➤【图层编组】菜单命令（也可以通过【Ctrl+G】组合键来执行此命令）将选择的图层编为一个图层组。

图层编组的具体操作如下。

❶ 打开随书光盘中的"素材\ch09\图 10.psd"
　文件。

❷ 在【图层】调板中按住【Ctrl】键的同时单击【图层2】、【图层4】和【图层5】图层，单击【图层】调板右上角的倒三角按钮，在弹出的快捷菜单中选择【从图层新建组】命令。

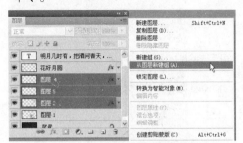

❸ 弹出【从图层新建组】对话框，设定名称等参数，然后单击【确定】按钮。

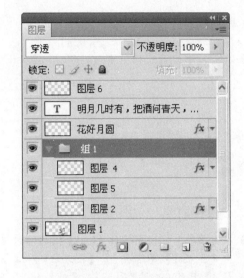

如果当前文件中创建了图层编组，选择【图层】➤【取消图层编组】菜单命令可以取消选择的图层组的编组。

9.4.5 【图层】调板弹出菜单

单击【图层】调板右侧的倒三角按钮可以弹出命令菜单，从中可以完成新建图层、复制图层、删除图层、删除链接图层及删除隐藏图层等操作。

9.5　图层的对齐与分布

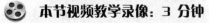

本节视频教学录像：3 分钟

依据当前图层和链接图层的内容，可以进行图层之间的对齐操作。Photoshop CS4 中提供了 6 种对齐方式。

1. 图层的对齐与分布的具体操作

❶ 打开随书光盘中的 "素材\ch09\图 12.psd" 文件。

❷ 在【图层】调板中按住【Ctrl】键的同时单击【图层1】、【图层2】、【图层3】和【图层4】图层，选择【图层】➤【对齐】➤【顶边】菜单命令。

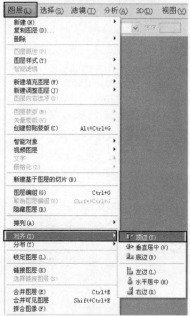

❸ 最终效果如右上图所示。

2. 图层对齐的操作技巧

Photoshop CS4 提供了 6 种排列方式。

（1）【顶边】：将链接图层顶端的像素对齐到当前工作图层顶端的像素或者选区边框的顶端，以此方式来排列链接图层的效果。

（2）【垂直居中】：将链接图层的垂直中心像素对齐到当前工作图层垂直中心的像素或者选区的垂直中心，以此方式来排列链接图层的效果。

（3）【底边】：将链接图层的最下端的像素对齐到当前工作图层的最下端像素或者选区边框的最下端，以此方式来排列链接图层的效果。

（4）【左边】：将链接图层最左边的像素对齐到当前工作图层最左端的像素或者选区边框的最左端，以此方式来排列链接图层的效果。

（5）【水平居中】：将链接图层水平中心的像素对齐到当前工作图层水平中心的像素或者选区的水平中心，以此方式来排列链接图层的效果。

（6）【右边】：将链接图层的最右端像素对齐到当前工作图层最右端的像素或者选区边框的最右端，以此方式来排列链接图层的效果。

3. 将链接图层之间的间隔均匀地分布

❶ 打开随书光盘中的"素材\ch09\图 12.psd"文件。

❷ 在【图层】调板中按住【Ctrl】键的同时单击【图层1】、【图层2】、【图层3】和【图层4】图层，选择【图层】➤【分布】➤【顶边】菜单命令。

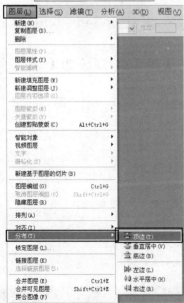

❸ 最终效果如右上图所示。

4. 图层分布的操作技巧

Photoshop CS4 提供了 6 种分布的方式。

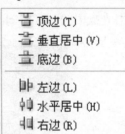

（1）【顶边】：参照最上面和最下面两个图形的顶边，中间的每个图层以像素区域的最顶端为基础，在最上和最下的两个图形之间均匀地分布。

（2）【垂直居中】：参照每个图层垂直中心的像素均匀地分布链接图层。

（3）【底边】：参照每个图层最下端像素的位置均匀地分布链接图层。

（4）【左边】：参照每个图层最左端像素的位置均匀地分布链接图层。

（5）【水平居中】：参照每个图层水平中心像素的位置均匀地分布链接图层。

（6）【右边】：参照每个图层最右端像素的位置均匀地分布链接图层。

> *Tips*
>
> 　关于图层的对齐和分布也可以通过按钮来完成。首先要保证图层处于链接状态，当前工具为移动工具，这时在属性栏中就会出现相应的对齐、分布按钮。

9.6　使用图层组管理图层

本节视频教学录像：4 分钟

在【图层】调板中，通常是将统一属性的图像和文字都统一放在不同的图层组中，这样便于查找和编辑。

9.6.1　管理图层

打开随书光盘中的"素材\ch09\图 17.psd"图像。

图中文字图层统一放在"文字"图层组中，而所有的"圆点"则放在"圆点"图层组中。

9.6.2　图层组的嵌套

创建图层组后，在图层组内还可以继续创建新的图层组，这种多级结构图层组被称为"图层组的嵌套"。

创建"图层组的嵌套"可以更好地管理图层。按住【Ctrl】键然后单击【创建新组】按钮□可以实现图层组的嵌套。

9.6.3　图层组内图层位置的调整

可以通过拖曳图层实现不同图层组内图层位置的调整。调整图层的前后位置关系后，图像也将会发生变化，如下图所示。

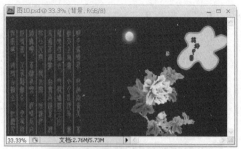

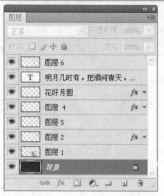

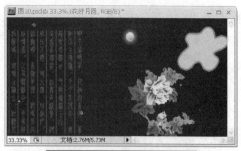

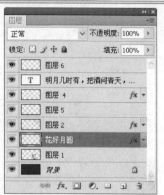

9.7　图层复合

📽 **本节视频教学录像：4 分钟**

图层复合是【图层】调板状态的快照，它记录当前文件中图层的可视性、位置和外观。通过图层复合可以快速地在文档中切换不同版面的显示状态。例如，当设计师向客户展示设计方案的不同效果时，只需要通过【图层复合】调板便可以在单个文件中显示多个版本。

使用【图层复合】调板的具体操作步骤如下。

❶ 打开随书光盘中的"素材\ch09\图 10.psd"
文件。

❷ 在【图层】调板中隐藏除【图层 1】和【背景】图层外的所有图层。

❸ 选择【窗口】▷【图层复合】菜单命令，弹出【图层复合】调板，单击【创建新的图层复合】按钮，在弹出的【新建图层复合】对话框中选择【可视性】复选框，单击【确定】按钮，将当前的图像显示效果记录为一个图层复合。

❹ 在【图层】调板中单击【图层2】和【花好月圆】图层前的【指示图层可见性】按钮，将它们显示出来。

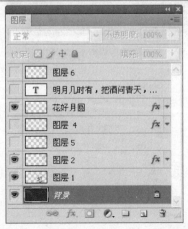

❺ 在【图层复合】调板中单击【创建新的图层复合】按钮，在弹出的【新建图层复合】对话框中选择【可视性】复选框，单击【确定】按钮，将当前的图像显示效果记录为一个图层复合。

❻ 在【图层复合】调板中的图层复合的名称前单击，显示出应用图层复合标志，窗口中会显示该图层复合记录的图像状态，效果如下图所示。

9.8　图层样式

本节视频教学录像：18 分钟

图层样式是多种图层效果的组合，Photoshop 提供了多种图像效果，如阴影、发光、浮雕和颜色叠加等。将效果应用于图层的同时，也创建了相应的图层样式，在【图层样式】对话框中可以对创建的图层样式进行修改、保存和删除等编辑操作。

9.8.1　使用图层样式

在 Photoshop 中对图层样式的管理是通过【图层样式】对话框来完成的。

1. 使用【图层样式】命令

❶ 选择【图层】➤【图层样式】菜单命令，即可添加各种样式。

❷ 单击【图层】调板下方的【添加图层样式】按钮 *fx.*，也可以添加各种样式。

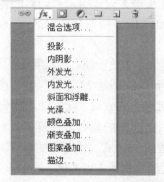

2.【图层样式】对话框中的参数设置

在【图层样式】对话框中可以对一系列的参数进行设置。实际上图层样式是一个集成的命令群，由一系列的效果集合而成，其中包括很多样式。

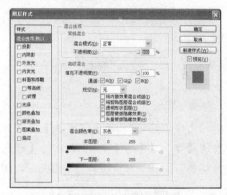

（1）【填充不透明度】设置项：可以通过输入值或拖曳滑块来设置图层效果的不透明度。

（2）【通道】：在 3 个复选框中，可以选择参加高级混合的 R、G、B 通道中的任何一个或者多个。3 个选项不选择也可以，但是一个选项也不选择的情况下，一般得不到理想的效果。

（3）【挖空】下拉列表：控制投影在半透明图层中的可视性或闭合。应用这个选项可以控制图层色调的深浅。该列表有 3 个下拉菜单项，它们的效果各不相同。

选择【挖空】为【深】，将【填充不透明度】数值设置为"0"，挖空到背景图层效果。

（4）【将内部效果混合成组】复选框：选中这个复选框可将本次操作作用到图层的内部效果，然后合并到一个组中。这样在下次使用的时候，出现在窗口的默认参数即为现在的参数。

　　(5)【将剪贴图层混合成组】复选框：将剪贴的图层合并到同一个组中。

　　(6)【混合颜色带】设置区：将图层与

该颜色混和，它有 4 个选项，分别是灰色、红色、绿色和蓝色。可以根据需要选择适当的颜色，以达到意想不到的效果。

9.8.2　投影

　　应用【投影】选项可以在图层内容的背后添加阴影效果。

1. 应用【投影】命令

❶ 打开随书光盘中的"素材\ch09\图 18.jpg"文件。

❷ 输入文字"芒果"，设置【字体】为"方正粗倩简体"，【字号】为"12 点"，【颜色】为红色（C: 0、M: 100、Y: 100、K: 0）。

❸ 单击【添加图层样式】按钮 *fx.* ，在弹出的【添加图层样式】菜单中选择【投影】选项，在弹出的【图层样式】对话框中进行参数设置，如下图所示。

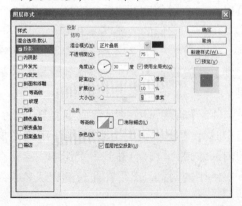

❹ 单击【确定】按钮，最终效果如下图所示。

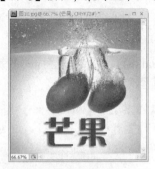

2.【投影】选项的参数设置

　　(1)【角度】设置项：确定效果应用于图层时所采用的光照角度。

　　(2)【使用全局光】复选框：选中该复选框，所产生的光源作用于同一个图像中的所有图层；撤选该复选框，产生的光源只作用于当前编辑的图层。

　　(3)【距离】设置项：控制阴影离图层中图像的距离。

　　(4)【扩展】设置项：对阴影的宽度做适当细微地调整，可以用测试距离的方法检验。

　　(5)【大小】设置项：控制阴影的总长度。加上适当的 Spread 参数会产生一种逐渐从阴影色到透明的效果，就好像将固定量的墨水泼到固定面积的画布上一样，但不是均匀的，而是从全"黑"到透明的渐变。

　　(6)【消除锯齿】复选框：选中该复选框，在用固定的选区做一些变化时，可以使变化的效果不至于显得很突然，可使效果过渡变得柔和。

　　(7)【杂色】设置项：输入数值或拖曳滑块时，可以改变发光不透明度或暗调不透明度中随机元素的数量。

（8）【等高线】设置项：应用这个选项可以使图像产生立体的效果。单击其下拉菜单按钮会弹出等高线窗口，从中可以根据图像选择适当的模式。

9.8.3　内阴影

应用【内阴影】选项可以围绕图层内容的边缘添加内阴影效果。

使用【内阴影】命令制造投影效果的具体操作如下。

❶ 新建画布，大小为 400×200（像素），输入文字"HAPPY"。

❷ 单击【添加图层样式】按钮 *fx*，在弹出的【添加图层样式】菜单中选择【内阴影】选项，在弹出的【图层样式】对话框中进行参数设置。

❸ 单击【确定】按钮后会产生一种立体化的文字效果，如下图所示。

9.8.4　外发光

应用【外发光】选项可以围绕图层内容的边缘创建外部发光效果。

1. 使用【外发光】命令制造发光文字

❶ 打开随书光盘中的"素材\ch09\图 19.jpg"文件，然后输入文字"Flowers"。

❷ 单击【添加图层样式】按钮 *fx*，在弹出的【添加图层样式】菜单中选择【外发光】选项，在弹出的【图层样式】对话框中进行参数设置。

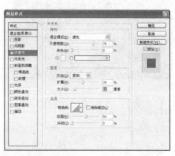

❸ 单击【确定】按钮，最终效果如下图所示。

2.【外发光】选项的参数设置

(1)【方法】下拉列表：即边缘元素的模型，有【柔和】和【精确】两种。柔和的边缘变化比较模糊，而精确的边缘变化则比较清晰。

(2)【扩展】设置项：即边缘向外边扩展。与前面介绍的【阴影】选项中的【扩展】设置项的用法类似。

(3)【大小】设置项：用以控制阴影面积的大小，变化范围是 0～250 像素。

(4)【等高线】设置项：应用这个选项可以使图像产生立体的效果。单击其下拉菜单按钮会弹出等高线窗口，从中可以根据图像选择适当的模式。

(5)【范围】设置项：等高线运用的范围，其数值越大效果越不明显。

(6)【抖动】设置项：控制光的渐变，数值越大图层阴影的效果越不清楚，且会变成有杂色的效果。数值越小就会越接近清楚的阴影效果。

9.8.5 内发光

应用【内发光】选项可以围绕图层内容的边缘创建内部发光效果。

【内发光】的窗口和【外发光】的窗口几乎一样。只是【外发光】窗口中的【扩展】设置项变成了【内发光】中的【阻塞】设置项。外发光得到的阴影是在图层的边缘，在图层之间看不到效果的影响；而内发光得到的效果只在图层内部，即得到的阴影只出现在图层的不透明的区域。

使用【内发光】命令制造发光文字效果的具体步骤如下。

❶ 打开随书光盘中的"素材\ch09\图 19.jpg"文件，然后输入文字"Flowers"。

❷ 单击【添加图层样式】按钮 *fx.*，在弹出

的【添加图层样式】菜单项中选择【内发光】选项，在弹出的【图层样式】对话框中进行参数设置。

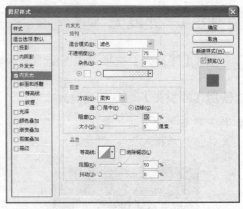

❸ 单击【确定】按钮，最终效果如下图所示。

9.8.6 斜面和浮雕

应用【斜面和浮雕】选项可以为图层内容添加暗调和高光效果，使图层内容呈现凸起的浮雕效果。

1. 使用【斜面和浮雕】命令创建立体文字

❶ 新建画布，大小为 400×200（像素），输入文字"浮雕"。

❷ 单击【添加图层样式】按钮 **fx** ，在弹出的【添加图层样式】菜单项中选择【斜面和浮雕】选项，在弹出的【图层样式】对话框中进行参数设置。

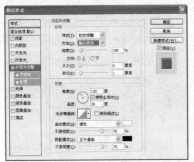

❸ 最终形成的立体文字效果如下图所示。

2.【斜面和浮雕】选项的参数设置

（1）【样式】下拉列表：在此下拉列表中共有 5 种模式，分别是内斜面、外斜面、浮雕效果、枕状浮雕和描边浮雕。

（2）【方法】下拉列表：在此下拉列表中有 3 个选项，分别是平滑、雕刻清晰和雕刻柔和。

【平滑】：选择该选项可以得到边缘过渡比较柔和的图层效果，也就是它得到的阴影边缘变化不尖锐。

【雕刻清晰】：选择该选项可以得到边缘变化明显的效果，与【平滑】相比，它产生的效果立体感特别强。

【雕刻柔和】：与【雕刻清晰】类似，但是它的边缘的色彩变化要稍微柔和一点。

（3）【深度】设置项：控制效果的颜色深度，数值越大得到的阴影越深，数值越小得到的阴影颜色越浅。

（4）【大小】设置项：控制阴影面积的大小，拖动滑块或者直接更改右侧文本框中的数值可以得到合适的效果。

（5）【软化】设置项：拖动滑块可以调节阴影的边缘过渡效果，数值越大边缘过渡越柔和。

（6）【方向】设置项：用来切换亮部和阴影的方向。选择【上】单选项，则是亮部在上面；选择【下】单选项，则是亮部在下面。

（7）【角度】设置项：控制灯光在圆中的角度。圆中的【+】符号可以使用鼠标移动。

（8）【使用全局光】复选框：决定应用于图层效果的光照角度。可以定义一个全角，应用到图像中所有的图层效果；也可以指定局部角度，仅应用于指定的图层效果。使用全角可以制造出一种连续光源照在图像上的效果。

（9）【高度】设置项：是指光源与水平面的夹角。

（10）【光泽等高线】设置项：这个选项的编辑和使用的方法和前面提到的等高线的编辑方法是一样的。

（11）【消除锯齿】复选框：选中该复选

框，在使用固定的选区做一些变化时，变化的效果不至于显得很突然，可使效果过渡变得柔和。

⑿【高光模式】下拉列表：相当于在图层的上方有一个带色光源，光源的颜色可以通过右侧的颜色块来调整，它会使图层达到许多种不同的效果。

⒀【阴影模式】下拉列表：可以调整阴影的颜色和模式。通过右侧的颜色块可以改变阴影的颜色，在下拉列表中可以选择阴影的模式。

9.8.7 光泽

应用【光泽】选项可以根据图层内容的形状在内部应用阴影，创建光滑的打磨效果。

1. 为文字添加光泽效果

❶ 新建画布，大小为 400×200（像素），输入文字"光泽"。

❷ 单击【添加图层样式】按钮 *fx*，在弹出的【添加图层样式】菜单中选择【光泽】选项，在弹出的【图层样式】对话框中进行参数设置。

❸ 单击【确定】按钮，形成的光泽效果如右图所示。

2.【光泽】选项的参数设置

⑴【混合模式】下拉列表：它以图像和黑色为编辑对象，其模式与图层的混合模式一样，只是在这里 Photoshop 将黑色当做一个图层来处理。

⑵【不透明度】设置项：调整混合模式中颜色【图层】的不透明度。

⑶【角度】设置项：即光照射的角度，它控制着阴影所在的方向。

⑷【距离】设置项：数值越小，图像上被效果覆盖的区域越大。【距离】值控制着阴影的距离。

⑸【大小】设置项：控制实施效果的范围，范围越大效果作用的区域越大。

⑹【等高线】设置项：应用这个选项可以使图像产生立体的效果。单击其下拉菜单按钮会弹出等高线窗口，从中可以根据图像选择适当的模式。

9.8.8 颜色叠加

应用【颜色叠加】选项可以为图层内容套印颜色。

❶ 打开随书光盘中的"素材\ch09\图 20.jpg"文件。

❷ 将背景图层转化为普通图层，然后单击【添加图层样式】按钮 fx ，在弹出的【添加图层样式】菜单中选择【颜色叠加】选项，在弹出的【图层样式】对话框中为图像叠加橘红色（C：0、M：53、Y：91、K：0），并设置其他参数。

❸ 单击【确定】按钮，最终效果如下图所示。

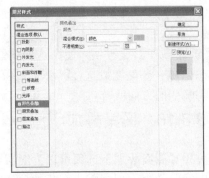

9.8.9 渐变叠加

应用【渐变叠加】选项可以为图层内容套印渐变效果。

1. 为图像添加渐变叠加效果

❶ 打开随书光盘中的"素材\ch09\图 21.jpg"文件。

❷ 将背景图层转化为普通图层，然后单击【添加图层样式】按钮 fx ，在弹出的【添加图层样式】菜单中选择【渐变叠加】选项，在弹出的【图层样式】对话框中为图像添加渐变效果，并设置其他参数。

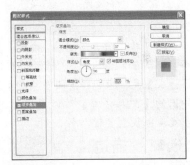

❸ 单击【确定】按钮，最终效果如下图所示。

2.【渐变叠加】选项的参数设置

（1）【混合模式】下拉列表：此下拉列表中的选项，与【图层】调板中的混合模式类似。

(2)【不透明度】设置项：设定透明的程度。

(3)【渐变】设置项：使用这项功能可以对图像做一些渐变设置，【反向】复选框表示将渐变的方向反转。

(4)【角度】设置项：利用该选项可以对图像产生的效果做一些角度变化。

(5)【缩放】设置项：控制效果影响的范围，通过它可以调整产生效果的区域大小。

9.8.10 图案叠加

应用【图案叠加】选项可以为图层内容套印图案混合效果。在原来的图像上加上一个图层图案的效果，根据图案颜色的深浅在图像上表现为雕刻效果的深浅。使用中要注意调整图案的不透明度，否则得到的图像可能只是一个放大的图案。为图像叠加图案的具体操作步骤如下。

❶ 打开随书光盘中的 "素材\ch09\图 22.jpg" 文件。

❷ 将背景图层转化为普通图层，然后单击【添加图层样式】按钮 *fx*，在弹出的【添加图层样式】菜单中选择【图案叠加】选项，在弹出的【图层样式】对话框中为图像添加图案，并设置其他参数。

❸ 单击【确定】按钮，最终效果如下图所示。

9.8.11 描边

应用【描边】选项可以为图层内容创建边线颜色，可以选择渐变或图案描边效果，这对轮廓分明的对象（如文字等）尤为适用。【描边】选项是用来给图像描上一个边框的。这个边框可以是一种颜色，也可以是渐变，还可以是另一个样式，可以在边框的下拉菜单中选择。

1. 为文字添加描边效果

❶ 新建画布，大小为 400×200（像素），输入文字 "描边"。

❷ 单击【添加图层样式】按钮 *fx*，在弹出

的【添加图层样式】菜单中选择【描边】选项，在弹出的【图层样式】对话框中的【填充类型】下拉别表中选择【颜色】选项，并设置其他参数。

❸ 单击【确定】按钮，形成的描边效果如下图所示。

2.【描边】选项的参数设置

（1）【大小】设置项：它的数值大小和边框的宽度成正比，数值越大图像的边框就越大。

（2）【位置】下拉列表：决定边框的位置，可以是外部、内部或者中心，这些模式是以图层不透明区域的边缘为相对位置的。【外部】表示描边时的边框在该区域的外边，默认的区域是图层中的不透明区域。

（3）【不透明度】设置项：控制制作边框的透明度。

（4）【填充类型】下拉列表：在该下拉列表中供选择的类型有 3 种：颜色、图案和渐变，不同类型的窗口中选框的选项会不同。

9.9 综合实例——贺卡上的故事

🎬 **本节视频教学录像：3 分钟**

本实例学习如何使用【图层】调板命令制作一张贺卡。

9.9.1 实例预览

素材\ch09\图 13.jpg

结果\ch09\贺卡上的故事

9.9.2 实例说明

实例名称：贺卡上的故事	
主要工具或命令：【移动工具】、【自由变换】命令等	
难易程度：★★★★	常用指数：★★★★

9.9.3　实例操作步骤

第1步：打开文件

❶ 选择【文件】➢【打开】菜单命令。

❷ 打开随书光盘中的"素材\ch09\图 13.jpg"、"素材\ch09\图 14.psd"和"素材\ch09\图 15.psd"文件。

第2步：调整位置

❶ 选择【移动工具】，将"图 14"和"图 15"拖曳到"图 13"图像中。

❷ 按【Ctrl+T】组合键执行【自由变换】命令，调整图片的位置和大小。

第3步：调整图层

❶ 在【图层】调板中选择【图层 1】图层。

❷ 选择【图层】➢【排列】➢【置入顶层】菜单命令，将【图层 1】图层调整到顶层，效果如下图所示。

第4步：导入文本

❶ 打开随书光盘中的"素材\ch09\图 16.psd"文件。

❷ 选择【移动工具】，将文本拖曳到"图 13"文件中。

❸ 按【Ctrl+T】组合键执行【自由变换】命令，调整位置和大小，最终效果如下图所示。

9.9.4　实例总结

　　本实例通过运用【自由变换】命令和调整图层顺序来制作贺卡，读者在制作的时候，如果图层很多，可以将同类型的图层进行编组处理，以易于图层的管理操作。

9.10 综合实例——结婚请柬

🎬 **本节视频教学录像：15 分钟**

本实例学习使用【移动工具】和【图层样式】对话框制作一张结婚请柬。

9.10.1 实例预览

素材\ch06\图 24.jpg　　　　　　结果\ch09\结婚请柬.jpg

9.10.2 实例说明

实例名称：结婚请柬
主要工具或命令：【移动工具】和【图层样式】对话框等
难易程度：★★★★　　常用指数：★★★★

9.10.3 实例步骤

第1步：新建文件

❶ 选择【文件】➢【新建】菜单命令。

❷ 在弹出的【新建】对话框中的【名称】文本框中输入"结婚请柬"，设置【宽度】为"14 厘米"，【高度】为"20 厘米"，【分辨率】为"150 像素/英寸"，【颜色模式】为【RGB 颜色】、【8 位】，【背景内容】为【白色】。

❸ 单击【确定】按钮。

第2步：划分界面

❶ 按【Ctrl+R】组合键打开标尺。

❷ 选择【移动工具】，从标尺处拖曳出一条辅助线。

❸ 将辅助线移动到页面的中间位置。

第 9 章 图层的应用

第3步：使用素材

❶ 打开随书光盘中的"素材\ch09\图 24.jpg"
和"素材\ch09\图 25.psd"文件。

❷ 使用【移动工具】将"图 24"和"图
25"拖曳到"结婚请柬"文档中。

❸ 按【Ctrl+T】组合键，调整图像的位置和大
小。

第4步：输入文字

❶ 在图像下方输入文字"天作之合"。

❷ 设置文字的字体为【汉仪中宋简】，【字号】
为"72 点"，字体的颜色为黄绿色（R:138、
G:132、B:42），字间距为"−200"。

❸ 按【Ctrl+T】组合键，右击，在弹出的菜单
中选择【斜切】命令，调整文字的倾斜度。

❹ 输入"天作之合"的拼音，设置文字的【字
体】为"Kunstler Script"，【字号】为"60
点"，字体颜色为黄绿色（R:138、G:132、
B:42），字间距为"75"，并为文字"加粗"。

第5步：再次使用素材

❶ 打开随书光盘中的"素材\ch09\图 26.jpg"
文件。

❷ 使用移动工具将"图 26"拖曳到"结
婚请柬"文档中。

❸ 按【Ctrl+T】组合键，调整图像的大小。

第6步：调整图像的位置

❶ 使用【套索工具】  选中其中的一只小老鼠并调整其位置。

❷ 按【Ctrl+D】组合键取消选区，调整图像的位置。

❸ 按【Ctrl+T】组合键，右击，在弹出的菜单中选择【旋转180度】命令。

第7步：输入文字

❶ 在图像的上方输入文字"天作之合"，并设置文字的【字体】为"汉仪柏青体简"，【字号】为"40点"，字体颜色为黄绿色（R:138、G:132、B:42）。

❷ 按【Ctrl+T】组合键，右击，在弹出的菜单中选择【旋转180度】命令。

❸ 单击【添加图层样式】按钮 *fx*，在弹出的【添加图层样式】菜单中选择【阴影】选项，在弹出的【图层样式】对话框中设置相应的参数。

❹ 选择【外发光】复选框，然后单击【确定】按钮。

第8步：输入正文

❶ 在图像的上方输入文字，然后设置文字的【字体】为"华文隶书"，【字号】为"18点"，字体颜色为黄绿色（R:138、G:132、B:42）。

❷ 按【Ctrl+T】组合键，右击，在弹出的菜单中选择【旋转180度】命令。

❸ 调整文字的位置，按【Ctrl+R】组合键取消标尺的显示，按【Ctrl+H】组合键隐藏辅助线。至此，结婚请柬就制作好了。

9.10.4 实例总结

本实例通过运用【图层样式】对话框为文字添加效果，读者在实际应用中可灵活地综合运用其他图层样式来添加更突出的效果。

9.11 举一反三

根据本章所学的知识，为图片上的文字添加图层样式效果。

素材\ch09\图27.jpg

结果\ch09\三亚风情.jpg

提示：

（1）在打开的图像中输入文字；

（2）选择文字图层，单击【图层】下方的【添加图层样式】按钮 $fx.$ ，在弹出的菜单中选择【混合选项】命令；

（3）在打开的【图层样式】对话框中选择【投影】、【外发光】和【光泽】等选项，并根据自己的喜好设置各项参数。

9.12 技术探讨

【斜面和浮雕】样式中的【纹理】选项对话框。

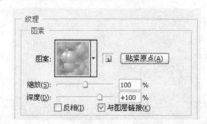

（1）【图案】下拉列表：在这个下拉列表中可以选择合适的图案。浮雕的效果就是按照图案的颜色或者它的浮雕模式进行的。在预览图上可以看出待处理的图像的浮雕模式和所选图案的关系。

（2）【贴紧原点】按钮：单击此按钮可使图案的浮雕效果从图像或者文档的角落开始。

（3）单击 按钮将图案创建为一个新的预置，这样下次使用时就可以从图案的下拉列表中打开该图案。

（4）通过调节【缩放】设置项可将图案放大或缩小，即浮雕的密集程度。缩放的变化范围为 1%～1000%，可以选择合适的比例对图像进行编辑。

（5）【深度】设置项所控制的是浮雕的深度，通过滑块可以控制浮雕的深浅，它的变化范围为–1000%～1000%，正负表示浮雕是凹进去还是凸出来。也可以选择适当的数值填入【深度】参数框中。

（6）选中【反相】复选框就会将原来的浮雕效果反转，即原来凹进去的现在凸出来，原来凸出来的现在凹进去，以得到一种相反的效果。

第 10 章　图层的高级应用

本章引言

　　在 Photoshop 中图层是图像的重要属性和构成方式，Photoshop 为每个图层都设置了图层特效和样式属性，例如阴影效果、立体效果和描边效果等。

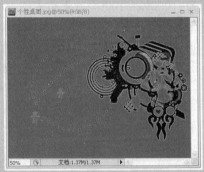

图层功能是 Photoshop 中非常强大的一项功能。在处理图像的过程中，使用图层可以对图像进行分级处理，从而减少图像处理的工作量并降低难度。图层的出现，使复杂多变的图像处理变得简单明晰起来。

10.1 盖印图层

🎬 **本节视频教学录像：6 分钟**

确定了图层的内容后，可以合并图层以创建复合图像的局部版本。这有助于管理图像文件的大小。在合并图层时，较高图层上的数据替换它所覆盖的较低图层上的数据。在合并后的图层中，所有透明区域的重叠部分都会保持透明。

盖印图层是一种特殊的合并图层方法，它可以将多个图层的内容合并为一个目标图层，同时使其他图层保持完好。

按下【Ctrl+Alt+E】组合键可将当前图层中的图像盖印至下面的图层中。

如果当前选择了多个图层，则按下【Ctrl+Alt+E】组合键后，Photoshop 会创建一个包含合并内容的新图层，而原图层的内容保持不变。

按下【Shift+Ctrl+Alt+E】组合键后，所有可见图层将被盖印至一个新建图层中，原图层内容保持不变。

10.2 3D 图层

🎬 **本节视频教学录像：3 分钟**

3D 图层它支持由 Adobe Acrobat 3D Version8、3D Studio Max、Alias Maya 等程序创建的 3D 文件。可以向图像添加多个 3D 内容的背景，或将 3D 图层转换为 2D 图层或智能图层。

1. 编辑 3D 纹理

❶ 打开随书光盘中的"素材\ch10\图 01.3DS"文件。

❷ 在【图层】调板中双击 3D 图层中的【CL00111】，打开贴图原文件。

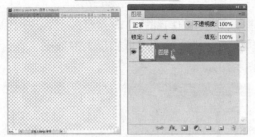

❸ 设置前景色颜色（C：31、M：100、Y：100、K：45），按【Alt+Delete】组合键为原文件填充前景色。

❹ 将原文件关闭，弹出如下图所示的对话框，单击【是】按钮即可将修改后的贴图应用到模型中。

❺ 打开"素材\ch10\图 02.psd"图像，然后双击 3D 图层中的【CL0011】，打开贴图原文件。

❻ 使用【移动工具】将花纹拖曳到原文件中，调整花纹的大小。然后关闭原文件，在弹出的对话框中单击【是】按钮即可将替换后的贴图应用到模型中。

2. 3D 工具属性栏中的参数设置

打开 3D 文件后，双击 3D 图层的缩览图，工具属性栏中便会显示 3D 工具。

旋转：单击【旋转】按钮，上下拖动可以将模型围绕其 x 轴旋转，两侧拖动可以将模型围绕 y 轴旋转。

滚动：单击【滚动】按钮，两侧拖动可以将模型围绕其 z 轴旋转。

拖动：单击【拖动】按钮，两侧拖动可以沿水平方向移动模型，上下拖动可以沿垂直方向移动模型。

滑动：单击【滑动】按钮，两侧拖动可以沿水平方向移动模型，上下拖动可将模型移近或移远。

缩放：单击【比例】按钮，上下拖动可将模型放大或缩小。

还回到初始对象位置：单击【还回到初始对象位置】按钮，可还回到模型的初始视图。

10.3 图层的不透明度

本节视频教学录像：3 分钟

在【图层】调板中有两个控制图层不透明度的选项，即【不透明度】和【填充】。

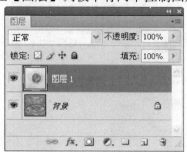

【不透明度】选项控制着当前图层、图层中绘制的像素和形状的不透明度，如果对图层应用了图层样式，则图层样式的不透明度也会受到该值的影响。

【填充】选项只影响图层中绘制的像素和不透明度，不会影响图层样式的不透明度。

10.4 图层混合模式

本节视频教学录像：14 分钟

图层的混合模式决定当前图层的像素如何与图像中的下层像素进行混合。使用混合模式可以创建各种特殊的效果。

10.4.1 一般模式

❶ 打开随书光盘中的"素材\ch10\风景.jpg"和"素材\ch10\天空.jpg"文件。

❷ 使用【移动工具】将"风景.jpg"图片拖曳到"天空.jpg"图片中。

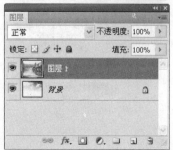

❸ 在【图层混合模式】下拉列表中选择【正常】模式，设置【不透明度】为"75%"。

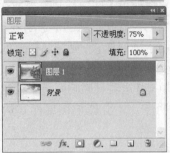

Tips

　　正常模式是系统默认的模式。当【不透明度】为100%时，这种模式只是让图层将背景图层覆盖而已。所以使用这种模式时，一般【不透明度】应选择为一个小于100%的值，以实现简单的图层混合。

Tips

　　溶解模式：当【不透明度】为100%时它不起作用。当【不透明度】小于100%时图层逐渐溶解，即其部分像素随机消失，并在溶解的部分显示背景，从而形成了两个图层交融的效果。

❹ 在【图层混合模式】下拉列表中选择【溶解】模式。

10.4.2　变暗模式

❶ 打开随书光盘中的"素材\ch10\风景.jpg"和"素材\ch10\天空.jpg"文件。

拖曳到"天空.jpg"图片中。

❷ 使用【移动工具】 将"风景.jpg"图片

❸ 在【图层混合模式】下拉列表中选择【变暗】模式。

Tips

变暗模式：在这种模式下，两个图层中颜色较深的像素会覆盖颜色较浅的像素。

❹ 在【图层混合模式】下拉列表中选择【正片叠底】模式。

Tips

正片叠底模式：在这种模式下可以产生比当前图层和背景图层的颜色都暗的颜色，据此可以制作出一些阴影效果。在这个模式中，黑色和任何颜色混合之后还是黑色；而任何颜色和白色叠加，得到的还是该颜色。

❺ 在【图层混合模式】下拉列表中选择【颜色加深】模式。

Tips

颜色加深模式：应用这个模式将会获得与颜色减淡相反的效果，即图层的亮度降低、色彩加深。

❻ 在【图层混合模式】下拉列表中选择【线性加深】模式。

第 10 章

图层的高级应用

197

Tips

　　线性加深模式：它的作用是使两个混合图层之间的线性变化加深。就是说本来图层之间混合时其变化是柔和的，是逐渐地从上面的图层变化到下面的图层，而应用这个模式的目的就是加大线性变化，使得变化更加明显。

❼ 在【图层混合模式】下拉列表中选择【深色】模式。

Tips

　　深色模式：应用这个模式将会获得图像与深色相混合的效果。

10.4.3　变亮模式

❶ 打开随书光盘中的"素材\ch10\风景.jpg"和"素材\ch10\天空.jpg"文件。

❷ 使用【移动工具】将"风景.jpg"图片拖曳到"天空.jpg"图片中。

❸ 在【图层混合模式】下拉列表中选择【变亮】模式。

❹ 在【图层混合模式】下拉列表中选择【滤色】模式。

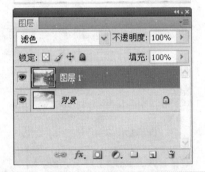

❻ 在【图层混合模式】下拉列表中选择【线性减淡（添加）】模式。

❺ 在【图层混合模式】下拉列表中选择【颜色减淡】模式。

❼ 在【图层混合模式】下拉列表中选择【浅色】模式。

10.4.4 叠加模式

❶ 打开随书光盘中的"素材\ch10\风景.jpg"和"素材\ch10\天空.jpg"文件。

❷ 使用【移动工具】将"风景.jpg"图片拖曳到"天空.jpg"图片中。

❸ 在【图层混合模式】下拉列表中选择【叠加】模式。

❹ 在【图层混合模式】下拉列表中选择【柔光】模式。

❺ 在【图层混合模式】下拉列表中选择【强光】模式。

❻ 在【图层混合模式】下拉列表中选择【亮光】模式。

❼ 在【图层混合模式】下拉列表中选择【线性光】模式。

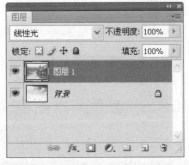

❽ 在【图层混合模式】下拉列表中选择【点

光】模式。

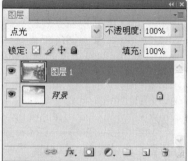

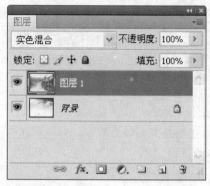

Tips

　　点光模式：根据混合色的亮度来替换颜色。如果混合色（光源）比50%灰色亮，则替换比混合色暗的像素，而不改变比混合色亮的像素。如果混合色比50%灰色暗，则替换比混合色亮的像素，而不改变比混合色暗的像素。这对于向图像中添加特殊效果非常有用。

❾ 在【图层混合模式】下拉列表中选择【实色混合】模式。

Tips

　　实色混合模式：将混合颜色的红色、绿色和蓝色通道值添加到基色的RGB值。如果通道的结果总和大于或等于255，则值为255；如果小于255，则值为0。因此，所有混合像素的红色、绿色和蓝色通道值要么是0，要么是255。这会将所有像素更改为原色：红色、绿色、蓝色、青色、黄色、洋红、白色或黑色。

10.4.5　差值与排除模式

❶ 打开随书光盘中的"素材\ch10\风景.jpg"和"素材\ch10\天空.jpg"文件。

❷ 使用【移动工具】▶⊕将"风景.jpg"图片拖曳到"天空.jpg"图片中。

④ 在【图层混合模式】下拉列表中选择【排除】模式。

❸ 在【图层混合模式】下拉列表中选择【差值】模式。

10.4.6　颜色模式

❶ 打开随书光盘中的"素材\ch10\风景.jpg"和"素材\ch10\天空.jpg"文件。

❷ 使用【移动工具】 将"风景.jpg"图片拖曳到"天空.jpg"图片中。

❸ 在【图层混合模式】下拉列表中选择【色相】模式。

❹ 在【图层混合模式】下拉列表中选择【饱和度】模式。

❺ 在【图层混合模式】下拉列表中选择【颜色】模式。

❻ 在【图层混合模式】下拉列表中选择【明度】模式。

Tips

明度模式：用基色的色相和饱和度以及混合色的亮度创建结果色。此模式创建与颜色模式相反的效果。

10.5 填充图层

本节视频教学录像：5 分钟

填充图层是向图层中填充纯色、渐变和图案创建的特殊图层。在 Photoshop 中可以创建 3 种类型的填充图层：纯色填充图层、渐变填充图层和图案填充图层。创建了填充图层后，可以通过设置混合模式或调整图层的不透明度来创建特殊的效果。填充图层可以随时修改或删除，不同类型的填充图层之间还可以相互转换，也可以将填充图层转换为调整图层。

下面通过为图像填充渐变蓝色来制作蓝天的效果。

❶ 打开随书光盘中的 "素材\ch10\图 03.jpg" 文件。

❷ 单击【图层】调板中的【创建新的填充或调整图层】按钮 ⊘.，在弹出的下拉列表中选择【渐变】命令。

❸ 在弹出的【渐变填充】对话框中设置渐变为蓝色（C：100、M：0、Y：0、K：0）到白色的渐变色，具体参数设置如下图所示，单击【确定】按钮完成设置。

❹ 设置前景色为白色，使用【橡皮擦工具】 ⌀ 擦除人物身上的渐变色。

10.6 调整图层

🎬 **本节视频教学录像: 3 分钟**

　　在 Photoshop 中，图像色彩与色调的调整方式主要有两种，一种是执行【图像】➢【调整】菜单中的命令，另一种是调整图层。

　　下面通过调整图层来调整图像的亮度。

❶ 打开随书光盘中的"素材\ch10\图 04.jpg"文件。

❷ 单击【图层】调板中的【创建新的填充或调整图层】按钮，在弹出的下拉列表中选择【曲线】命令。

❸ 在弹出的【曲线】对话框中调整图像的亮度。

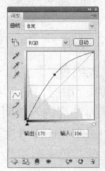

❹ 单击【图层】调板中的【创建新的填充或调整图层】按钮，在弹出的下拉列表中选择【色阶】命令，继续调整图像的亮度。

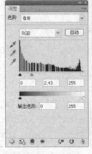

10.7 智能对象

🎬 **本节视频教学录像: 5 分钟**

　　智能对象是一个嵌入在当前文件中的文件，它可以是光栅图像，也可以是矢量图像，也可以是另一个 Photoshop 或 Adobe Illustrator 文件中的图像数据。嵌入的数据将保留其所有原始特性，并仍然完全可以编辑。

　　智能对象非常有用，因为它们允许用户执行以下操作。

　　(1) 执行非破坏性变换。例如，可以根据需要按任意比例缩放图像，而不会丢失原始图像数据。

（2）保留 Photoshop 不会以本地方式处理的数据，如 Illustrator 中的复杂矢量图片，Photoshop 会自动将文件转换为它可识别的内容。

（3）编辑一个图层即可更新基于该图层创建的智能对象的多个实例。

（4）可以将变换（但某些选项不可用，例如【透视】和【扭曲】）图层样式、不透明度、混合模式和变形应用于智能对象。进行更改后，即会使用编辑过的内容更新图层。

创建智能对象。

❶ 选择【文件】➢【新建】菜单命令，新建一个【宽度】为"12 厘米"、【高度】为"10 厘米"、【分辨率】为"72 像素/英寸"的文档。

❷ 单击【图层】调板中的【新建】按钮 ，新建【图层 1】图层并将图层填充为白色。

❸ 选中【图层 1】图层，然后选择【图层】➢【智能对象】➢【转换为智能对象】菜单命令，将【图层 1】图层转换为一个智能对象。创建智能对象后，图层缩览图的右下方会出现一个智能对象标志。

❹ 选择【文件】➢【置入】菜单命令，在打开的【置入】对话框中选择随书光盘中的"素材\ch10\图 09.ai"文件，单击【置入】按钮后打开【置入 PDF】对话框，单击【确定】按钮即可置入文件。

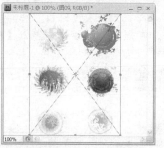

❺ 按住【Shift】键拖动定界框的控制点，调整置入对象的大小。按下【Enter】键确认操作，即可将置入的对象创建为智能对象。

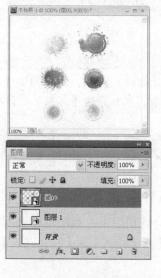

10.8 智能滤镜

🎬 **本节视频教学录像：3 分钟**

　　智能滤镜是一种非破坏性的滤镜创建方式，它可以随时调整参数，隐藏或者删除而不破坏图像。在 Photoshop 中可以将【抽出】、【液化】、【图案生成器】和【消失点】之外的任何滤镜作为智能滤镜应用。此外，还可以将【阴影/高光】和【变化】调整命令作为智能滤镜应用。

❶ 打开随书光盘中的"素材\ch10\图 10.jpg"
文件。

❷ 选择【滤镜】▷【转换为智能滤镜】菜单
命令，在弹出的对话框中单击【确定】按
钮即可。

❸ 选择【滤镜】▷【艺术效果】▷【木刻】菜
单命令，在打开的【木刻】对话框中进行

参数设置。

❹ 单击【确定】按钮，可对图像应用智能滤
镜。

10.9 高级混合选项

🎬 **本节视频教学录像：4 分钟**

　　混合选项用来控制图层的透明度以及当前图层与其他图层的像素混合效果，选择【图层】▷【图层样式】▷【混合选项】菜单命令或者在【图层】调板中双击图层，都可以打开

【图层样式】对话框，并进入【混合选项】设置面板。

　　【混合选项】设置面板中的【混合模式】、【不透明度】和【填充不透明度】设置项的作用与【图层】调板中相应的选项的作用是一样的。

1.【高级混合】选项的操作

❶ 打开"素材\ch10\图 11.psd"文件。

❷ 在【图层1】图层上双击，弹出【图层样式】对话框，在【混合选项】设置面板中进行如下设置。

❸ 单击【确定】按钮即可。

2.【高级混合】选项的参数设置

　　（1）【挖空】下拉列表：在其下拉列表中可以指定一种挖空方式，包括【无】、【浅】和【深】。设置挖空后，可以透过当前图层显示出下面图层的内容。

　　（2）【将内部效果混合成组】复选框：在对添加了【内发光】、【颜色叠加】、【渐变叠加】和【图案叠加】样式的图层设置挖空时，如果选择【将内部效果混合成组】复选框，则添加的样式不会显示，以上样式将作为整个图层的一个部分参与到混合中。

　　（3）【将剪贴图层混合成组】复选框：可以控制剪贴蒙版中的基底图层混合模式。

　　（4）【透明形状图层】复选框：可以限制样式或挖空的效果范围。

　　（5）【图层蒙版隐藏效果】复选框：用来定义图层效果在图层蒙版中的应用范围。

　　（6）【矢量蒙版隐藏效果】复选框：用来定义图层效果在矢量蒙版中的应用范围。

　　（7）【混合颜色带】下拉列表：可以控制当前图层和下面图层在混合结果中显示的像素。

10.10　视频图层

🎞 **本节视频教学录像：1 分钟**

　　可以使用视频图层向图像中添加视频。将视频剪辑作为视频图层或智能对象导入到图像中之后，可以遮盖该图层、变换该图层、应用图层效果、在各个帧上绘画或栅格化单个帧并将其转换为标准图层。可以使用【时间轴】调板播放图像中的视频或访问各个帧。

10.11 自动对齐图层和自动混合图层

本节视频教学录像：7 分钟

Photoshop CS4 新增了【自动对齐图层】和【自动混合图层】命令。

【自动对齐图层】命令可以根据不同图层中的相似内容自动对齐图层。可以指定一个图层作为参考图层，也可以让 Photoshop 自动选择参考图层。其他图层将与参考图层对齐，以便匹配的内容能够自行叠加。

使用【自动混合图层】命令可以缝合或组合图像，从而在最终复合图像中获得平滑的过渡效果。【自动混合图层】将根据需要对每个图层应用图层蒙版，以遮盖过度曝光或曝光不足的区域或内容差异。【自动混合图层】仅适用于 RGB 或灰度图像，不适用于智能对象、视频图层、3D 图层或背景图层。

10.11.1 自动对齐图层

选择【编辑】➢【自动对齐图层】菜单命令，即可打开【自动对齐图层】对话框。

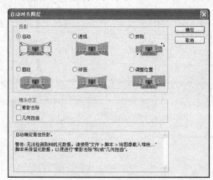

(1) 自动：Photoshop 将分析源图像并应用【透视】或【圆柱】版面（取决于哪一种版面能够生成更好的复合图像）。

(2) 透视：通过将源图像中的一个图像（默认情况下为中间的图像）指定为参考图像来创建一致的复合图像，然后变换其他图像（必要时，进行位置调整、伸展或斜切），以便匹配图层的重叠内容。

(3) 拼贴：对齐图层并匹配重叠内容，不更改图像中对象的形状（例如，圆形将保持为圆形）。

(4) 圆柱：通过在展开的圆柱上显示各个图像来减少在【透视】版面中会出现的【领结】扭曲。图层的重叠内容仍匹配，并将参考图像居中放置。该选项最适合于创建宽全景图。

(5) 球面：将图像与宽视角对齐（垂直和水平）。指定某个源图像（默认情况下是中间图像）作为参考图像，并对其他图像执行球面变换，以便匹配重叠的内容。

(6) 调整位置：对齐图层并匹配重叠内容，但不会变换（伸展或斜切）任何源图层。

(7) 晕影去除：对导致图像边缘（尤其是角落）比图像中心暗的镜头缺陷进行补偿。

(8) 几何扭曲：补偿桶形、枕形或鱼眼失真。

下面使用自动对齐图层功能制作一张全景图。

❶ 选择【文件】➤【新建】菜单命令，在弹出的【新建】对话框中设置名称为"拼接照片"，【宽度】为"25 厘米"，【高度】为"13 厘米"，【分辨率】为"300 像素/英寸"。

❷ 选择【文件】➤【打开】菜单命令，打开随书光盘中的"素材\ch10\拼接 1.jpg"和"素材\ch10\拼接 2.jpg"文件。

❸ 使用【移动工具】▶⊕ 将"拼接 1"和"拼接 2"图片拖曳到"拼接照片"文档中。

10.11.2　自动混合图层

❹ 选择新建的两个图层，然后选择【编辑】➤【自动对齐图层】菜单命令，在弹出的【自动对齐图层】对话框中选中【拼贴】单选项，然后单击【确定】按钮。

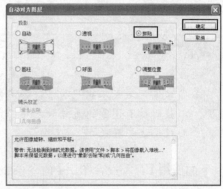

❺ 此时图像已经拼贴在一起了，将不能对齐的部分进行裁剪，完成图像的拼接。

【自动混合图层】将根据需要对每个图层应用图层蒙版，以遮盖过度曝光或曝光不足的区域或内容差异并创建无缝复合。

选择【编辑】➤【自动混合图层】菜单命令，即可打开【自动混合图层】对话框。

（1）全景图：将重叠的图层混合成全景图。

（2）堆叠图像：混合每个相应区域中的最佳细节。该选项最适合用于已对齐的图层。

Tips

通过堆叠图像，可以混合同一场景中具有不同焦点区域或不同照明条件的多幅图像，以获取所有图像的最佳效果（必须首先自动对齐这些图像）。

下面使用【自动混合图层】命令调整照片。

❶ 选择【文件】➢【打开】菜单命令，打开随书光盘中的"素材\ch10\混合图层.jpg"文件。

❷ 选择【背景】图层并进行复制，得到【背景副本】图层。

❸ 选择【背景副本】图层，按【Ctrl+T】组合键，然后在图像上右击，在弹出的快捷菜单中选择【水平翻转】命令。

❹ 按【Enter】键确认操作。

❺ 选中【背景】和【背景副本】图层，然后选择【编辑】➢【自动混合图层】菜单命令，在弹出的【自动混合图层】对话框中选择【堆叠图像】单选项。

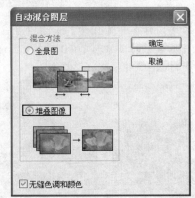

❻ 单击【确定】按钮后得到的最终效果如下图所示。

10.12 综合实例——相机广告

本节视频教学录像: 7 分钟

本实例学习使用图层的混合模式、【自由变换】命令和【移动工具】等来绘制一则相机广告。

10.12.1 实例预览

素材\ch10\图 05.jpg

结果\ch10\相机广告.psd

10.12.2 实例说明

实例名称: 相机广告
主要工具或命令:【移动工具】、【图层混合模式】等命令
难易程度: ★★★★　　常用指数: ★★★★

10.12.3 实例步骤

第 1 步: 新建文件

❶ 选择【文件】➤【新建】菜单命令。

❷ 在弹出的【新建】对话框中的【名称】文本框中输入 "相机广告",设置【宽度】为 "297 毫米",【高度】为 "210 毫米",【分辨率】为 "72 像素/英寸"。

❸ 单击【确定】按钮。

第 2 步: 填充前景色

❶ 设置前景色为黑色。

❷ 按【Alt+Delete】组合键填充前景色。

第3步：使用素材

❶ 打开随书光盘中的"素材\ch10\图 05.jpg"、"图 06.jpg"、"图 07.jpg"和"图 08.jpg"文件。

❷ 使用【移动工具】┣╋将"图 05"拖曳到背景文档中。

❸ 按【Ctrl+T】组合键，调整相机的位置和大小。

❹ 分别将"图 06.jpg"、"图 07.jpg"和"图 08.jpg"拖曳到背景文档中，并调整位置和大小。

❺ 分别生成【图层2】、【图层3】和【图层4】图层。

第4步：为【图层2】图层添加图层混合模式

❶ 选择【图层2】图层。

❷ 单击【图层】调板中的【图层混合模式】设置项的下箭头按钮，在下拉列表中选择【点光】模式。

第5步：为【图层3】和【图层4】图层添加图层混合模式

❶ 选择【图层3】图层。

❷ 在【图层混合模式】下拉列表中选择【线性光】模式。

❸ 选择【图层4】图层。

❹ 在【图层混合模式】下拉列表中选择【溶解】模式。

第6步：导入文本

❶ 打开随书光盘中的"素材\ch10\文本.psd"文件。

❷ 使用【移动工具】┣╋将文本拖曳到背景文档中并调整位置，最终效果如下图所示。

10.12.4　实例总结

本实例通过运用图层混合模式命令来调整图像的效果。读者在学习的时候还可以应用其他的调整图像命令来调整图像的颜色，例如【色阶】和【曲线】等命令。

10.13　综合实例——制作个性桌面

本节视频教学录像：7 分钟

本实例学习使用【移动工具】、【图层样式】和【自由变换】命令制作一张个性的桌面图片。

10.13.1　实例预览

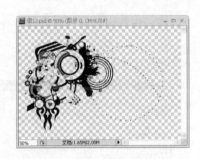　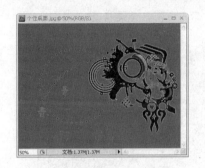

素材\ch10\图 12.psd　　　　　　　结果\ch10\个性桌面.jpg

10.13.2　实例说明

实例名称：个性桌面
主要工具或命令：【移动工具】、【自用变换】命令和【图层样式】等
难易程度：★★★★　　常用指数：★★★★

10.13.3　实例步骤

第 1 步：新建文件

❶ 选择【文件】➤【新建】菜单命令。

❷ 在弹出的【新建】对话框中的【名称】文本框中输入"个性桌面"，设置【宽度】为"800 像素"，【高度】为"600 像素"，【分辨率】为"72 像素/英寸"。

❸ 单击【确定】按钮。

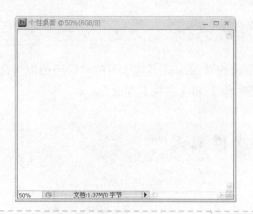

第2步：填充前景色

❶ 设置前景色为墨绿色（C：74、M：44、Y：100、K：42）。

❷ 按【Alt+Delete】组合键填充前景色。

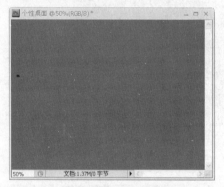

第3步：使用素材

❶ 打开随书光盘中的"素材\ch10\图 12.psd"文件。

❷ 使用【移动工具】将"图 12"拖曳到"制作个性桌面"文档中。

❸ 按【Ctrl+T】组合键调整图像的位置和大小。

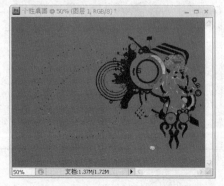

第4步：添加图层样式

❶ 单击【添加图层样式】按钮 *fx*，在弹出的菜单中选择【内阴影】选项，在弹出的【图层样式】对话框中进行参数设置。

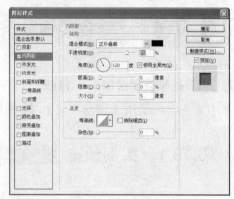

❷ 添加【外发光】效果，设置【颜色】为黄色（R：255、G：255、B：190），其他参数设置如下图所示。

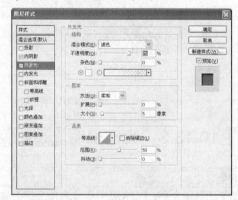

❸ 添加【光泽】效果，具体参数设置如下图所示。

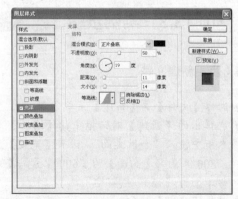

❹ 单击【确定】按钮返回，效果如下图所示。

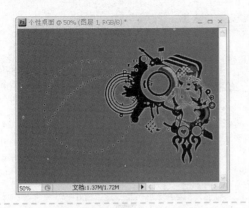

❶ 输入文字。

❷ 根据自己的喜好设置文字的字体、字号、不透明度及填充等，最终效果如下图所示。

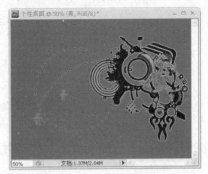

第 5 步：添加文字

10.13.4 实例总结

在制作桌面图片时，首先要依据自己电脑桌面的大小来设置文档的尺寸，其次分辨率设置为 72 即可，没有必要过大，桌面图片只用于屏幕显示。

10.14 举一反三

根据本章所学的知识，制作一张彩色插画。

素材\ch10\图 13.jpg

结果\ch10\彩色插画.jpg

提示：

（1）添加渐变填充图层；

（2）调整图层混合模式。

10.15 技术探讨

1. 复制智能滤镜

在【图层】调板中，按住【Alt】键将智能滤镜从一个智能对象拖动到另一个智能对象，即可复制智能滤镜。拖动到智能滤镜列表中的新位置，也可以复制智能滤镜。

在按住【Alt】键的同时拖动智能对象图层旁边的智能滤镜图标，即可复制所有智能滤镜。

2. 删除智能滤镜

要删除单个智能滤镜，将该滤镜拖动到【图层】调板中的【删除图层】按钮 上即可；如果要删除应用于智能对象图层的所有智能滤镜，可选择该智能对象图层，然后选择【图层】➤【智能滤镜】➤【清除智能滤镜】菜单命令，即可将所有智能滤镜删除。

第 11 章　文字的编辑

本章引言

　　文字是平面设计的重要组成部分，它不仅可以传达信息，还能起到美化版面、强化主题的作用。Photoshop 提供了多个用于创建文字的工具，文字的编辑和修改方法也非常灵活。

11.1　Photoshop 中的文字图层

🎬 **本节视频教学录像：3 分钟**

　　当创建文字时，【图层】调板中会添加一个新的文字图层。创建文字图层后，可以编辑文字并对其应用图层命令。在对文字图层使用栅格化命令后，Photoshop 会将基于矢量的文字轮廓转换为像素。栅格化文字不再具有矢量轮廓并且再不能作为文字进行编辑。下面讲解创建文字图层的方法。

❶ 新建一个宽 20cm、高 10cm 的空白文档。

❷ 选择【文字工具】T，在文档中单击鼠标，输入文字信息。

❸ 在【图层】调板中的文字图层上右击，在弹出的快捷菜单中选择相应的命令，可将文字图层转化为形状、路径或栅格化文字等。

> *Tips*
>
> 　　对于多通道、位图或索引颜色模式的图像，将不会创建文字图层，因为这些模式不支持文字图层。在这些模式中，文字将以栅格化文本的形式出现在背景上。

11.2　创建文字和文字选区

🎬 **本节视频教学录像：8 分钟**

　　文字是人们传达信息的主要方式，文字在设计工作中显得尤为重要。字的不同大小、颜色及不同的字体传达给人的信息也不相同，所以用户应该熟练地掌握文字的输入与设置方法。

■ 11.2.1　输入文字

　　输入文字的工具有【横排文字工具】T、【直排文字工具】|T、【横排文字蒙版工具】T和【直排文字蒙版工具】4 种，后两种工具主要用来建立文字选区。

利用文字输入工具可以输入两种类型的文字，【点文本】和【段落文本】。

(1)【点文本】用在较少文字的场合，例如标题、产品和书籍的名称等。输入时选择【文字工具】，然后在画布中单击输入即可，它不会自动换行。

(2)【段落文本】主要用于报纸杂志、产品说明和企业宣传册等。输入时可选择【文字工具】，然后在画布中单击并拖曳鼠标生成文本框，在其中输入文字即可。它会自动换行形成一段文字。

输入文字的具体操作如下。

❶ 打开随书光盘中的"素材\ch11\图 01.jpg"文件。

❷ 选择【文字工具】T，在文档中单击鼠标，输入标题文字。

❸ 选择【文字工具】T，在文档中单击鼠标并向右下角拖动，拖出一个界定框，此时画面中会出现闪烁的光标，在界定框内输入文本即可。

Tips

创建文字时，在【图层】调板中会添加一个新的文字图层。在 Photoshop 中，还可以创建文字形状的选框。但因为【多通道】、【位图】或【索引颜色】模式不支持图层，所以不会为这些模式中的图像创建文字图层。在这些图像模式中，文字显示在背景上。

11.2.2　设置文字属性

在 Photoshop 中，通过文字工具的属性栏可以设置文字的文字方向、大小、颜色和对齐方式等。

1. 调整文字

❶ 打开上述输入文字的文档。

❷ 选择文本框中的文字，在工具属性栏中设置【字体】为"华文行楷"，【大小】为"30点"，颜色为红色（C: 0、M: 100、Y: 100、K: 0）。

2. 【文字工具】相关参数设置

选择【文字工具】 T 后的属性栏如下。

（1）【更改文字方向】按钮 T：单击此按钮可以在横排文字和竖排文字之间进行切换。

（2）【字体】设置框：设置字体类型。

（3）【字号】设置框：设置文字大小。

（4）【消除锯齿】设置框：消除锯齿的方法包括【无】、【锐利】、【犀利】、【浑厚】和【平滑】等，通常设置为【平滑】。

（5）【段落格式】设置区：包括【左对齐】按钮 ≡、【居中对齐】按钮 ≡ 和【右对齐】按钮 ≡。

（6）【文本颜色】设置项 ■：单击可以弹出【拾色器（前景色）】对话框，在对话框中可以设定文本颜色。

（7）【创建文字变形】按钮 工：设置文字的变形方式。

（8）【切换字符和段落面板】按钮 ▤：单击该按钮可以打开【字符】和【段落】面板。

（9） ◎：取消当前的所有编辑。

（10） ✓：提交当前的所有编辑。

> ### *Tips*
>
> 在对文字大小进行设置时，可以先通过文字工具拖曳选择文字，然后使用快捷键对文字大小进行更改。
>
> 更改文字大小的快捷键：【Ctrl+Shift+>】组合键增大字号，【Ctrl+Shift+<】组合键减小字号。
>
> 更改文字间距的快捷键：【Alt】加左方向键可以减小字符的间距，【Alt】加右方向键可以增大字符的间距。
>
> 更改文字行间距：【Alt】加上方向键可以减小行间距，【Alt】加下方向键可以增大行间距。
>
> 文字输入完毕，可以使用【Ctrl + Enter】组合键提交文字输入。

■ 11.2.3 设置段落属性

创建段落文字后，可以根据需要调整界定框的大小，文字会自动在调整后的界定框中重新排列。通过界定框还可以旋转、缩放和斜切文字。下面讲解设置段落属性的方法。

❶ 打开随书光盘中的"素材\ch11\文本 1.psd"文档。

❷ 选择文字后，在属性栏中单击【切换字符和段落面板】按钮 ▤，弹出【字符】调板，切换到【段落】调板。

❸ 在【段落】调板上单击【最后一行左对齐】按钮 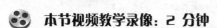，将文本对齐。

❹ 将鼠标指针定位在定界框的右下角，此时指针会变为双向箭头 形状，然后将文本框拖曳变大，隐藏的文本就会出现。

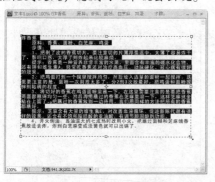

❺ 最终效果如下图所示。

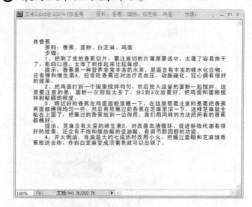

> ***Tips***
>
> 　要在调整界定框大小的同时缩放文字，应在拖曳手柄的同时按住【Ctrl】键。
>
> 　若要旋转界定框，可将鼠标指针定位在界定框外，此时指针会变为弯曲的双向箭头 形状。
>
> 　按住【Shift】键并拖曳可将旋转限制为按 15° 进行。若要更改旋转中心，按住【Ctrl】键并将中心点拖曳到新位置即可，中心点可以在界定框的外面。

11.3 转换文字形式

🎬 **本节视频教学录像：2 分钟**

　Photoshop 中的点文字和段落文字是可以相互转换的。如果是点文字，可选择【图层】➤【文字】➤【转化为段落文字】菜单命令，将其转化为段落文字后，各文本行彼此独立地排行，每个文字行的末尾（最后一行除外）都会添加一个回车字符；如果是段落文字，可选择【图层】➤【文字】➤【转化为点文本】菜单命令，将其转化为点文字。

11.4 通过调板设置文字格式

🎬 **本节视频教学录像：5 分钟**

　格式化字符是指设置字符的属性，包括字体、大小、颜色和行距等。输入文字之前可以在工具属性栏中设置文字属性，也可以在输入文字之后在【字符】调板中为选择的文本或者字符重新设置这些属性。

1. 设置字体

单击 ✓ 按钮,在打开的下拉列表中可以为文字选择字体。

2. 设置文字大小

单击字体大小 T 选项右侧的 ✓ 按钮,在打开的下拉列表中可以为文字选择字号。也可以在数值栏中直接输入数值从而设置字体大小。

3. 设置文字颜色

单击【颜色】选项中的色块,可以在打开的【拾色器】对话框中设置字体颜色。

4. 行距

设置文本中各个文字之间的垂直距离。

5. 字距微调

用来调整两个字符之间的间距。

6. 字距调整

用来设置整个文本中所有的字符。

7. 水平缩放与垂直缩放

用来调整字符的宽度和高度。

8. 基线偏移

用来控制文字与基线的距离。

下面讲解调整字体的方法。

❶ 打开随书光盘中的"素材\ch11\段落文字.psd"文档。

❷ 选择文字后,在属性栏中单击【切换字符和段落面板】按钮 ▤ ,弹出【字符】调板,设置如下参数,【颜色】设置为黑色,最终效果如下图所示。

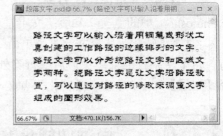

11.5 栅格化文字

本节视频教学录像:2 分钟

文字图层是一种特殊的图层,要想对文字进行进一步的处理,可以对文字进行栅格化处理,即将文字转换成一般的图像再进行处理。

下面讲解文字栅格化处理的方法。

❶ 使用【移动工具】 ▶ 选择文字图层。

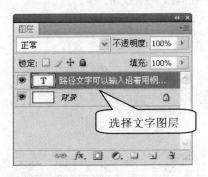

选择文字图层

栅格化后的图层

❷ 选择【图层】➢【栅格化】➢【文字】菜单命令，栅格化后的效果如右上图所示。

11.6　创建变形文字

🎬 **本节视频教学录像：3 分钟**

　　为了增强文字的效果，可以创建变形文字。

1. 创建变形文字

❶ 打开随书光盘中的"素材\ch11\变形文字.jpg"文档。

❷ 在需要输入文字的位置输入文字，然后选择文字。

❸ 在属性栏中单击【创建变形文本】按钮 ⬩ ，在弹出的【变形文字】对话框中的【样式】

下拉列表中选择【旗帜】选项，并设置其他参数。

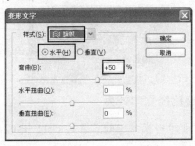

❹ 单击【确定】按钮，最终效果如下图所示。

2.【变形文字】对话框的参数设置

（1）【样式】下拉列表：用于选择哪种风格的变形。单击右侧的下箭头按钮 可以弹出样式风格菜单。

（2）【水平】单选项和【垂直】单选项：用于选择弯曲的方向。

（3）【弯曲】、【水平扭曲】和【垂直扭曲】设置项：用于控制弯曲的程度，输入适当的数值或者拖曳滑块均可。

11.7 创建路径文字

🎞 **本节视频教学录像：5 分钟**

路径文字可以输入沿着用钢笔工具或形状工具创建的工作路径的边缘排列的文字。路径文字可以分为绕路径文字和区域文字两种。绕路径文字是文字沿路径放置，可以通过对路径的修改来调整文字组成的图形效果。

区域文字是文字放置在封闭路径内部，形成和路径相同的文字块，然后通过调整路径的形状来调整文字块的形状。

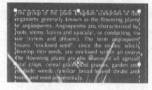

创建绕路径文字效果

❶ 打开随书光盘中的"素材\ch11\图 02.jpg"图像。

❷ 选择【钢笔工具】 ，在工具属性栏中单击【路径】按钮，然后绘制希望文本遵循的路径。

❸ 选择【文字工具】 T ，将鼠标指针移至路径上，当指针变为 形状时在路径上单击，然后输入文字即可。

❹ 选择【直接选择工具】 ，当鼠标指针变为 形状时沿路径拖曳即可。

11.8　综合实例——制作石纹文字

🎬 **本节视频教学录像：8 分钟**

本实例学习使用【文字工具】、【栅格化文字】命令、【云彩】滤镜以及【海报边缘】滤镜命令等制作石纹文字效果。

11.8.1　实例预览

HAPPY NEW YEAR

结果\ch11\石纹文字

11.8.2　实例说明

实例名称：石纹文字
主要工具或命令：【文字工具】、【云彩滤镜】命令和【图层样式】等
难易程度：★★★★　　　常用指数：★★★★

11.8.3　实例步骤

第 1 步：新建文件

❶ 单击【文件】➤【新建】菜单命令。

❷ 在弹出的【新建】对话框中设置【名称】为"石纹文字"，【宽度】为"20 厘米"，【高度】为"10 厘米"，【分辨率】为"72 像素/英寸"，【颜色模式】为"RGB 颜色"。

❸ 单击【确定】按钮。

第 2 步：输入文字

❶ 选择【文字工具】T，在【字符】调板中设置各项参数，【颜色】设置为黑色，在文档中单击鼠标，输入标题文字。

❷ 在文字图层上右击，在弹出的快捷菜单中选择【栅格化文字】命令，将文字图层转化为一般图层。

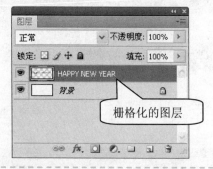

栅格化的图层

第3步：编辑文字

❶ 设置前景色为黑色，在按住【Ctrl】键的同时单击文字图层前的缩览图，载入文字的选区。

❷ 选择【滤镜】➤【渲染】➤【云彩】菜单命令，生成云彩效果，然后按【Ctrl+D】组合键取消选区。

❸ 选择【图像】➤【调整】➤【曲线】菜单命令，在弹出的【曲线】对话框中设置各项参数，单击【确定】按钮。

❹ 选择【滤镜】➤【素描】➤【基底凸现】菜单命令，在弹出的【基底凸现】对话框中设置各项参数，单击【确定】按钮。

❺ 选择【滤镜】➤【艺术效果】➤【海报边缘】菜单命令，在弹出的【海报边缘】对话框中设置各项参数，单击【确定】按钮。

第4步：添加图层样式

❶ 单击【添加图层样式】按钮 $fx.$，为图案添加【投影】和【斜面浮雕】效果，参数设置如下图所示。

❷ 单击【确定】按钮，最终效果如下图所示。

11.8.4 实例总结

本例主要利用【栅格化文字】命令和【图层样式】命令制作石纹文字的效果，读者在实际操作时可根据需要利用调整文字的界定框来适当加长文字或压缩文字，使文字效果更加突出。

11.9 综合实例——金属渐变文字

本节视频教学录像：15 分钟

本实例学习使用【文字工具】、【渐变填充工具】和【图层样式】命令，制作金属渐变文字。

11.9.1 实例预览

结果\ch11\金属渐变文字

11.9.2 实例说明

主要工具或命令：【文字工具】、【渐变填充工具】和【图层样式】命令等
视频路径：无
难易程度：★★★★   常用指数：★★★★

11.9.3 实例步骤

第1步：新建文件

❶ 单击【文件】➢【新建】菜单命令。

❷ 在弹出的【新建】对话框中设置【名称】
为"金属渐变文字"，【宽度】为"120毫米"，
【高度】为"70毫米"，【分辨率】为"200
像素/英寸"，【颜色模式】为"CMYK颜色"。

❸ 单击【确定】按钮。

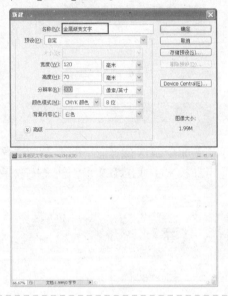

第2步：输入文字

❶ 选择【文字工具】 ![T]，输入英文字母
"APPLE"。

❷ 在【字符】调板中进行如下设置，并将字
体颜色设置为黑色。

第3步：调整文字

❶ 在按住【Ctrl】键的同时单击文字图层
【APPLE】的图层缩览图，载入文字选区。

❷ 选择【选择】➢【修改】➢【扩展】菜单命
令，在弹出的【扩展选区】对话框中设置
【扩展量】为"5像素"，单击【确定】按
钮。

❸ 新建【图层1】图层，设置背景色为金黄色
（C：2、M：12、Y：100、K：0）。

❹ 按【Ctrl+Delete】组合键填充,再按【Ctrl+D】组合键取消选区,效果如下图所示。

第4步: 添加图层样式

❶ 双击【图层1】图层的灰色区域,在弹出的【图层样式】对话框中分别选择【斜面与浮雕】和【等高线】复选框,然后分别在面板中设置各项参数,其中【斜面和浮雕】中的阴影颜色设置为褐色(C: 40、M: 77、Y: 98、K: 5)。

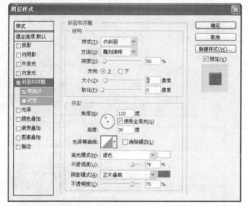

❷ 选择【等高线】复选框后,对话框中各项参数设置如下图所示。

❸ 选择【渐变叠加】复选框,单击【渐变】色条,弹出【渐变编辑器】对话框,设置色标依次为黄色(R: 227、G: 160、B: 1)、褐色(R: 114、G: 75、B: 0)、黄色(R: 255、G: 203、B: 56)、浅黄色(R: 254、G: 236、B: 112)、褐色(R: 114、G: 75、B: 0)、黄色(R: 255、G: 203、B: 56)、黄色(R: 255、G: 239、B: 56),然后单击【确定】按钮。

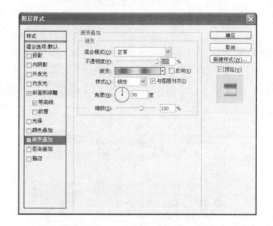

❹ 在按住【Ctrl】键的同时单击【图层1】的图层缩览图,载入文字选区,选择【选择】▶【修改】▶【扩展】菜单命令,在弹出的【扩展选区】对话框中设置【扩展量】为"2像素",然后单击【确定】按钮。

第5步：绘制细节

❶ 新建【图层2】图层，设置前景色为黑色，按【Alt+Delete】组合键填充，再按【Ctrl+D】组合键取消选区。

❷ 将【图层1】图层放置在最上方，选择【图层2】图层，然后按住【Ctrl+J】组合键复制【图层2】图层，生成新的【图层2副本】图层。

❸ 选择【滤镜】➤【模糊】➤【高斯模糊】菜单命令，在弹出的【高斯模糊】对话框中设置【半径】为"2像素"，然后单击【确定】按钮。

❹ 按住【Ctrl】键的同时单击【图层1】的图层缩览图，将图像载入选区。

❺ 在【图层1】图层上新建【图层3】图层，选择【编辑】➤【描边】菜单命令，在弹出的【描边】对话框中设置【宽度】为"8px"，【颜色】为白色，单击【确定】按钮，然后按【Ctrl+D】组合键取消选区。

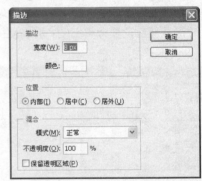

❻ 设置【图层3】图层的混合模式为【柔光】，效果如下图所示。

❼ 按下【Ctrl+J】组合键，复制【图层3】图层，生成新的【图层3 副本】图层，按下【Ctrl】键的同时单击【图层1】的图层缩览图，将图像载入选区，效果如下图所示。

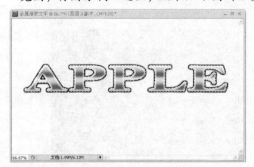

❽ 选择【选择】➤【修改】➤【收缩】菜单命令，在弹出的【收缩选区】对话框中设置【收缩量】为"8 像素"。

第6步：添加描边

❶ 新建【图层4】图层，选择【编辑】➤【描边】菜单命令，在弹出的【描边】对话框中设置【宽度】为"1px"，【颜色】为黑色，单击【确定】按钮，然后按【Ctrl+D】组合键取消选区。

❷ 选择【滤镜】➤【模糊】➤【高斯模糊】菜单命令，在弹出的【高斯模糊】对话框中设置【半径】为"0.3 像素"，最终效果如下图所示。

11.9.4　实例总结

在制作金属文字时，文字的金属质感很重要，读者在操作的时候一定注意颜色的设置和描边效果的处理。

11.10 举一反三

根据本章所学的知识，制作水雾文字。

素材\ch11\水雾.psd

结果\ch11\水雾文字.psd

提示：

(1) 打开素材文件；

(2) 输入文字；

(3) 为文字添加投影、内阴影、内发光、斜面和浮雕、光泽和描边效果。

11.11 技术探讨

创建区域文字效果的方法如下。

选择【钢笔工具】，然后在属性栏中单击【路径】按钮 ，创建封闭路径。

还可以通过调整路径的形状来调整文字块的形状。选择【直接选择工具】，然后对路径进行调整即可。

选择【文字工具】 **T**，将鼠标指针移至路径内，当指针变为 形状时，在路径内单击并输入文字或将复制的文字粘贴到路径内即可。

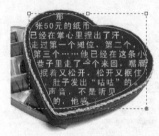

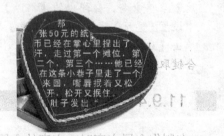

第3篇 高级应用篇

　　高级应用篇主要讲解通道的应用、蒙版的应用、滤镜的应用，网页、动画与视频的制作以及打印与印刷的设置等。本篇将涉及透明婚纱、雅致生活、柔化图像、清晰化图像、去除照片中的杂点和迎春纳福动画等案例的制作。

第 12 章　通道的应用

本章引言

　　本章讲解通道的调板、通道的类型、编辑通道和通道的计算等知识，最后应用通道抠取照片中新娘的透明婚纱并为其更换背景。

Photoshop 的通道有多种用途，它可以显示图像的分色信息、存储图像的选取范围和记录图像的特殊色信息。如果用户只是简单的应用 Photoshop 来处理图片，有时可能用不到通道，但若是进行复杂的处理却离不开通道。

12.1 通道概念

🎞 **本节视频教学录像：4 分钟**

在 Photoshop 中，通道的一个主要功能就是保存图像的颜色信息。例如一个 RGB 模式的图像，它的每一个像素的颜色数据都是由红（R）、绿（G）、蓝（B）这 3 个通道来记录的，而这 3 个色彩通道组合定义后合成了一个 RGB 主通道。

通道的另外一个常用的功能就是用来存放和编辑选区，也就是 Alpha 通道的功能。在 Photoshop 中，当选取范围被保存后，就会自动成为一个蒙版保存在一个新增的通道中，该通道会自动被命名为 Alpha。

通道要求的文件大小取决于通道中的像素信息。例如，如果图像没有 Alpha 通道，复制 RGB 图像中的一个颜色通道增加约三分之一的文件大小，在 CMYK 图像中则增加约四分之一。每个 Alpha 通道和专色通道也会增加文件大小。某些文件格式，包括 TIFF 格式和 PSD 格式，会压缩通道信息并节省磁盘的存储空间。当选择了【文档大小】命令时，窗口左下角的第二个值显示的是包括了 Alpha 通道和图层的文件大小。

（1）通道还可以存储选区，便于更精确地抠取图像。

（2）同时也用于印刷制版，即专色通道。

（3）利用通道可以完成图像色彩的调整和特殊效果的制作，灵活地使用通道可以自由地调整图像的色彩信息，为印刷制版、制作分色片提供方便。

12.2 【通道】调板

🎞 **本节视频教学录像：5 分钟**

【通道】调板用来创建、保存和管理通道。打开一个 RGB 模式的图像，Photoshop 会在【通道】调板中自动创建该图像的颜色信息通道，调板中包含了图像所有的通道，通道名称的左侧显示了通道内容的缩览图，在编辑通道时缩览图通常会自动更新。

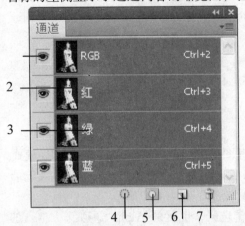

1. 查看与隐藏通道

单击 ● 按钮可以使通道在显示和隐藏之间切换，用于查看某一颜色在图像中的分布情况。例如在 RGB 模式下的图像，如果选择显示 RGB 通道，则红通道、绿通道和蓝通道都自动显示，但选择其中任意原色通道，其他通道则会自动隐藏。

2. 通道缩略图调整

单击【通道】调板右上角的倒三角按钮，从弹出的下拉菜单中选择【面板选项】命令，打开【通道面板选项】对话框，从中可以设置通道缩略图的大小，以便对缩略图进行观察。

3. 通道的名称

通道的名称能帮助用户很快识别各种通道的颜色信息。各原色通道和复合通道的名称是不能改变的，Alpha 通道的名称可以通过双击通道名称任意修改。

4. 将通道作为选区载入

选择某一通道，单击调板中的 ○ 按钮，则可将通道中的颜色比较淡的部分作为选区加载到图像中。也可以按住【Ctrl】键并在调板中单击该通道来载入选区。

5. 将选区存储为通道

如果当前图像中存在选区，那么可以通过单击 ○ 按钮，把当前的选区存储为新的通道，以便修改和以后使用。在按住【Alt】键的同时单击 ○ 按钮，可以新建一个通道并且能为该通道设置参数。

6. 创建新通道

单击 ⊡ 按钮可以创建新的 Alpha 通道，按住【Alt】键并单击 ⊡ 按钮可以设置新建的 Alpha 通道的参数。如果按住【Ctrl】键并单击 ⊡ 按钮，可以创建新的专色通道。

通过【创建新通道】按钮🔲所创建的通道均为 Alpha 通道，颜色通道无法使用【创建新通道】按钮 🔲 创建。

7. 删除通道

单击🗑按钮可以将当前编辑的通道删除。

12.3 通道的类型

🎞 **本节视频教学录像：7 分钟**

通道主要包括颜色通道、Alpha 通道和专色通道。

12.3.1 颜色通道

颜色通道是在打开新图像时自动创建的通道，它们记录了图像的颜色信息。图像的颜色模式不同，颜色通道的数量也不相同。RGB 图像中包含红、绿、蓝通道和一个用于编辑图像的复合通道，CMYK 图像包含青色、洋红、黄色、黑色通道和一个复合通道，Lab 图像包含明度、a、b 通道和一个复合通道，位图、灰度、双色调和索引颜色图像都只有一个通道。下图分别是不同的颜色通道。

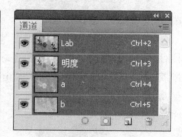

12.3.2 Alpha 通道

Alpha 通道是用来保存选区的，它可以将选区存储为灰度图像，我们可以通过添加 Alpha 通道来创建和存储蒙版，这些蒙版用于处理或保护图像的某些部分，Alpha 通道与颜色通道不同，它不会直接影响图像的颜色。

在 Alpha 通道中，默认情况下，白色代表选区；黑色代表非选区；灰色代表被部分选择的区域状态，即羽化的区域。

1. 新建 Alpha 通道

❶ 打开随书光盘中的"素材\ch12\03.jpg"文件。

❷ 在【通道】调板上选择【蓝】通道，将【绿】通道复制，得到名称为【绿副本】的 Alpha 通道。

❸ 选择【图像】➤【调整】➤【色阶】菜单命令，在弹出的【色阶】对话框中进行参数设置。

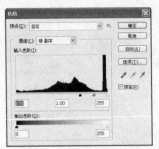

❹ 选择【画笔工具】 ，设置前景色为黑色，在【绿副本】通道中涂抹，效果如下图所示。

❺ 按住【Ctrl】键的同时，单击【绿副本】通道获得选区，然后按【Ctrl+Shift+I】组合键反选选区。

❻ 选择复合通道显示彩色图像。

❼ 查看图像可以看到建立的图像选区的效果。

2. 新建 Alpha 通道技巧

按住【Alt】键的同时单击【创建新通道】按钮 ，弹出【新建通道】对话框。

在【新建通道】对话框中可以对新建的通道命名，还可以调整色彩指示类型。各个选项的说明如下。

（1）【被蒙版区域】单选项：选择此项，新建的通道中，黑色的区域代表被蒙版的范围，白色区域则是选取的范围，下图所示为选中【被蒙版区域】单选项的情况下创建的 Alpha 通道。

（2）【所选区域】单选项：选择此项，可得到与上一选项刚好相反的结果，白色的区域表示被蒙版的范围，黑色的区域则代表选取的范围，下图所示为选中【所选区域】单选项的情况下创建的 Alpha 通道。

(3)【不透明度】设置框：用于设置颜色的透明程度。

单击【颜色】颜色框后，可以选择合适的色彩，这时蒙版颜色的选择对图像的编辑没有影响，它只是用来区别选区和非选区，使我们可以更方便地选取范围。【不透明度】的参数不影响图像的色彩，它只对蒙版起作用。【颜色】和【不透明度】参数的设定只是为了更好地区别选取范围和非选取范围，以便精确选取。

只有同时选中当前的 Alpha 通道和另外一个通道的情况下才能看到蒙版的颜色。

12.3.3　专色通道

专色通道是一种特殊的混合油墨，一般用来替代或者附加到图像颜色油墨中。每一个专色通道都有属于自己的印板，在对一张含有专色通道的图像进行印刷输出时，专色通道会作为一个单独的页被打印出来。

要新建专色通道，可从调板的下拉菜单中选择【新建专色通道】命令或者按住【Ctrl】键并单击 按钮，即可弹出【新建专色通道】对话框，设置完成后单击【确定】按钮。

(1)【名称】文本框：可以给新建的专色通道命名。默认的情况下将自动命名专色

1、专色 2 等，依此类推。在【油墨特性】选项组中可以设定颜色和密度。

(2)【颜色】设置项：用于设置专色通道的颜色。

(3)【密度】参数框：可以设置专色通道的密度，其范围在 0% ~ 100% 之间。这个选项的功能对实际的打印效果没有影响，只是在编辑图像时可以模拟打印的效果。这个选项类似于蒙版颜色的【透明度】。

12.4　编辑通道

本节视频教学录像：3 分钟

本节主要讲解使用分离通道和合并通道的方法对通道进行编辑。

12.4.1　分离通道

> **分离通道**
>
> 选择【通道】调板下拉菜单中的【分离通道】命令，可以将通道分离成为单独的灰度图像，其标题栏中的文件名为原文件的名称加上该通道名称的缩写，而原文件则被关闭。当需要在不能保留通道的文件格式中保留单个通道信息时，分离通道是非常有用的。

分离通道后主通道会自动消失，例如 RGB 模式的图像分离通道后只得到 R、G 和 B 这 3 个通道。分离后的通道相互独立，被置于不同的文档窗口中，但是它们共存于一个文档，可以分别进行修改和编辑。在制作出满意的效果后还可以再将通道合并。下图所示为分离通道后的各个通道。

红色通道

绿色通道

蓝色通道

分离通道后的【通道】调板如下图所示。

12.4.2 合并通道

在完成了对各个原色通道的编辑之后，还可以合并通道。在选择【合并通道】命令时会弹出【合并通道】对话框。

❶ 使用 12.4.1 小节中分离的通道文件。

❷ 单击【通道】调板右侧的倒三角按钮，在弹出的下拉菜单中选择【合并通道】命令，弹出【合并通道】对话框，在【模式】下拉列表中选择【RGB 颜色】模式，单击【确定】按钮。

❸ 在弹出的【合并 RGB 通道】对话框中进行如下设置。

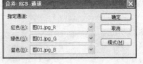

❹ 单击【确定】按钮，将它们合并成一个 RGB 图像，最终效果如下图所示。

12.5 通道计算

📽 **本节视频教学录像：7 分钟**

通道在 Photoshop 中是一个极有表现力的一个平台，通道计算实际上就是通道的混合，通过通道的混合可以制作出一些特殊的效果。

12.5.1 应用图像

【应用图像】命令可以将图像的图层和通道（源）与现用图像（目标）的图层和通道混合。打开源图像和目标图像，并在目标图像中选择所需图层和通道。图像的像素尺寸必须与【应用图像】对话框中出现的图像名称匹配。

第1步：打开文件

❶ 选择【文件】➤【打开】菜单命令。

❷ 打开随书光盘中的"素材\ch12\图09.jpg"文件。

第2步：创建 Alpha 通道

❶ 选择【窗口】➤【通道】菜单命令，打开【通道】调板，单击【通道】调板下方的【创建新通道】按钮。

❷ 新建【Alpha1】通道。

❸ 使用选取工具绘制选区，并为选区填充白色，然后按【Ctrl+D】组合键取消选区。

第3步：使用【应用图像】菜单命令

❶ 选择【RGB】通道，并取消【Alpha1】通道的显示。

❷ 选择【图像】➤【应用图像】菜单命令，在弹出的【应用图像】对话框中设置【通道】为"Alpha1"，【混合】设置为"叠加"。

❸ 单击【确定】按钮，得到如下图所示的效果。

12.5.2 计算

计算用于混合两个来自一个或多个源图像的单个通道，然后将结果应用到新图像或新通道中。

下面利用【计算】命令制作玄妙色彩图像。

第1步：打开文件

❶ 选择【文件】➤【打开】菜单命令。
❷ 打开随书光盘中的"素材\ch12\图 10.jpg"
文件。

第2步：应用【计算】命令

❶ 选择【图像】➤【计算】菜单命令。
❷ 在打开的【计算】对话框中设置相应的参数。
❸ 单击【确定】按钮后，通道将新建一个【Alpha1】通道。

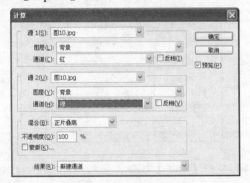

第3步：调整图像

❶ 选择【绿】通道，然后按住【Ctrl】键单击【红】通道的缩略图，得到选区。

❷ 设置前景色为白色，按【Alt+Delete】组合键填充选区，然后按【Ctrl+D】组合键取消选区。

❸ 选择【红】通道，然后按住【Ctrl】键单击【Alpha1】通道的缩略图，得到选区，并为选区填充白色。

❹ 选择【蓝】通道，按【Alt+Delete】组合键为选区填充白色，然后按【Ctrl+D】组合键取消选区。

❺ 选中【RGB】通道查看效果，并保存文件。

12.6　综合实例——透明婚纱

🎬 **本节视频教学录像：10 分钟**

本实例学习利用通道抠取人物图像，并为其更换背景。

12.6.1　实例预览

素材\ch12\图 04.jpg

素材\ch12\图 05.jpg

结果\ch12\透明婚纱.jpg

12.6.2　实例说明

实例名称：透明婚纱
主要工具或命令：【移动工具】、【色阶】命令和【画笔工具】等
难易程度：★★★★　　常用指数：★★★★

12.6.3　实例步骤

第 1 步：打开文件

❶ 选择【文件】➤【打开】菜单命令。

❷ 打开随书光盘中的"素材\ch12\图 04.jpg"文件。

第 2 步：复制通道

❶ 选择【通道】调板。

❷ 选中【红】通道，然后将【红】通道复制得到名称为【红副本】的 Alpha 通道。这样做的目的是为了创建一个与【红】通道一样的 Alpha 通道，通过该 Alpha 通道可得到人物的选区。

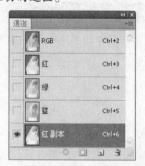

【红】通道中的任务与背景的黑白对比鲜明，因此利用【红】通道易于创建选区。

第 3 步：调整图像

❶ 选择【图像】▷【调整】▷【反相】菜单命令。

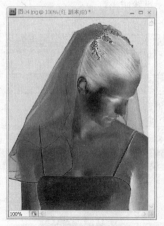

❷ 选择【图像】▷【调整】▷【色阶】菜单命令，在弹出的【色阶】对话框中进行如下图所示的参数设置。

❸ 单击【确定】按钮。

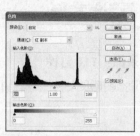

第 4 步：建立选区

❶ 选择【画笔工具】 ，将【画笔笔触】设置为硬度较高的笔尖，并将前景色设置为黑色，在【红副本】通道中涂抹，得到如下图所示的效果。

❷ 按住【Ctrl】键的同时，单击【红副本】通道获得选区。

❸ 返回到【图层】调板，然后按【Ctrl+Shift+I】组合键反选选区。

❹ 按【Ctrl+J】组合键复制选区内的人物。

第5步：使用素材

❶ 打开随书光盘中的 "素材\ch12\图05.jpg" 文件。

❷ 使用【移动工具】▶┿将复制的人物拖曳到 "图05" 图像中，按【Ctrl+T】组合键调

整人物的位置和大小。

❸ 选择【橡皮擦工具】🖊擦除多余边缘部分，然后使用【海棉工具】🥄涂抹边缘，降低婚纱部分图像的饱和度。再使用【减淡工具】🔍减淡婚纱的颜色。

❹ 选择【图像】➤【调整】➤【色彩平衡】菜单命令，调整人物的色彩。然后单击【确定】按钮完成图像的制作。

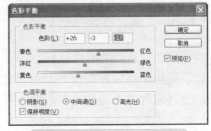

12.6.4　实例总结

　　本实例利用对比鲜明的通道来抠取人物，并合成到另外选择的背景中。在实际操作中，一定要选择主体和背景对比鲜明的通道来复制副本抠取主体人物。

12.7　举一反三

根据本章所学的知识，制作一幅青春时光写真图片。

素材\ch12\图 06.jpg　　　　　　素材\ch12\图 07.psd　　　　　　结果\ch12\青春时光.jpg

提示：

(1) 打开【通道】调板，在【红】通道中创建选区；

(2) 使用【移动工具】 将人物拖移到图 "07.jpg" 图像中。

12.8　技术探讨

利用颜色通道调整图像色彩。

原色通道中存储着图像的颜色信息。图像色彩调整命令主要是通过对通道的调整来起作用的，其原理就是通过改变不同色彩模式下原色通道的明暗分布来调整图像的色彩。

打开随书光盘中的 "素材\ch12\图 08.jpg" 文件，如下图所示。

在【红】通道中执行【图像】▶【调整】▶【色阶】菜单命令后，效果如下图所示。

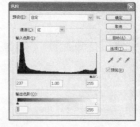

第 13 章 蒙版的应用

本章引言

在 Photoshop 中有一些具有特殊功能的图层，使用这些图层可以在不改变图层中原有图像的基础上制作出多种特殊的效果。本章就来讲解这个特殊的图层——蒙版。

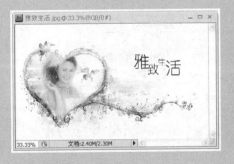

有蒙版的图层称为蒙版层。通过调整蒙版可以对图层应用各种特殊效果，但不会实际影响该图层上的像素。应用蒙版可以使这些更改永久生效，或者删除蒙版而不应用更改。

13.1 矢量蒙版

本节视频教学录像：3 分钟

矢量蒙版是由钢笔或者形状工具创建的，与分辨率无关，它通过路径和矢量形状来控制图像显示区域，常用来创建 Logo、按钮、面板或其他的 Web 设计元素。

下面讲解使用矢量蒙版为图像添加心形的方法。

❶ 打开随书光盘中的"素材\ch13\图 01.psd"文件，选择【图层 0】图层。

❷ 选择【自定形状工具】，并在属性栏中单击【路径】按钮，再单击【点按可打开"自定形状"拾色器】按钮，在弹出的下拉列表中选择【心形】。

❸ 在图像中拖动鼠标绘制心形。

❹ 选择【图层】▶【矢量蒙版】▶【当前路径】菜单命令，基于当前路径创建矢量蒙版，路径区域外的图像即被蒙版遮盖。

13.2 蒙版的应用

本节视频教学录像：7 分钟

下面学习蒙版的基本操作，主要包括新建蒙版、删除蒙版和停用蒙版等。

13.2.1 创建蒙版

单击【图层】调板下方的【添加图层蒙版】按钮，可以添加一个【显示全部】的蒙版。其蒙版内为白色填充，表示图层内的像素信息全部显示。

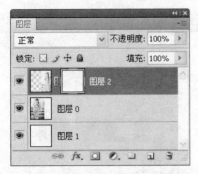

也可以选择【图层】➤【图层蒙版】➤
【显示全部】菜单命令来完成此操作。

选择【图层】➤【图层蒙版】➤【隐藏
全部】菜单命令，可以添加一个【隐藏
全部】的蒙版。其蒙版内填充为黑色，表示图层内
的像素信息全部被隐藏。

13.2.2 删除蒙版与停用蒙版

1. 删除蒙版

删除蒙版的方法有 3 种。

（1）选中图层蒙版，然后拖曳到【删除
图层】按钮上则会弹出删除蒙版对话框。

单击【删除】按钮，蒙版被删除；单击
【应用】按钮，蒙版被删除，但是蒙版效果
会被保留在图层上；单击【取消】按钮，将
取消这次删除命令。

（2）选择【图层】➤【图层蒙版】➤【删
除】菜单命令，可以删除图层蒙版。

选择【图层】➤【图层蒙版】➤【应用】
菜单命令，蒙版将被删除，但是蒙版效果会
被保留在图层上。

（3）选中图层蒙版，按住【Alt】键，然

后单击【删除图层】按钮，可以将图层蒙
版直接删除。

2. 停用蒙版

选择【图层】➤【图层蒙版】➤【停用】
菜单命令，蒙版缩览图上将出现红色叉号，
表示蒙版被暂时停止使用。

Tips

在按住【Shift】键的同时单击蒙版缩
览图，可以在停用蒙版和启用蒙版状态之
间进行切换。

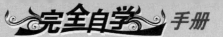

13.2.3 蒙版应用实例

❶ 打开随书光盘中的"素材\ch13\图 06.psd"
和"素材\ch13\图 07.jpg"文件。

❷ 选择【移动工具】 ，将"图 07.jpg"拖
曳到"图 06.psd"中。

❸ 单击【添加矢量蒙版】按钮 创建蒙版。

❹ 选中图层蒙版，选择【渐变工具】 ，并
在属性栏中单击【线性渐变】按钮 ，然
后单击【点按可编辑渐变】按钮 ，
在弹出的【渐变编辑器】对话框中选择【黑，
白渐变】，单击【确定】按钮，然后在图层
蒙版中从左到右拖曳鼠标。

13.3 快速蒙版

🎬 **本节视频教学录像：9 分钟**

应用快速蒙版后，会创建一个暂时的图像上的屏蔽，同时亦会在通道浮动窗中产生一
个暂时的 Alpha 通道。它是对所选区域进行保护，让其免于被操作，而处于蒙版范围外的
地方则可以进行编辑与处理。

1. 创建快速蒙版

❶ 打开随书光盘中的"素材\ch13\图 05.jpg"
文件。

❷ 单击工具箱中的【以快速蒙版模式编辑】
按钮 ，切换到快速蒙版状态下。

❸ 选择【画笔工具】 ，将前景色设置为黑
色，画笔笔尖为硬笔尖，【不透明度】和【流
量】均为"100%"，然后沿着要选择的对
象的边缘描边。

❹ 使用【油漆桶工具】█填充，使蒙版覆盖整个要选择的图像。

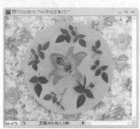

❺ 单击【以标准模式编辑】按钮 ◯，切换到普通模式下，然后选择【选择】➢【反向】菜单命令，选中所要的图像。

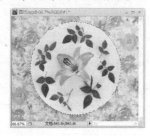

2. 快速应用蒙版

（1）修改蒙版

将前景色设置为白色，用画笔修改可以擦除蒙版（添加选区）；将前景色设置为黑色，用画笔修改可以添加蒙版（删除选区）。

（2）修改蒙版选项

双击【以快速蒙版模式编辑】按钮 ◯，

弹出【快速蒙版选项】对话框，从中可以对快速蒙版的各种属性进行设置。

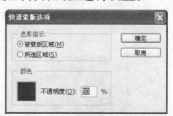

> *Tips*
>
> 　　【颜色】和【不透明度】设置都只影响蒙版的外观，对蒙版下面的区域没有影响。更改这些设置能使蒙版与图像中的颜色对比更加鲜明，从而具有更好的可视性。

　　① 【被蒙版区域】可使被蒙版区域显示为 50%的红色，使选中的区域显示为透明。用黑色绘画可以扩大被蒙版区域，用白色绘画可扩大选中区域。选中该单选项时，工具箱中的【以快速蒙版模式编辑】按钮显示为灰色背景上的白圆圈 ◯。

　　② 【所选区域】可使被蒙版区域显示为透明，使选中区域显示为 50%的红色。用白色绘画可以扩大被蒙版区域，用黑色绘画可以扩大选中区域。选中该单选项时，工具箱中的【以快速蒙版模式编辑】按钮显示为白色背景上的灰圆圈 ◯。

　　③ 【颜色】用于选择新的蒙版颜色，单击颜色框可选择新颜色。

　　④ 【不透明度】用于更改不透明度，可在【不透明度】文本框中输入一个 0～100 的数值。

13.4 剪贴蒙版

　　📽 **本节视频教学录像：6 分钟**

　　剪贴蒙版是一种非常灵活的蒙版，它可以使用下层图层中图像的形状来限制上层图像的显示范围，因此可以通过一个图层来控制多个图层的显示区域。剪贴蒙版的创建和修改方法都非常简单。

下面使用【自定形状工具】制作剪贴蒙版特效。

❶ 打开随书光盘中的 "素材\ch13\图 02.psd" 文件。

❷ 设置前景色为黑色，新建一个图层，选择【自定形状工具】，并在属性栏上单击【填充像素】按钮，再单击【点按可打开 "自定形状" 拾色器】按钮，在弹出的下拉列表中选择【花 4】。

❸ 在【图层】调板上将新建的图层移至最上方，然后在画面中拖动鼠标绘制该形状。

❹ 选择【横排文字蒙版工具】，在画面中输入文字，设置字体和字号，并创建文字选区。

❺ 按【Alt+Delete】组合键填充前景色，再按【Ctrl+D】组合键取消选区。

❻ 在【图层】调板上将新建的图层移至人物图层的下方。

❼ 选择人物图层，选择【图层】➤【创建剪贴蒙版】菜单命令，为其创建一个剪贴蒙版。

13.5 图层蒙版

 本节视频教学录像：5 分钟

图层蒙版是加在图层上的一个遮盖，通过创建图层蒙版来隐藏或显示图像中的部分或全部。

在图层蒙版中，纯白色区域可以遮罩下面图层中的内容，显示当前图层中的图像；蒙版中的纯黑色区域可以遮罩当前图层中的图像，显示下面图层的内容；蒙版中的灰色区域会根据其灰度值使当前图层中的图像呈现出不同层次的透明效果。

如果要隐藏当前图层中的图像，可以使用黑色涂抹蒙版；如果要显示当前图层中图像，可以使用白色涂抹蒙版；如果要使当前图层中的图像呈现半透明效果，则可以使用灰色涂抹蒙版。

下面通过将两张图片拼合来讲解图层蒙版的使用方法。

❶ 打开随书光盘中的"素材\ch13\图 03.jpg"和"素材\ch13\图 04.jpg"文件。

❷ 选择【移动工具】，将"图 03"拖曳到"图 04"文档中，新建【图层 1】图层。

❸ 单击【图层】调板中的【添加图层蒙版】按钮，为【图层 1】图层添加蒙版，选择【画笔工具】，设置画笔的大小和硬度。

❹ 将前景色设置为黑色，在画面上方进行涂抹。

❺ 按【Ctul+E】组合键合并图层，然后选择【图像】➤【调整】➤【色彩平衡】菜单命令，调整颜色，使图像色调谐调，单击【确定】按钮，最终效果如下图所示。

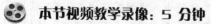

13.6　综合实例——雅致生活

🎬 **本节视频教学录像：5 分钟**

本实例学习使用【自由变换】命令、【图层蒙版】命令合成一幅雅致生活的图像。

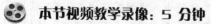

13.6.1 实例预览

素材\ch13\图 09.jpg　　　　　　结果\ch13\雅致生活.jpg

13.6.2 实例说明

实例名称：雅致生活
主要工具或命令：【自由变换】、【图层蒙版】等命令
难易程度：★★★★　　常用指数：★★★★

13.6.3 实例步骤

第 1 步：新建文件

❶ 单击【文件】➢【打开】菜单命令。

❷ 打开随书光盘中的"素材\ch13\图 09.jpg"
和"素材\ch13\图 10.jpg"文件。

第 2 步：编辑素材

❶ 选择【移动工具】 ，将"图 10"拖曳
到"图 09"图像中。

❷ 选择【编辑】➢【自由变换】菜单命令，
调整图像的位置和大小，调整完毕按
【Enter】键确定。

第 3 步：创建图层蒙版

❶ 设置前景色为黑色，单击【图层】调板下
方的【添加图层蒙版】按钮 。

❷ 单击工具箱中的【画笔工具】 ，在其属
性栏中设置【画笔大小】为"90"，【模式】
为"正常模式"，【不透明度】为"100%"，
【流量】为"100%"。

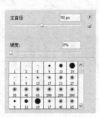

隐藏。

❸ 在图层蒙版上进行涂抹，将不需要的图像

13.6.4 实例总结

本实例通过运用蒙版合成特异效果的图像，读者在学习的时候可根据自己的需要合成各种图像。

13.7 举一反三

根据本章所学的知识，制作一幅合成效果的图像。

素材\ch13\图 11.jpg   素材\ch13\图 12.jpg   结果\ch13\夜景合成.jpg

提示：
(1) 新建图层蒙版；
(2) 使用【画笔工具】涂抹蒙版。

13.8 技术探讨

蒙版的启用和查看。

1. 启用蒙版

选择【图层】➢【图层蒙版】➢【启用】菜单命令，蒙版缩览图上红色叉号消失，表示再次使用蒙版效果。

2. 查看蒙版

在按下【Alt】键的同时单击蒙版缩览图，可以在画布中显示蒙版的状态，再次执行该操作可以切换为图层状态。

第 14 章 滤镜的应用一

本章引言

    在 Photoshop CS4 中，有位图处理传统滤镜和一些新滤镜，每一种滤镜又提供了多种细分的滤镜效果，为用户处理位图提供了极大的方便。本章的内容丰富有趣，可以按照实例步骤进行制作，建议打开光盘提供的素材文件进行对照学习，提高学习效率。

14.1　滤镜概述

本节视频教学录像：4 分钟

滤镜产生的复杂数字化效果源自摄影技术，滤镜不仅可以改善图像的效果并掩盖其缺陷，还可以在原有图像的基础上产生许多特殊的效果。

滤镜

滤镜是应用于图片后期处理、用以增强图片画面的艺术效果。所谓滤镜就是把原有的画面进行艺术过滤，得到一种艺术或更完美的展示，滤镜功能是 Photoshop CS4 的强大功能之一。利用滤镜可以实现许多绘画无法实现的艺术效果，这为众多的非艺术专业人员提供了一种创造艺术化作品的手段，极大地丰富了平面艺术领域。

滤镜主要具有以下特点。

（1）滤镜只能应用于当前可视图层，且可以反复应用，连续应用。但一次只能应用在一个图层上。

（2）滤镜不能应用于位图模式、索引颜色和 48bit RGB 模式的图像，某些滤镜只对 RGB 模式的图像起作用，如【画笔描边】滤镜和【素描】滤镜就不能在 CMYK 模式下使用。还有，滤镜只能应用于图层的有色区域，对完全透明的区域没有效果。

（3）有些滤镜完全在内存中处理，所以内存的容量对滤镜的生成速度影响很大。

（4）有些滤镜很复杂或是要应用滤镜的图像尺寸很大，执行时需要很长时间，如果想结束正在生成的滤镜效果，只需按【Esc】键即可。

（5）上次使用的滤镜将出现在滤镜菜单的顶部，可以通过执行此命令对图像再次应用上次使用过的滤镜效果。

（6）如果在滤镜设置窗口中对自己调节的效果感觉不满意，希望恢复调节前的参数，可以按住【Alt】键，这时【取消】按钮会变为【复位】按钮，单击此按钮就可以将参数重置为调节前的状态。

14.2　滤镜库

本节视频教学录像：2 分钟

使用艺术效果滤镜可以为美术或商业项目制作绘画效果或特殊效果，例如使用【木刻】滤镜进行拼贴或文字处理。使用这些滤镜可以模仿自然或传统介质效果。所有的艺术效果滤镜都可以通过使用【滤镜】➤【滤镜库】菜单命令来应用。

14.3 【液化】滤镜

本节视频教学录像：2 分钟

【液化】滤镜可用于推、拉、旋转、反射、折叠和膨胀图像的任意区域。创建的扭曲可以是细微的或剧烈的。

(1)【向前变形工具】：在拖动鼠标时可向前推动像素。

(2)【重建工具】：用来恢复图像，在变形的区域单击拖动鼠标或拖动鼠标进行涂抹，可以使变形区域恢复为原来的效果。

(3)【顺时针旋转扭曲工具】：在图像中单击鼠标或拖动鼠标时可顺时针旋转像素，按住【Alt】键单击并拖动鼠标则可以逆时针旋转扭曲像素。

(4)【褶皱工具】：在图像中单击鼠标或拖动鼠标时可以使像素向画笔区域的中心移动，使图像产生向内收缩的效果。

本节主要讲解【液化】命令中的【顺时针旋转扭曲工具】的使用方法，具体操作如下。

❶ 打开随书光盘中的"素材\ch14\液化.jpg"文件。

❷ 选择【滤镜】➤【液化】菜单命令，在弹出的【液化】对话框中选择【顺时针旋转扭曲工具】并设置【画笔大小】为"100"，【画笔密度】为"50"，【画笔压力】为"100"，【画笔速率】为"80"，然后对图像进行旋转扭曲。

❸ 单击【确定】按钮，最终效果如下图所示。

14.4 【风格化】滤镜组

本节视频教学录像：9 分钟

【风格化】滤镜通过置换像素和通过查找并增加图像的对比度，在选区中生成绘画或印象派的效果。在使用【查找边缘】和【等高线】等突出显示边缘的滤镜后，可应用【反相】命令用彩色线条勾勒彩色图像的边缘或用白色线条勾勒灰度图像的边缘。

14.4.1 查找边缘

【查找边缘】滤镜用显著的转换标识图像的区域，并突出边缘。像【等高线】滤镜一样，【查找边缘】滤镜用相对于白色背景的黑色线条勾勒图像的边缘，这对生成图像周围的边界非常有用。

下面讲解【查找边缘】滤镜的使用方法。

❶ 打开随书光盘中的"素材\ch14\查找边缘.jpg"文件。

❷ 选择【滤镜】➤【风格化】➤【查找边缘】菜单命令，为图片调整查找边缘效果。

14.4.2 等高线

【等高线】滤镜用于查找主要亮度区域的转换并为每个颜色通道淡淡地勾勒主要亮度区域的转换，以获得与等高线图中的线条类似的效果。

❶ 打开随书光盘中的"素材\ch14\等高线.jpg"文件。

❷ 选择【滤镜】➤【风格化】➤【等高线】菜单命令，在弹出的【等高线】对话框中设置参数。

❸ 单击【确定】按钮即可为图像添加等高线效果。

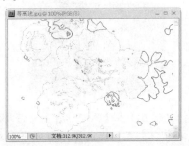

Tips

【等高线】对话框中各个参数的含义如下。

(1) 色阶：用来设置描绘边缘的基准亮度等级。

(2) 边缘：用来设置处理图像边缘的位置以及边界的产生方法。

14.4.3 风效果

【风】滤镜通过在图像中放置细小的水平线条来获得风吹的效果。其方法包括【风】、【大风】（用于获得更生动的风效果）和【飓风】（使图像中的线条发生偏移）。

❶ 打开随书光盘中的"素材\ch14\风.jpg"文件。

❷ 选择【滤镜】➤【风格化】➤【风】菜单命令，在弹出的【风】对话框中进行参数设置。

❸ 单击【确定】按钮即可为图像添加风效果。

14.4.4 浮雕效果

【浮雕效果】滤镜可以将选区的填充色转换为灰色，并用原填充色描画边缘，从而使选区显得凸起或压低。

❶ 打开随书光盘中的"素材\ch14\浮雕效果.jpg"文件。

❷ 选择【滤镜】➤【风格化】➤【浮雕效果】菜单命令，在弹出的【浮雕效果】对话框中进行参数设置。

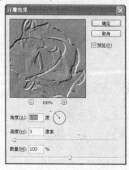

❸ 单击【确定】按钮即可为图像添加浮雕效果。

Tips

【浮雕效果】对话框中各个参数的含义如下。

（1）角度：用来设置照射浮雕的光线角度，光线角度会影响浮雕凸出的位置。

（2）高度：用来设置浮雕效果凸起的高度，该值越大浮雕效果越明显。

（3）数量：用来设置浮雕滤镜的作用范围，该值越大边界越清晰，小于40%时整个图像将变灰。

14.4.5 扩散

【扩散】滤镜根据【扩散】对话框中的选项搅乱选区中的像素，使选区显得不十分聚焦。

❶ 打开随书光盘中的"素材\ch14\扩散.jpg"文件。

❷ 选择【滤镜】➤【风格化】➤【扩散】菜单命令，在弹出的【扩散】对话框中进行参数设置。

❸ 单击【确定】按钮即可为图像添加扩散效果。

14.4.6 拼贴

【拼贴】滤镜将图像分解为一系列拼贴，使选区偏离其原来的位置。

❶ 打开随书光盘中的"素材\ch14\拼贴.jpg"文件。

❷ 选择【滤镜】➤【风格化】➤【拼贴】菜单命令，在弹出的【拼贴】对话框中进行参数设置。

❸ 单击【确定】按钮即可为图像添加拼贴效果。

14.4.7 曝光过度

【曝光过度】滤镜可以实现混合负片和正片图像的效果，类似于显影过程中将摄影照片短暂曝光。

❶ 打开随书光盘中的 "素材\ch14\曝光过度.jpg" 文件。

❷ 选择【滤镜】➢【风格化】➢【曝光过度】菜单命令，为图片添加曝光过度的效果。

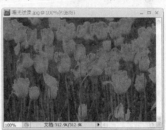

14.4.8 凸出

【凸出】滤镜赋予选区或图层一种 3D 纹理效果。

❶ 打开随书光盘中的 "素材\ch14\凸出.jpg" 文件。

❷ 选择【滤镜】➢【风格化】➢【凸出】菜单命令，在弹出的【凸出】对话框中进行参数设置。

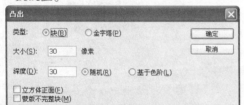

❸ 单击【确定】按钮即可为图像添加凸出效果。

> **Tips**
>
> 【凸出】对话框中各个参数的含义如下。
>
> 类型：用于设置凸出类型，其中有两种类型：块和金字塔。
>
> (1) 大小：变化范围为 2~255 像素，以确定对象基底任一边的长度。
>
> (2) 深度：输入 1 到 255 之间的值以表示最高的对象从挂网上凸起的高度。
>
> (3)【随机】单选项为每个块或金字塔设置一个任意的深度。
>
> (4)【基于色阶】单选项使每个对象的深度与其亮度对应，越亮凸出得越多。
>
> (5) 蒙版不完整块：选中此复选框可以隐藏所有延伸出选区的对象。

14.4.9 照亮边缘

【照亮边缘】滤镜标识颜色的边缘，并向其添加类似霓虹灯的光亮。此滤镜可以与其他滤镜一起应用。

❶ 打开随书光盘中的"素材\ch14\照亮边
缘.jpg"文件。

❷ 选择【滤镜】➤【风格化】➤【照亮边缘】
菜单命令，在弹出的【照亮边缘】对话框
中进行参数设置。

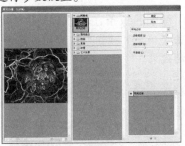

Tips

【照亮边缘】对话框中各个参数的含
义如下。

(1) 边缘宽度：用来设置发光边缘的亮
度。

(2) 边缘亮度：用来设置边缘发光的亮
度。

(3) 平滑度：用来设置发光边缘的平滑
程度。

❸ 单击【确定】按钮即可为图像添加照亮边
缘的效果。

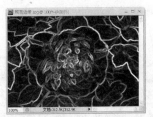

14.5　【画笔描边】滤镜组

 本节视频教学录像：9 分钟

　　【画笔描边】滤镜组使用不同的画笔和油墨描边效果创造出绘画效果的外观。有些滤
镜可以为图像添加颗粒、绘画、杂色、边缘细节或纹理等效果。可以通过【滤镜库】来应
用所有【画笔描边】滤镜。

14.5.1　成角的线条

　　【成角的线条】滤镜使用对角描边重新绘制图像，用相反方向的线条来绘制亮区和暗区。

❶ 打开随书光盘中的"素材\ch14\成角的线
条.jpg"文件。

❷ 选择【滤镜】➤【画笔描边】➤【成角的线
条】菜单命令，在弹出的【成角的线条】
对话框中进行参数设置。

【成角的线条】对话框中各个参数的含义如下。

(1) 方向平衡：用来设置对角线条的倾斜角度。

(2) 描边长度：用来设置对角线条的长度。

(3) 锐化程度：用来设置对角线条的清晰程度。

❸ 单击【确定】按钮即可为图像添加成角的线条效果。

14.5.2 墨水轮廓

【墨水轮廓】滤镜可以实现一种钢笔画的风格，用纤细的线条在原细节上重绘图像。

❶ 打开随书光盘中的"素材\ch14\墨水的轮廓.jpg"文件。

❷ 选择【滤镜】➢【画笔描边】➢【墨水轮廓】菜单命令，在弹出的【墨水轮廓】对话框中进行参数设置。

❸ 单击【确定】按钮即可为图像添加墨水轮廓的效果。

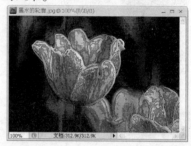

【墨水轮廓】对话框中各个参数的含义如下。

(1) 描边长度：用来设置图像中产生的线条长度。

(2) 深色强度：用来设置线条阴影的强度，该值越高，图像越暗。

(3) 光照强度：用来设置线条高光的强度，该值越高，图像越亮。

14.5.3 喷溅

【喷溅】滤镜可以模拟喷溅喷枪的效果，增加选项可简化总体效果。

❶ 打开随书光盘中的"素材\ch14\喷溅.jpg"文件。

❷ 选择【滤镜】➢【画笔描边】➢【喷溅】菜
单命令，在弹出的【喷溅】对话框中进行
参数设置。

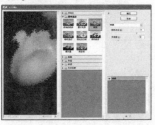

❸ 单击【确定】按钮即可为图像添加喷溅效
果。

14.5.4　喷色描边

　　【喷色描边】滤镜使用图像的主导色，用成角的和喷溅的颜色线条重新绘画图像。

❶ 打开随书光盘中的"素材\ch14\喷色描
边.jpg"文件。

❷ 选择【滤镜】➢【画笔描边】➢【喷色描边】
菜单命令，在弹出的【喷色描边】对话框
中进行参数设置。

❸ 单击【确定】按钮即可为图像添加喷色描
边效果。

14.5.5　强化的边缘

【强化的边缘】滤镜可以强化图像边缘。设置高的边缘亮度控制值时，强化效果类似白色粉笔；设置低的边缘亮度控制值时，强化效果类似黑色油墨。

❶ 打开随书光盘中的"素材\ch14\强化边缘.jpg"文件。

❷ 选择【滤镜】➤【画笔描边】➤【强化的边缘】菜单命令，在弹出的【强化的边缘】对话框中进行参数设置。

❸ 单击【确定】按钮即可为图像添加强化的边缘效果。

Tips

　　【强化的边缘】对话框中各个参数的含义如下。

　　(1) 边缘宽度：用来设置需要强化的边缘的宽度。

　　(2) 边缘亮度：用来设置边缘的亮度，该值越高，画面越亮。

　　(3) 平滑度：用来设置边缘的平滑程度，该值越高，画面越柔和。

14.5.6　深色线条

【深色线条】滤镜用短的、绷紧的深色线条绘制暗区，用长的白色线条绘制亮区。

❶ 打开随书光盘中的"素材\ch14\深色线条.jpg"文件。

❷ 选择【滤镜】➤【画笔描边】➤【深色线条】菜单命令，在弹出的【深色线条】对话框中进行参数设置。

❸ 单击【确定】按钮即可为图像添加深色线

条效果。

Tips

　　【深色线条】对话框中各个参数的含义如下。

　　(1) 平衡：用来控制绘制的黑白色调的比例。

　　(2) 黑色强度：用来设置绘制的黑色调的强度。

　　(3) 白色强度：用来设置绘制的白色调的强度。

14.5.7 烟灰墨

【烟灰墨】滤镜以日本画的风格绘画图像，看起来像是用蘸满油墨的画笔在宣纸上绘画。【烟灰墨】滤镜使用非常黑的油墨来创建柔和的模糊边缘。

❶ 打开随书光盘中的"素材\ch14\烟灰墨.jpg"文件。

❷ 选择【滤镜】➤【画笔描边】➤【烟灰墨】菜单命令，在弹出的【烟灰墨】对话框中进行参数设置。

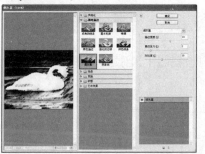

❸ 单击【确定】按钮即可为图像添加烟灰墨效果。

14.5.8 阴影线

【阴影线】滤镜可以实现类似用铅笔阴影线的笔触对所选的图像进行勾画的效果，与【成角的线条】滤镜的效果相似。

❶ 打开随书光盘中的"素材\ch14\阴影线.jpg"文件。

❷ 选择【滤镜】➤【画笔描边】➤【阴影线】

菜单命令，在弹出的【阴影线】对话框中进行参数设置。

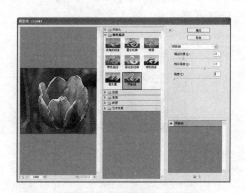

❸ 单击【确定】按钮即可为图像添加阴影线效果。

14.6 【模糊】滤镜组

本节视频教学录像：11 分钟

【模糊】滤镜组用以柔化选区或整个图像，这对于修饰非常有用。它们通过平衡图像中已定义的线条和遮蔽区域的清晰边缘相邻的像素，使变化显得柔和。

14.6.1 表面模糊

【表面模糊】滤镜在保留边缘的同时模糊图像。此滤镜用于创建特殊效果并消除杂色或粒度。

❶ 打开随书光盘中的"素材\ch14\阴影线.jpg"文件。

❷ 选择【滤镜】▶【模糊】▶【表面模糊】菜单命令，在弹出的【表面模糊】对话框中进行参数设置。

❸ 单击【确定】按钮即可对图像进行表面模糊。

14.6.2 动感模糊

【动感模糊】滤镜沿指定方向（-360°至 +360°）以指定强度（1 至 999）进行模糊。此滤镜的效果类似于以固定的曝光时间给一个移动的对象拍照。

❶ 打开随书光盘中的 "素材\ch14\月季.jpg" 文件。

❷ 选择【滤镜】➤【模糊】➤【动感模糊】菜单命令，在弹出的【动感模糊】对话框中进行参数设置。

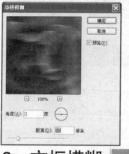

❸ 单击【确定】按钮即可为图像添加动感模糊效果。

14.6.3 方框模糊

【方框模糊】滤镜基于相邻像素的平均颜色值来模糊图像。此滤镜用于创建特殊效果。可以调整用于计算给定像素的平均值的区域大小，半径越大，产生的模糊效果越好。

❶ 打开随书光盘中的 "素材\ch14\月季.jpg" 文件。

❷ 选择【滤镜】➤【模糊】➤【方框模糊】菜单命令，在弹出的【方框模糊】对话框中进行参数设置。

❸ 单击【确定】按钮即可为图像添加方框模糊效果。

14.6.4 高斯模糊

【高斯模糊】滤镜使用可调整的量快速模糊选区。高斯是指当 Photoshop 将加权平均应用于像素时生成的钟形曲线。【高斯模糊】滤镜可以添加低频细节，并产生一种朦胧效果。

❶ 打开随书光盘中的"素材\ch14\月季.jpg"文件。

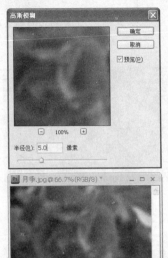

❷ 选择【滤镜】➤【模糊】➤【高斯模糊】菜单命令，在弹出的【高斯模糊】对话框中进行参数设置。

❸ 单击【确定】按钮即可为图像添加高斯模糊的效果。

14.6.5 进一步模糊

【进一步模糊】滤镜可以在图像中有显著颜色变化的地方消除杂色。

❶ 打开随书光盘中的"素材\ch14\月季.jpg"文件。

❷ 选择【滤镜】➤【模糊】➤【进一步模糊】菜单命令，为图片添加进一步模糊的效果。

14.6.6 径向模糊

【径向模糊】滤镜模拟缩放或旋转相机所产生的模糊效果，产生一种柔化的模糊。

❶ 打开随书光盘中的"素材\ch14\月季.jpg"文件。

❷ 选择【滤镜】▷【模糊】▷【径向模糊】菜
单命令，在弹出的【径向模糊】对话框中
进行参数设置。

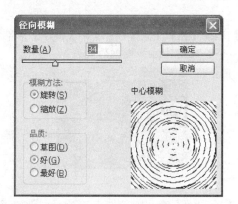

❸ 单击【确定】按钮即可为图像添加径向模
糊的效果。

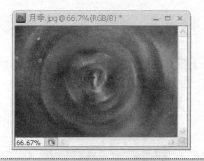

14.6.7　镜头模糊

　　【镜头模糊】滤镜是向图像中添加模糊以产生更窄的景深效果，以便使图像中的一些
对象在焦点内，而使另一些区域变模糊。

❶ 打开随书光盘中的"素材\ch14\月季.jpg"
文件。

❷ 选择【滤镜】▷【模糊】▷【镜头模糊】菜
单命令，在弹出的【镜头模糊】对话框中
进行参数设置。

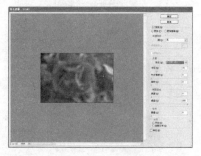

❸ 单击【确定】按钮即可为图像添加镜头模
糊的效果。

14.6.8 模糊

【模糊】滤镜通过平衡已定义的线条和遮蔽区域的清晰边缘邻近的像素，使变化显得柔和。

❶ 打开随书光盘中的"素材\ch14\月季.jpg"文件。

❷ 选择【滤镜】➤【模糊】➤【模糊】菜单命令，为图片添加模糊的效果。

14.6.9 平均

【平均】滤镜是找出图像或选区的平均颜色，然后用该颜色填充图像或选区以创建平滑的外观。

❶ 打开随书光盘中的"素材\ch14\月季.jpg"文件。

❷ 选择【滤镜】➤【模糊】➤【平均】菜单命令，为图片添加平均的效果。

14.6.10 特殊模糊

【特殊模糊】滤镜可以精确地模糊图像。

❶ 打开随书光盘中的"素材\ch14\月季.jpg"文件。

❷ 选择【滤镜】➤【模糊】➤【特殊模糊】菜单命令，在弹出的【特殊模糊】对话框中进行参数设置。

❸ 单击【确定】按钮即可为图像添加特殊模糊的效果。

14.6.11 形状模糊

【形状模糊】滤镜使用指定的内核来创建模糊。从自定形状预设列表中选取一种内核，并使用【半径】滑块来调整其大小。通过单击 ▶ 按钮并从列表中进行选择，可以载入不同的形状库。半径决定了内核的大小，内核越大，模糊效果越好。

❶ 打开随书光盘中的"素材\ch14\月季.jpg"文件。

❷ 选择【滤镜】➤【模糊】➤【形状模糊】菜单命令，在弹出的【形状模糊】对话框中进行参数设置。

❸ 单击【确定】按钮即可为图像添加形状模糊效果。

14.7　【扭曲】滤镜组

🎬 **本节视频教学录像：15 分钟**

【扭曲】滤镜组将图像进行几何扭曲，创建 3D 或其他整形效果。注意，这些滤镜可能占用大量内存。可以通过【滤镜库】来应用【扩散亮光】、【玻璃】和【海洋波纹】等滤镜。

14.7.1 波浪

【波浪】滤镜工作方式类似于【波纹】滤镜，但可进行进一步的控制。

❶ 打开随书光盘中的"素材\ch14\绿叶.jpg"文件。

❷ 选择【滤镜】➤【扭曲】➤【波浪】菜单命令，在弹出的【波浪】对话框中进行参数设置。

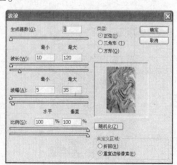

❸ 单击【确定】按钮即可为图像添加波浪效果。

14.7.2 波纹

【波纹】滤镜在选区上创建波状起伏的图案，像水池表面的波纹。

❶ 打开随书光盘中的"素材\ch14\绿叶.jpg"文件。

❷ 选择【滤镜】➤【扭曲】➤【波纹】菜单命令，在弹出的【波纹】对话框中进行参数设置。

❸ 单击【确定】按钮即可为图像添加波纹效果。

14.7.3 玻璃

【玻璃】滤镜使图像看起来像是透过不同类型的玻璃来观看的。可以选取一种玻璃效果，也可以将自己的玻璃表面创建为 Photoshop 文件并应用它。

❶ 打开随书光盘中的"素材\ch14\绿叶.jpg"文件。

❷ 选择【滤镜】➤【扭曲】➤【玻璃】菜单命令，在弹出的【玻璃】对话框中进行参数设置。

③ 单击【确定】按钮即可为图像添加玻璃效果。

Tips

　　【玻璃】对话框中各个参数的含义如下。

　　（1）扭曲度：用来设置扭曲效果的强度，该值越高，图像扭曲的效果越强烈。

　　（2）平滑度：用来设置扭曲效果的平滑程度，该值越低，扭曲的纹理越细小。

　　（3）纹理：在该选项的下拉框中可选择扭曲时产生的纹理，包括"块状"、"画布"等。

　　（4）反向：选择该项，可反转纹理效果。

14.7.4　海洋波纹

　　【海洋波纹】滤镜将随机分隔的波纹添加到图像表面，使图像看上去像是在水中一样。

❶ 打开随书光盘中的"素材\ch14\绿叶.jpg"文件。

❷ 选择【滤镜】➢【扭曲】➢【海洋波纹】菜单命令，在弹出的【海洋波纹】对话框中进行参数设置。

Tips

　　【海洋波纹】对话框中各个参数的含义如下。

　　（1）波纹大小：可以控制图像中生成的波纹大小。

　　（2）波纹幅度：可以控制波纹的变形程度。

③ 单击【确定】按钮即可为图像添加海洋波纹效果。

14.7.5　极坐标

　　【极坐标】滤镜可以根据选中的选项，将选区从平面坐标转换到极坐标，或将选区从极坐标转换到平面坐标。

❶ 打开随书光盘中的 "素材\ch14\绿叶.jpg" 文件。

❷ 选择【滤镜】➤【扭曲】➤【极坐标】菜单

命令，在弹出的【极坐标】对话框中进行参数设置。

❸ 单击【确定】按钮即可为图像添加极坐标效果。

14.7.6 挤压

【挤压】滤镜能够使图像的中心产生凸起或凹下的效果。【挤压】对话框中的【数量】值为正值（最大值是 100%），将选区向中心挤压为负值（最小值是 -100%），将选区向外挤压。

❶ 打开随书光盘中的 "素材\ch14\绿叶.jpg" 文件。

❷ 选择【滤镜】➤【扭曲】➤【挤压】菜单命令

令，在弹出的【挤压】对话框中进行参数设置。

❸ 单击【确定】按钮即可为图像添加挤压效果。

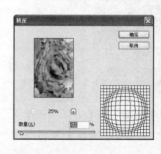 

14.7.7 镜头校正

【镜头校正】滤镜可修复常见的镜头瑕疵，如桶形和枕形失真、晕影和色差等。

❶ 打开随书光盘中的 "素材\ch14\失真照片.jpg" 文件。

❷ 选择【滤镜】➤【扭曲】➤【镜头校正】菜

单命令，在弹出的【镜头校正】对话框中进行参数设置，然后单击【确定】按钮。

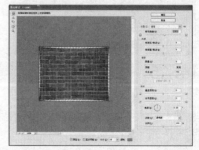

❸ 使用【裁剪工具】  裁去边缘即可。

14.7.8 扩散亮光

　　【扩散亮光】滤镜向图像中添加透明的背景色颗粒，在图像的亮区向外进行扩散添加，产生一种类似发光的效果。此滤镜不能应用于 CMYK 和 Lab 模式的图像。

❶ 打开随书光盘中的"素材\ch14\绿叶.jpg"文件。

❷ 选择【滤镜】▷【扭曲】▷【扩散亮光】菜单命令，在弹出的【扩散亮光】对话框中进行参数设置。

> ### Tips
>
> 　　【扩散亮光】对话框中各个参数的含义如下。
> 　　(1) 粒度：用来设置在图像中添加颗粒的密度。
> 　　(2) 发光量：用来设置图像中辉光的亮度。
> 　　(3) 清除数量：用来设置限制图像中受到滤镜影响的范围，该值越高，滤镜影响的范围就越小。

❸ 单击【确定】按钮即可为图像添加扩散亮光效果。

14.7.9 切变

　　【切变】滤镜沿一条曲线扭曲图像。通过拖动框中的线条来指定曲线。可以调整曲线上的任何一点。

❶ 打开随书光盘中的"素材\ch14\绿叶.jpg"文件。

❷ 选择【滤镜】➤【扭曲】➤【切变】菜单命令，在弹出的【切变】对话框中进行参数设置。

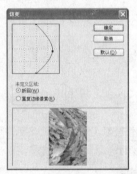

> ### Tips
>
> 【切变】对话框中各个参数的含义如下。
>
> (1) 折回：在空白区域中填入溢出图像之外的图像内容。
>
> (2) 重复边缘像素：在图像边界不完整的空白区域填入扭曲边缘像素颜色。

❸ 单击【确定】按钮即可为图像添加切变效果。

14.7.10 球面化

【球面化】滤镜通过将选区折成球形、扭曲图像以及伸展图像以适合选中的曲线，使对象具有 3D 效果。

❶ 打开随书光盘中的"素材\ch14\绿叶.jpg"文件。

❷ 选择【滤镜】➤【扭曲】➤【球面化】菜单命令，在弹出的【球面化】对话框中进行参数设置。

❸ 单击【确定】按钮即可为图像添加球面化效果。

14.7.11　水波

　　【水波】滤镜根据选区中像素的半径将选区径向扭曲。【起伏】选项设置水波方向从选区的中心到其边缘的反转次数。

❶ 打开随书光盘中的"素材\ch14\绿叶.jpg"文件。

❷ 选择【滤镜】➤【扭曲】➤【水波】菜单命令，在弹出的【水波】对话框中进行参数设置。

> **Tips**
>
> 　　【水波】对话框中各个参数的含义如下。
> 　　(1) 数量：用来设置波纹的大小。范围为 -100~100。
> 　　(2) 起伏：用来设置波纹数量，范围为 1~20。值越高，产生的波纹就越多。
> 　　(3) 样式：用来设置波纹形成的方式。

❸ 单击【确定】按钮即可为图像添加水波效果。

14.7.12　旋转扭曲

　　【旋转扭曲】滤镜用于旋转选区，中心的旋转程度比边缘的旋转程度大。指定角度时可生成旋转扭曲图案。

❶ 打开随书光盘中的"素材\ch14\绿叶.jpg"文件。

❷ 选择【滤镜】➤【扭曲】➤【旋转扭曲】菜

单命令，在弹出的【旋转扭曲】对话框中进行参数设置。

❸ 单击【确定】按钮即可为图像添加旋转效果。

14.7.13 置换

　　【置换】滤镜的功能是使一幅图像按照另一幅图像的纹理进行变形，最终产生的效果是利用了第 1 幅图像的颜色和第 2 幅图像的纹理综合出来的图像组合效果。

❶ 打开随书光盘中的"素材\ch14\绿叶.jpg"文件。

❷ 选择【滤镜】➤【扭曲】➤【置换】菜单命令，在弹出的【置换】对话框中进行参数设置。

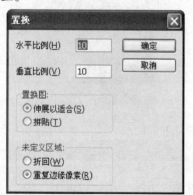

❸ 单击【确定】按钮，在弹出的【选择一个置换图】对话框中选择一个置换图。

❹ 单击【打开】按钮即可为图像添加置换的纹理效果。

> *Tips*
>
> 　　【置换】对话框中各个参数的含义如下。
>
> 　　(1) 水平比例：用来设置置换图在水平方向上的变形比例。
>
> 　　(2) 垂直比例：用来设置置换图在垂直方向上的变形比例。
>
> 　　(3) 置换图：当置换图与当前图像大小不相同时，选择【伸展以适合】选项，Photoshop 会自动将置换图的尺寸调整为与当前图像的大小相同。选择【拼贴】选项，Photoshop 会以拼贴的方式来填补空白区域。

14.8　综合实例——柔化图像

🎬 **本节视频教学录像：3 分钟**

　　本实例学习使用【模糊】滤镜制作图像的柔化效果。

14.8.1 实例预览

素材\ch14\柔化图像.jpg　　结果\ch14\柔化图像.jpg

14.8.2 实例说明

实例名称：柔化图像	
主要工具或命令：【模糊】滤镜命令等	
难易程度：★★	常用指数：★★★★

14.8.3 实例步骤

第 1 步：新建文件

❶ 选择【文件】➤【打开】菜单命令。

❷ 打开随书光盘中的"素材\ch14\柔化图像.jpg"素材图片。

第 2 步：调整图像

❶ 选择【滤镜】➤【模糊】➤【模糊】菜单命令。

❷ 为图片调整模糊的效果。

❸ 按【Ctrl+F】组合键继续执行【模糊】命令，连按 6 次即可。

❹ 选择【滤镜】➤【模糊】➤【特殊模糊】菜单命令，在弹出的【特殊模糊】对话框中设置【半径】为"2"，【阈值】为"17.7"，【品质】为"高"，【模式】为"正常"。

❺ 单击【确定】按钮。

14.8.4　实例总结

本实例通过综合运用【模糊】滤镜等命令来柔化皮肤，读者在学习的时候可灵活运用其他的滤镜工具来制作一些特殊的效果，例如水墨画等。

14.9　举一反三

根据本章所学的知识，制作一幅水墨画效果。

素材\ch14\水墨画.jpg　　　　　　　　　　结果\ch14\水墨画.jpg

提示：

(1) 选择【滤镜】▶【画笔描边】▶【深色线条】菜单命令，为图片调整深色线条的效果；

(2) 选择【滤镜】▶【画笔描边】▶【烟灰墨】菜单命令，为图片调整深色线条的效果。

14.10　技术探讨

在使用【正常】滤镜命令时，应根据需要确定对话框中的选项。

(1)【正常】使像素随机移动（忽略颜色值）。

(2)【变暗优先】用较暗的像素替换亮的像素。

(3)【变亮优先】用较亮的像素替换暗的像素。

(4)【各向异性】在颜色变化最小的方向上搅乱像素。

打开一张花卉图片。

多次执行【变暗优先】的效果。

多次执行【变亮优先】的效果。

第15章　滤镜的应用二

本章引言

　　本章主要介绍利用锐化滤镜、视频滤镜、素描滤镜、纹理滤镜和像素化滤镜制作各种效果。

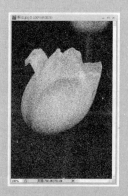

15.1　【锐化】滤镜组

🎬 **本节视频教学录像：7 分钟**

【锐化】滤镜通过增加相邻像素的对比度来聚焦模糊的图像。

15.1.1　USM 锐化

【USM 锐化】滤镜常应用于与校正摄影、扫描、重新取样或打印过程产生的模糊。该滤镜可以调整边缘细节对比度以强调边缘而产生更清晰的图像。

❶ 打开随书光盘中的"素材\ch15\蒲公英.jpg"文件。

❷ 选择【滤镜】➤【锐化】➤【USM 锐化】菜单命令，在弹出的【USM 锐化】对话框中进行参数设置。

> **Tips**
>
> 　　【USM 锐化】对话框中各个参数的含义如下。
>
> 　　(1) 数量：用来设置锐化效果的强度，该值越高，锐化效果越明显。
>
> 　　(2) 半径：用来设置锐化的范围。
>
> 　　(3) 阈值：只有相邻像素间的差值达到该值所设定的范围时才会被锐化，因此，该值越高，被锐化的像素就越少。

❸ 单击【确定】按钮即可为图像添加 USM 锐化效果。

15.1.2　进一步锐化

【进一步锐化】滤镜能聚焦选区并提高其清晰度。比【锐化】滤镜效果更加强烈。

❶ 打开随书光盘中的"素材\ch15\黄菊.jpg"文件。

❷ 选择【滤镜】➤【锐化】➤【进一步锐化】菜单命令，为图片调整进一步锐化效果。

15.1.3 锐化

【锐化】滤镜通过增加像素间的对比度使图像变得清晰，该滤镜无参数设置对话框，锐化效果不是很明显。

❶ 打开随书光盘中的"素材\ch15\小黄菊.jpg"文件。

❷ 选择【滤镜】▷【锐化】▷【锐化】菜单命令，为图片调整锐化效果。

15.1.4 锐化边缘

【锐化边缘】滤镜可以锐化图像的边缘，同时保留总体的平滑度。

❶ 打开随书光盘中的"素材\ch15\白菊.jpg"文件。

❷ 选择【滤镜】▷【锐化】▷【锐化边缘】菜单命令，为图片调整锐化边缘效果。

15.1.5 智能锐化

相对于标准的【USM 锐化】滤镜，【智能锐化】滤镜用于改善边缘细节、阴影及高光锐化，在阴影和高光区域它对锐化提供了良好的控制，可以从 3 个不同类型的模糊中选择一种——高斯模糊、动感模糊和镜头模糊。智能锐化设置可以保存为预设，供以后使用。

❶ 打开随书光盘中的"素材\ch15\蒲公英.jpg"文件。

❷ 选择【滤镜】▷【锐化】▷【智能锐化】菜单命令，在弹出的【智能锐化】对话框中进行参数设置。

Tips

【智能锐化】对话框中各个参数的含义如下。

(1) 设置：如果保存了锐化设置，可在该选项的下拉列表中选择使用某一锐化设置。

(2) 数量：用来设置锐化的数量。

(3) 半径：用来确定受锐化影响的边缘像素数量。

(4) 移去：在该选项的下拉列表中选择锐化算法。

(5) 角度：在【移去】选项的下拉列表中选择【动感模糊】后，可在【角度】参数框中设置动感模糊的运动方向。

❸ 单击【确定】按钮即可为图像添加智能锐化效果。

15.2 【视频】滤镜组

本节视频教学录像：3 分钟

【视频】子菜单中包含【逐行】和【NTSC 颜色】等菜单项。

15.2.1 NTSC 颜色

【NTSC 颜色】滤镜将色域限制在电视机重现可接受的范围内，以防止过饱和颜色渗到电视扫描行中。

❶ 打开随书光盘中的"素材\ch15\牡丹.jpg"文件。

❷ 选择【滤镜】➤【视频】➤【NTSC 颜色】菜单命令，为图片调整 NTSC 颜色效果。

15.2.2 逐行

【逐行】滤镜通过移去视频图像中的奇数或偶数隔行线，使在视频上捕捉的运动图像变得平滑。也可以选择通过复制或插值来替换扔掉的线条。

❶ 打开随书光盘中的"素材\ch15\白菊.jpg"文件。

❷ 选择【滤镜】➤【视频】➤【逐行】菜单命令，在弹出的【逐行】对话框中进行参数设置。

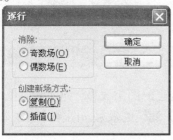

Tips

　　【逐行】对话框中各个参数的含义如下。

　　（1）消除：用来设置需要消除的扫描线，选择【奇数场】可删除奇数扫描线，选择【偶数场】可删除偶数扫描线。

　　（2）创建新场方式：用来设置消除后以何种方式来填充空白区域。

❸ 单击【确定】按钮即可为图像添加逐行效果。

15.3　【素描】滤镜组

🎬 **本节视频教学录像：17 分钟**

　　【素描】子菜单中的滤镜将纹理添加到图像上，通常用于获得 3D 效果。这些滤镜还适用于创建美术或手绘外观。许多【素描】滤镜在重绘图像时使用前景色和背景色。可以通过【滤镜库】来应用所有【素描】滤镜。

15.3.1　半调图案

　　【半调图案】滤镜在保持连续的色调范围的同时，模拟半调网屏的效果。

❶ 打开随书光盘中的"素材\ch15\郁金香.jpg"文件。

❷ 选择【滤镜】➤【素描】➤【半调图案】菜单命令，在弹出的【半调图案】对话框中进行参数设置。

❸ 单击【确定】按钮即可为图像添加半调图案效果。

■ 15.3.2　便条纸

　　【便条纸】滤镜可以创建像是用手工制作的纸张构建的图像效果。此滤镜简化了图像，并结合使用【风格化】➢【浮雕】和【纹理】➢【颗粒】滤镜的效果。图像的暗区显示为纸张上层中的洞，使背景色显示出来。

❶ 打开随书光盘中的"素材\ch15\郁金香.jpg"文件。

❷ 选择【滤镜】➢【素描】➢【便条纸】菜单命令，在弹出的【便条纸】对话框中进行参数设置。

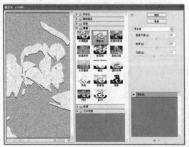

❸ 单击【确定】按钮，效果如下图所示。

■ 15.3.3　粉笔和炭笔

　　【粉笔和炭笔】滤镜可以重绘高光和中间调，并使用粗糙粉笔绘制纯中间调的灰色背景。阴影区域用黑色对角炭笔线条替换。炭笔用前景色绘制，粉笔用背景色绘制。

❶ 打开随书光盘中的"素材\ch15\郁金香.jpg"
文件。

❷ 选择【滤镜】➢【素描】➢【粉笔和炭笔】
菜单命令，在弹出的【粉笔和炭笔】对话
框中进行参数设置。

Tips

　　【粉笔和炭笔】对话框中各个参数的
含义如下。
　　(1) 炭笔区：调整炭笔区域程度。
　　(2) 粉笔区：调整粉笔区域程度。
　　(3) 描边压力：调整粉笔和炭笔描边
的压力。

❸ 单击【确定】按钮即可为图像添加粉笔和
炭笔效果。

15.3.4 铬黄

　　【铬黄】滤镜用于渲染图像，就好像它具有擦亮的铬黄表面。高光在反射表面上是高
点，阴影是低点。应用此滤镜后，使用【色阶】对话框可以增加图像的对比度。

❶ 打开随书光盘中的"素材\ch15\郁金香.jpg"
文件。

❷ 选择【滤镜】➢【素描】➢【铬黄】菜单命
令，在弹出的【铬黄】对话框中进行参数
设置。

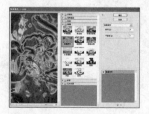

Tips

　　【铬黄】对话框中各个参数的含义如
下。
　　(1) 细节：调整当前文件图像铬黄细节
程度。
　　(2) 平滑度：调整当前文件图像铬黄的
平滑程度。

❸ 单击【确定】按钮即可为图像添加铬黄效
果。

15.3.5　绘图笔

【绘图笔】滤镜使用细的、线状的油墨描边以捕捉原图像中的细节。对于扫描图像，效果尤其明显。此滤镜使用前景色作为油墨，并使用背景色作为纸张，以替换原图像中的颜色。

❶ 打开随书光盘中的"素材\ch15\菊花.jpg"文件。

❷ 选择【滤镜】➤【素描】➤【绘图笔】菜单命令，在弹出的【绘图笔】对话框中进行参数设置。

> *Tips*
>
> 【绘画笔】对话框中各个参数的含义如下。
>
> (1) 描边长度：用来设置图像中产生的线条的长度。
>
> (2) 明/暗平衡：用来设置图像的明调与暗调的平衡。
>
> (3) 描边方向：在该选项的下拉列表中可以选择线条的方向，包括【右对角线】、【水平】、【左对角线】和【垂直】等。

❸ 单击【确定】按钮即可为图像添加绘画笔效果。

15.3.6　基地凸现

【基地凸现】滤镜使图像呈现浮雕的雕刻状和突出光照下变化各异的表面。图像的暗区呈现前景色，而浅色使用背景色。执行完这个命令之后，当前文件图像颜色只存在黑灰白三色。

❶ 打开随书光盘中的"素材\ch15\白菊.jpg"文件。

❷ 选择【滤镜】➤【素描】➤【基地凸现】菜单命令，在弹出的【基地凸现】对话框中进行参数设置。

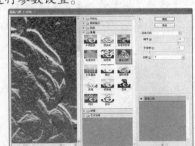

❸ 单击【确定】按钮即可为图像添加基地凸现效果。

15.3.7 水彩画纸

【水彩画纸】滤镜利用有污点的、像画在潮湿的纤维纸上的涂抹，使颜色流动并混合。

❶ 打开随书光盘中的"素材\ch15\黄菊.jpg"文件。

❷ 选择【滤镜】➤【素描】➤【水彩画纸】菜单命令，在弹出的【水彩画纸】对话框中进行参数设置。

❸ 单击【确定】按钮即可为图像添加水彩画纸效果。

15.3.8 撕边

【撕边】滤镜将重建图像，使之由粗糙、撕破的纸片状组成，然后使用前景色与背景色为图像着色。对于文本或高对比度对象，此滤镜尤其有用。

❶ 打开随书光盘中的"素材\ch15\郁金香.jpg"文件。

❷ 选择【滤镜】➤【素描】➤【撕边】菜单命令，在弹出的【撕边】对话框中进行参数设置。

3 单击【确定】按钮即可为图像添加撕边效果。

15.3.9 塑料效果

【塑料效果】滤镜可以按 3D 塑料效果塑造图像，然后使用前景色与背景色为结果图像着色，并使暗区凸起，亮区凹陷。

1 打开随书光盘中的"素材\ch15\红花.jpg"文件。

2 选择【滤镜】▶【素描】▶【塑料效果】菜单命令，在弹出的【塑料效果】对话框中进行参数设置。

3 单击【确定】按钮即可为图像添加塑料效果。

15.3.10 炭笔

【炭笔】滤镜可以产生色调分离的涂抹效果。主要边缘以粗线条绘制，而中间色调用对角描边进行素描。炭笔是前景色，背景是纸张颜色。

❶ 打开随书光盘中的"素材\ch15\月季 1.jpg"
文件。

❷ 选择【滤镜】➤【素描】➤【炭笔】菜单命
令,在弹出的【炭笔】对话框中进行参数
设置。

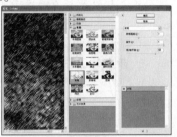

Tips

　　【炭笔】对话框中各个参数的含义如
下。
　　(1) 炭笔粗细:调整炭笔的粗细。
　　(2) 细节:调整当前图像炭笔的细节。
　　(3) 明\暗平衡:调整当前图像炭笔明暗
的平衡程度。

❸ 单击【确定】按钮即可为图像添加炭笔效
果。

15.3.11　炭精笔

　　【炭精笔】滤镜可以在图像上模拟浓黑和纯白的炭精笔纹理效果。【炭精笔】滤镜在暗
区使用前景色,在亮区使用背景色。

❶ 打开随书光盘中的"素材\ch15\月季.jpg"
文件。

❷ 选择【滤镜】➤【素描】➤【炭精笔】菜单
命令,在弹出的【炭精笔】对话框中进行
参数设置。

Tips

　　【炭精笔】对话框中各个参数的含义
如下。
　　(1) 前景色阶:用来调节前景色平衡。
　　(2) 背景色阶:用来调节背景色平衡。
　　(3) 纹理:在该选项下拉列表中可选择
一种纹理,包括【砖形】、【粗麻布】和【画
布】等。

❸ 单击【确定】按钮即可为图像添加炭精笔
效果。

15.3.12 图章

【图章】滤镜简化了图像，使之看起来就像是用橡皮或木制图章创建的一样。此滤镜用于黑白图像时效果最佳。

❶ 打开随书光盘中的"素材\ch15\郁金香.jpg"文件。

❷ 选择【滤镜】➤【素描】➤【图章】菜单命令，在弹出的【图章】对话框中进行参数设置。

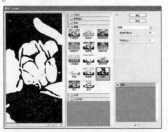

Tips

【图章】对话框中各个参数的含义如下。

(1) 明/暗平衡：用来设置图像中亮调与暗调区域的平衡。

(2) 平滑度：用来设置图像效果的平滑程度。

❸ 单击【确定】按钮即可为图像添加图章效果。

15.3.13 网状

【网状】滤镜模拟胶片乳胶的可控收缩和扭曲来创建图像，使之在阴影呈结块状，在高光呈轻微颗粒化。

❶ 打开随书光盘中的"素材\ch15\郁金香.jpg"文件。

❷ 选择【滤镜】➤【素描】➤【网状】菜单命令，在弹出的【网状】对话框中进行参数设置。

Tips

【网状】对话框中各个参数的含义如下。

(1) 浓度：用来设置图像中产生网纹的密度。

(2) 前景色阶：用来设置图像中使用前景色的色阶数。

(3) 背景色阶：用来设置图像中使用背景色的色阶数。

❸ 单击【确定】按钮即可为图像添加网状效果。

15.3.14　影印

【影印】滤镜可以模拟影印图像的效果。大的暗区趋向于只复制边缘四周，而中间色调要么纯黑色，要么纯白色。

❶ 打开随书光盘中的"素材\ch15\小黄菊.jpg"文件。

❷ 选择【滤镜】➤【素描】➤【影印】菜单命令，在弹出的【影印】对话框中进行参数设置。

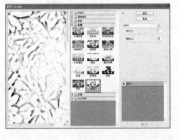

> **Tips**
>
> 　　【影印】对话框中各个参数的含义如下。
>
> 　　（1）细节：用来设置图像细节的保留程度。
>
> 　　（2）暗度：用来设置图像暗部区域的强度。

❸ 单击【确定】按钮即可为图像添加影印效果。

15.4　【纹理】滤镜组

🎞 **本节视频教学录像：8 分钟**

可以使用【纹理】滤镜模拟具有深度感或物质感的外观，或者添加一种器质外观。

15.4.1　龟裂缝

【龟裂缝】滤镜将图像绘制在一个高凸现的石膏表面上，以循着图像等高线生成精细的网状裂缝。使用此滤镜可以对包含多种颜色值或灰度值的图像创建浮雕效果。

❶ 打开随书光盘中的"素材\ch15\月季.jpg"文件。

❷ 选择【滤镜】➤【纹理】➤【龟裂缝】菜单命令，在弹出的【龟裂缝】对话框中进行参数设置。

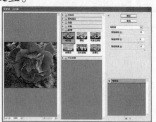

Tips

【龟裂缝】对话框中各个参数的含义如下。

(1) 裂缝间距：用来设置图像中生成的裂缝间距，值越小，间缝越细密。

(2) 裂缝深度：用来设置裂缝的深度。

(3) 裂缝亮度：用来设置裂缝的亮度。

❸ 单击【确定】按钮即可为图像添加龟裂缝效果。

15.4.2 颗粒

【颗粒】滤镜通过模拟以下不同种类的颗粒在图像中添加纹理：常规、柔和、喷洒、结块、强反差、扩大、点刻、水平、垂直和斑点（可以从【颗粒类型】下拉列表中进行选择）。

❶ 打开随书光盘中的"素材\ch15\花苞.jpg"文件。

❷ 选择【滤镜】➤【纹理】➤【颗粒】菜单命令，在弹出的【颗粒】对话框中进行参数设置。

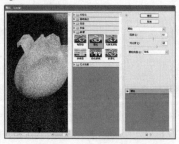

Tips

【颗粒】对话框中各个参数的含义如下。

(1) 强度：用来设置图像中加入颗粒的强度。

(2) 对比度：用来设置颗粒的对比度。

(3) 颗粒类型：在该选项的下拉列表中可以选择颗粒的类型，包括【常规】、【柔和】和【喷洒】等。

❸ 单击【确定】按钮即可为图像添加颗粒效果。

15.4.3　马赛克拼贴

【马赛克拼贴】滤镜用于渲染图像，使它看起来是由小的碎片或拼贴组成，然后在拼贴之间灌浆。

❶ 打开随书光盘中的"素材\ch15\风.jpg"文件。

❷ 选择【滤镜】➤【纹理】➤【马赛克拼贴】菜单命令，在弹出的【马赛克拼贴】对话框中进行参数设置。

❸ 单击【确定】按钮即可为图像添加马赛克拼贴效果。

15.4.4　拼缀图

【拼缀图】滤镜将图像分解为用图像中该区域的主色填充的正方形。此滤镜随机减小或增大拼贴的深度来模拟高光和阴影。

❶ 打开随书光盘中的"素材\ch15\白牡丹.jpg"文件。

❷ 选择【滤镜】➤【纹理】➤【拼缀图】菜单命令，在弹出的【拼缀图】对话框中进行参数设置。

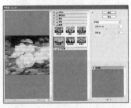

❸ 单击【确定】按钮即可为图像添加拼缀图效果。

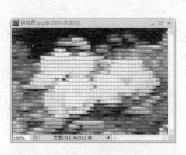

15.4.5 染色玻璃

【染色玻璃】滤镜将图像重新绘制为用前景色勾勒的单色的相邻单元格。

❶ 打开随书光盘中的"素材\ch15\红百合.jpg"文件。

❷ 选择【滤镜】➤【纹理】➤【染色玻璃】菜单命令，在弹出的【染色玻璃】对话框中进行参数设置。

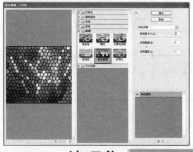

> ### Tips
>
> 【染色玻璃】对话框中各个参数的含义如下。
>
> (1) 单元格大小：用来设置图像中生成的色块大小。
>
> (2) 边框粗细：设置色块边界的宽度，Photoshop 会使用前景色作为边界颜色。
>
> (3) 光照强度：用来设置图像中心的光照强度。

❸ 单击【确定】按钮即可为图像添加染色玻璃效果。

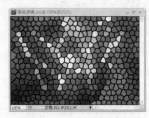

15.4.6 纹理化

【纹理化】滤镜将选择或创建的纹理应用于图像。

❶ 打开随书光盘中的"素材\ch15\黑郁金香.jpg"文件。

❷ 选择【滤镜】➤【纹理】➤【纹理化】菜单命令，在弹出的【纹理化】对话框中进行参数设置。

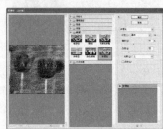

Tips

　　【纹理化】对话框中各个参数的含义如下。

　　(1) 纹理：在该选项的下拉列表中可以选择一种纹理添加到图像中，包括【砖形】、【粗麻布】和【画布】等。

　　(2) 缩放：设置纹理缩放的比例。

　　(3) 凸现：用来设置纹理的凸现程度。

　　(4) 光照：在该选项的下拉列表中可以选择光线照射的方向。

❸ 单击【确定】按钮即可为图像添加纹理化效果。

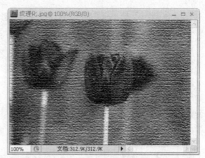

15.5　　【像素化】滤镜组

🎬 **本节视频教学录像：9 分钟**

　　【像素化】子菜单中的滤镜通过使单元格中颜色值相近的像素结成块来清晰地定义一个选区。

15.5.1　彩块化

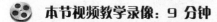

　　【彩块化】滤镜可以使纯色或相近颜色的像素结成相近颜色的像素块。使用此滤镜可以使扫描的图像看起来像手绘图像，或使现实主义图像类似抽象派绘画。

❶ 打开随书光盘中的"素材\ch15\老虎.jpg"文件。

❷ 选择【滤镜】➤【像素化】➤【彩块化】菜单命令，即可为图片调整彩块化的效果。

15.5.2　彩色半调

　　【彩色半调】滤镜可以模拟在图像的每个通道上使用放大的半调网屏的效果。对于每个通道，滤镜将图像划分为矩形，并用圆形替换每个矩形。圆形的大小与矩形的亮度成比例。

❶ 打开随书光盘中的"素材\ch15\狮子.jpg"文件。

❷ 选择【滤镜】➤【像素化】➤【彩色半调】菜单命令，在弹出的【彩色半调】对话框中进行参数设置。

❸ 单击【确定】按钮即可为图像添加彩色半调效果。

> **Tips**
>
> 　　【彩色半调】对话框中各个参数的含义如下。
>
> 　　（1）最大半径：用来设置生成的网点大小。
>
> 　　（2）网角（度）：用来设置图像各个原色通道的网点角度。

15.5.3　点状化

　　【点状化】滤镜将图像中的颜色分解为随机分布的网点，如同点状化绘画一样，并使用背景色作为网点之间的画布区域。

❶ 打开随书光盘中的"素材\ch15\哈巴狗.jpg"文件。

❷ 选择【滤镜】➤【像素化】➤【点状化】菜单命令，在弹出的【点状化】对话框中进行设置。

❸ 单击【确定】按钮即可为图像添加点状化效果。

15.5.4　晶格化

　　【晶格化】滤镜使像素结块形成多边形纯色。

❶ 打开随书光盘中的"素材\ch15\棕熊.jpg"文件。

❷ 选择【滤镜】➤【像素化】➤【晶格化】菜单命令，在弹出的【晶格化】对话框中进行参数设置。

❸ 单击【确定】按钮即可为图像添加晶格化
效果。

15.5.5　马赛克

　　【马赛克】滤镜使像素结为方形块。给定块中的像素颜色相同，块颜色代表选区中的
颜色。

❶ 打开随书光盘中的"素材\ch15\稚鸡.jpg"
文件。

❷ 选择【滤镜】➤【像素化】➤【马赛克】菜
单命令，在弹出的【马赛克】对话框中进
行参数设置。

❸ 单击【确定】按钮即可。

15.5.6　碎片

　　【碎片】滤镜创建选区中像素的 4 个副本，将它们平均并使其相互偏移。

❶ 打开随书光盘中的"素材\ch15\孔雀.jpg"
文件。

❷ 选择【滤镜】➤【像素化】➤【碎片】菜单
命令，即可为图片调整碎片的效果。

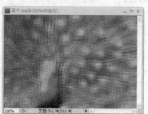

15.5.7　铜版雕刻

　　【铜版雕刻】滤镜将图像转换为黑白区域的随机图案或彩色图像中颜色完全饱和的随

机图案。要使用此滤镜，请从【铜版雕刻】对话框中的【类型】下拉列表中选择一种网点图案。

❶ 打开随书光盘中的"素材\ch15\老虎.jpg"文件。

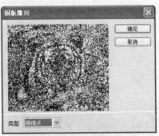

❷ 选择【滤镜】➢【像素化】➢【铜版雕刻】菜单命令，在弹出的【铜版雕刻】对话框中进行参数设置。

❸ 单击【确定】按钮即可为图像添加铜版雕刻效果。

15.6 综合实例——清晰化图像

🎬 **本节视频教学录像：3 分钟**

本实例学习使用【锐化】滤镜等来调整一张模糊的花卉图片。

15.6.1 实例预览

素材\ch15\模糊红月季.jpg

结果\ch15\清晰红月季.jpg

15.6.2 实例说明

实例名称：清晰红月季	
主要工具或命令：【锐化】滤镜命令等	
难易程度：★★★	常用指数：★★★★

15.6.3 实例步骤

第 1 步：新建文件

❶ 选择【文件】➢【打开】菜单命令。

❷ 打开随书光盘中的"素材\ch15\模糊红月季.jpg"图片。

第2步：调整图像

❶ 选择【滤镜】➤【锐化】➤【锐化边缘】菜单命令。

❷ 为图片调整清晰的锐化效果。

第3步：使用智能锐化

❶ 选择【滤镜】➤【锐化】➤【智能锐化】菜单命令，在弹出的【智能锐化】对话框中设置【数量】为"36"，【半径】为"10.0"，【移去】为"高斯模糊"。

❷ 单击【确定】按钮。

第4步：使用 USM 锐化

❶ 选择【滤镜】➤【锐化】➤【USM 锐化】菜单命令，在弹出的【USM 锐化】对话框中设置【数量】为"39"，【半径】为"6.5"，【阈值】为"14"。

❷ 单击【确定】按钮。

15.6.4　实例总结

本实例通过综合运用【锐化】滤镜等命令来修复不够清晰的图像，读者在学习的时候可灵活运用其他调整图像命令配合【锐化】滤镜一起调整图像。

15.7　举一反三

根据本章所学的知识，制作一幅人物素描图片。

素材\ch15\素描.jpg

结果\ch15\人物素描.jpg

提示：

(1) 选择【滤镜】▷【素描】▷【绘图笔】菜单命令，为图片调整绘图笔的效果；

(2) 选择【动作】面板中的【木质画框】命令。

15.8　技术探讨

【USM 锐化】滤镜的具体参数介绍如下。

数量：控制锐化效果的强度。对于一般的处理，【数量】为"150"、【半径】为"1"的设置是一个良好的开始，然后根据需要再作适当调节。数量值过大图像会变得虚假。

半径：用来决定作边沿强调的像素点的宽度。如果【半径】值为 1，则从亮到暗的整个宽度是两个像素；如果【半径】值为 2，则边沿两边各有两个像素点，那么从亮到暗的整个宽度是 4 个像素。半径越大，细节的差别也越清晰，但同时会产生光晕。专业设计师一般情愿多次使用 USM 锐化，也不愿一次将锐化半径设置超过 1 个像素。

阈值：决定多大反差的相邻像素边界可以被锐化处理，而低于此反差值就不作锐化。【阈值】的设置是避免因锐化处理而导致的斑点和麻点等问题的关键参数，正确设置后就可以使图像既保持平滑的自然色调(例如背景中纯蓝色的天空)的完美，又可以对变化细节的反差作出强调。在一般的印前处理中我们推荐【阈值】的值为 3 到 4，超过 10 是不可取的，它们会降低锐化处理效果并使图像显得很难看。

第16章 滤镜的高级应用

本章引言

　　本章主要介绍使用【渲染】滤镜、【艺术效果】滤镜、【杂色】滤镜和
【其他】滤镜制作各种效果。

16.1　【渲染】滤镜组

🎞 本节视频教学录像：8 分钟

　　【渲染】滤镜可以在图像中创建 3D 形状、云彩图案、折射图案和模拟的光反射。也可以在 3D 空间中操纵对象，创建 3D 对象（立方体、球面和圆柱），并为灰度文件创建纹理填充以产生类似 3D 的光照效果。

16.1.1　分层云彩

　　【分层云彩】滤镜使用随机生成的介于前景色与背景色之间的值，生成云彩图案。此滤镜将云彩数据和现有的像素混合，其方式与【差值】模式混合颜色的方式相同。

❶ 打开随书光盘中的"素材\ch16\红色花.jpg"文件。

❷ 选择【滤镜】➤【渲染】➤【分层云彩】菜单命令，即可为图片添加分层云彩效果。

16.1.2　光照效果

　　【光照效果】滤镜可以通过改变 17 种光照样式、3 种光照类型和 4 套光照属性，在 RGB 图像上产生无数种光照效果。还可以使用灰度文件的纹理（称为凹凸图）产生类似 3D 的效果，并可以存储自己的样式以在其他图像中使用。

❶ 打开随书光盘中的"素材\ch16\茶花.jpg"文件。

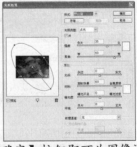

❷ 选择【滤镜】➤【渲染】➤【光照效果】菜单命令，在弹出的【光照效果】对话框中进行参数设置。

❸ 单击【确定】按钮即可为图像添加光照效果。

16.1.3　镜头光晕

【镜头光晕】滤镜可以模拟亮光照射到像机镜头所产生的折射效果。通过单击图像缩览图的任一位置或拖动其十字线，可以指定光晕中心的位置。

❶ 打开随书光盘中的"素材\ch16\太阳花.jpg"文件。

❷ 选择【滤镜】➤【渲染】➤【镜头光晕】菜单命令，在弹出的【镜头光晕】对话框中进行参数设置。

❸ 单击【确定】按钮即可为图像添加镜头光晕效果。

16.1.4　纤维

【纤维】滤镜使用前景色和背景色创建编织纤维的外观。

❶ 打开随书光盘中的"素材\ch16\小葵花.jpg"文件。

❷ 选择【滤镜】➤【渲染】➤【纤维】菜单命令，在弹出的【纤维】对话框中进行参数设置。

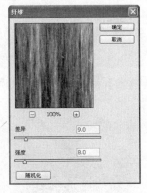

> **Tips**
>
> 【纤维】对话框中各个参数的含义如下。
>
> （1）差异：用来设置颜色的变化方式。该值较低时会产生较长的颜色条纹，该值较高时会产生较短且颜色分布变化更大的纤维。
>
> （2）强度：用来控制纤维的外观。该值较低时会产生松散的织物效果，该值较高时会产生短的绳状纤维效果。
>
> （3）随机化：单击该按钮可随机生成纤维的外观，每次单击都会产生不同的效果。

❸ 单击【确定】按钮即可将图像处理成纤维效果。

16.1.5 云彩

【云彩】滤镜使用介于前景色与背景色之间的随机值生成柔和的云彩图案。应用【云彩】滤镜时，当前图层上的图像数据将会被替换。

❶ 打开随书光盘中的"素材\ch16\桃花.jpg"文件。

❷ 选择【滤镜】➣【渲染】➣【云彩】菜单命令，即可为图片添加云彩效果。

16.2 【艺术效果】滤镜组

📽 **本节视频教学录像：20 分钟**

使用【艺术效果】子菜单中的滤镜，可以为美术或商业项目制作提供绘画效果或艺术效果。例如，使用【木刻】滤镜进行拼贴或印刷。这些滤镜可以模仿自然或传统介质效果，通过【滤镜库】可以应用所有【艺术效果】滤镜。

16.2.1 壁画

【壁画】滤镜使用短而圆的、粗略涂抹的小块颜料，以一种粗糙的风格绘制图像。

❶ 打开随书光盘中的"素材\ch16\红梅.jpg"文件。

❷ 选择【滤镜】➣【艺术效果】➣【壁画】菜单命令，在弹出的【壁画】对话框中进行参数设置。

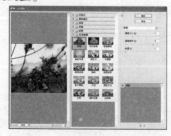

> *Tips*
>
> 【壁画】对话框中各个参数的含义如下。
>
> （1）画笔大小：此值越小，画笔越细，图像越清晰。
>
> （2）画笔细节：调节壁画效果的陈旧程度，此值越大，图像越陈旧。
>
> （3）纹理：设置壁画效果的颜色过渡变形。此值越大，纹理越深，图像变形越厉害。

❸ 单击【确定】按钮即可为图像添加壁画效果。

16.2.2　彩色铅笔

【彩色铅笔】滤镜使用彩色铅笔在纯色背景上绘制图像，保留重要边缘，外观呈粗糙阴影线，使纯色背景色透过比较平滑的区域显示出来。

❶ 打开随书光盘中的"素材\ch16\牡丹.jpg"文件。

❷ 选择【滤镜】▷【艺术效果】▷【彩色铅笔】菜单命令，在弹出的【彩色铅笔】对话框中进行参数设置。

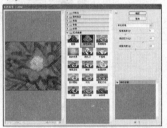

Tips

　　【彩色铅笔】对话框中各个参数的含义如下。

　　(1) 铅笔宽度：改变笔画的宽度和密度。

　　(2) 描边压力：改变用笔的力度。

　　(3) 纸张亮度：此值越大，背景越亮。

❸ 单击【确定】按钮即可为图像添加彩色铅笔效果。

16.2.3　粗糙蜡笔

【粗糙蜡笔】滤镜在带纹理的背景上应用粉笔描边。在亮色区域，粉笔看上去很厚，几乎看不见纹理；在深色区域，粉笔似乎被擦去了，使纹理显露出来。

❶ 打开随书光盘中的"素材\ch16\月季.jpg"文件。

❷ 选择【滤镜】▷【艺术效果】▷【粗糙蜡笔】菜单命令，在弹出的【粗糙蜡笔】对话框中进行参数设置。

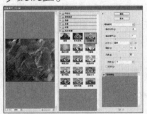

Tips

　　【粗糙蜡笔】对话框中各个参数的含义如下。

　　(1) 描边长度：用来设置画笔线条的长度。

　　(2) 描边细节：用来设置线条的细腻程度。

❸ 单击【确定】按钮即可为图像添加粗糙蜡笔效果。

16.2.4 底纹效果

【底纹效果】滤镜在带纹理的背景上绘制图像，然后将最终图像绘制在该图像上。

❶ 打开随书光盘中的"素材\ch16\风.jpg"文件。

❷ 选择【滤镜】▷【艺术效果】▷【底纹效果】菜单命令，在弹出的【底纹效果】对话框中进行参数设置。

> **Tips**
>
> 【底纹效果】对话框中各个参数的含义如下。
>
> (1) 画笔大小：用来设置产生底纹的画笔大小，该值越高，绘画效果越强烈。
>
> (2) 纹理覆盖：用来设置纹理的覆盖范围。
>
> (3) 纹理：在该选项的下拉列表中可以选择纹理样式，包括【砖形】、【粗麻布】和【画布】等。
>
> (4) 缩放：用来设置纹理大小。
>
> (5) 凸现：调整纹理表面的深度。

❸ 单击【确定】按钮即可为图像添加底纹效果。

16.2.5 调色刀

【调色刀】滤镜用来减少图像中的细节以生成描绘得很淡的画布效果，可以显示出下面的纹理。

❶ 打开随书光盘中的"素材\ch16\白菊花.jpg"文件。

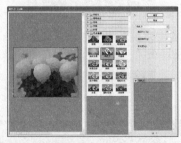

❷ 选择【滤镜】▷【艺术效果】▷【调色刀】菜单命令，在弹出的【调色刀】对话框中进行参数设置。

> **Tips**
>
> 【调色刀】对话框中的参数含义如下。
>
> (1) 描边大小：设置笔尖粗细。
>
> (2) 线条细节：设置颜色的相近程度。
>
> (3) 软化度：设置边界的柔化程度。

❸ 单击【确定】按钮即可为图像添加调色刀
效果。

16.2.6 干画笔

【干画笔】滤镜使用干画笔技术（介于油彩和水彩之间）绘制图像边缘。此滤镜通过将图像的颜色范围降到普通颜色范围来简化图像。

❶ 打开随书光盘中的"素材\ch16\红百合.jpg"
文件。

❷ 选择【滤镜】➤【艺术效果】➤【干画笔】
菜单命令，在弹出的【干画笔】对话框中
进行参数设置。

> **Tips**
>
> 【干画笔】对话框中各个参数的含义
> 如下。
> (1) 画笔大小：设置笔刷的大小。此值
> 越细，图像越清晰。
> (2) 画笔细节：调节笔触和细腻程度。
> (3) 纹理：设置颜色之间的过渡变形效果。

❸ 单击【确定】按钮即可为图像添加干画笔
效果。

16.2.7 海报边缘

【海报边缘】滤镜根据设置的海报化选项减少图像中的颜色数量（对其进行色调分离），并查找图像的边缘，在边缘上绘制黑色线条。大而宽的区域有简单的阴影，而细小的深色细节遍布图像。

❶ 打开随书光盘中的"素材\ch16\黑郁金
香.jpg"文件。

❷ 选择【滤镜】➤【艺术效果】➤【海报边缘】
菜单命令，打开【海报边缘】对话框，为
图片添加海报边缘效果。

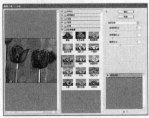

❸ 单击【确定】按钮即可为图像添加海报边缘效果。

16.2.8　海绵

【海绵】滤镜使用颜色对比强烈、纹理较重的区域创建图像，以模拟海绵绘画的效果。

❶ 打开随书光盘中的"素材\ch16\紫菊花.jpg"文件。

❷ 选择【滤镜】➤【艺术效果】➤【海绵】菜单命令，在弹出的【海绵】对话框中进行参数设置。

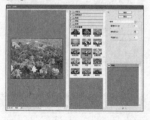

❸ 单击【确定】按钮即可为图像添加海绵效果。

16.2.9　绘画涂抹

【绘画涂抹】滤镜可以选取各种大小（从 1 到 50）和类型的画笔来创建绘画效果。画笔类型包括简单、未处理光照、暗光、宽锐化、宽模糊和火花。

❶ 打开随书光盘中的"素材\ch16\太阳花.jpg"文件。

❷ 选择【滤镜】➤【艺术效果】➤【绘画涂抹】菜单命令，在弹出的【绘画涂抹】对话框中进行参数设置。

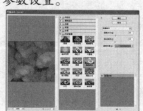

　　【绘画涂抹】对话框中各个参数的含义如下。

　　（1）画笔大小：设置画笔粗细。

　　（2）锐化程度：设置图像的锐化程度。此值越高，效果越锐利。

　　（3）画笔类型：在该选项下拉列表中可以选择画笔的类型，包括简单、未处理光照、未处理深色、宽锐化、宽模糊和火花等。

❸ 单击【确定】按钮即可为图像添加绘画涂抹效果。

16.2.10 胶片颗粒

　　【胶片颗粒】滤镜将平滑图案应用于阴影和中间色调。将一种更平滑、饱和度更高的图案添加到亮区。在消除混合的条纹和将各种来源的图素在视觉上进行统一时，此滤镜非常有用。

❶ 打开随书光盘中的"素材\ch16\小葵花.jpg"文件。

❷ 选择【滤镜】➤【艺术效果】➤【胶片颗粒】菜单命令，在弹出的【胶片颗粒】对话框中进行参数设置。

　　【胶片颗粒】对话框中各个参数的含义如下。

　　（1）颗粒：设置图像上分布黑色颗粒的数量和大小。

　　（2）高光区域：设置高亮区域的颗粒总数。此值越大，高亮区域的颗粒总数越少。

　　（3）强度：设置颗粒纹理强度。此值越小，越强烈。

❸ 单击【确定】按钮即可为图像添加胶片颗粒效果。

16.2.11 木刻

　　【木刻】滤镜使图像看上去好像是由从彩纸上剪下的边缘粗糙的剪纸片组成的。高对比度的图像看起来呈剪影状，而彩色图像看上去是由几层彩纸组成的。

❶ 打开随书光盘中的"素材\ch16\茶花.jpg"
文件。

❷ 选择【滤镜】▷【艺术效果】▷【木刻】菜
单命令，在弹出的【木刻】对话框中进行
参数设置。

Tips

　　【木刻】对话框中各个参数的含义如
下。

　　(1) 色阶数：控制当前图层上的色度分
成层次数。

　　(2) 边缘简化度：设置边缘简化程度。
此值越大，边缘简化为背景色的速度越快。
可在几何形状不太复杂时产生真实的效果。

　　(3) 边缘逼真度：调节痕迹的清晰程度。

❸ 单击【确定】按钮即可为图像添加木刻效果。

16.2.12　霓虹灯光

　　【霓虹灯光】滤镜可以将各种类型的灯光添加到图像中的对象上。此滤镜用于在柔化
图像外观时给图像着色。要选择一种发光颜色，请单击【发光颜色】框，并从弹出的拾色
器中选择一种颜色。

❶ 打开随书光盘中的"素材\ch16\红梅.jpg"
文件。

❷ 选择【滤镜】▷【艺术效果】▷【霓虹灯光】
菜单命令，在弹出的【霓虹灯光】对话框
中进行参数设置。

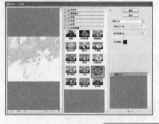

Tips

　　【霓虹灯光】对话框中各个参数的含
义如下。

　　(1) 发光大小：设置发光照射的范围。

　　(2) 发光亮度：设置发光的亮度。

　　(3) 发光颜色：设置发光的颜色。

❸ 单击【确定】按钮即可为图像添加霓虹灯
光效果。

16.2.13　水彩

　　【水彩】滤镜以水彩的风格绘制图像，使用蘸了水和颜料的中号画笔绘制以简化细节。
当边缘有显著的色调变化时，此滤镜会使颜色更加饱满。

❶ 打开随书光盘中的"素材\ch16\桃花.jpg"
文件。

❷ 选择【滤镜】➢【艺术效果】➢【水彩】菜
单命令,在弹出的【水彩】对话框中进行
参数设置。

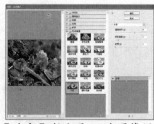

❸ 单击【确定】按钮即可为图像添加水彩效
果。

16.2.14 塑料包装

【塑料包装】滤镜可以给图像涂上一层光亮的塑料,以强调表面细节。

❶ 打开随书光盘中的"素材\ch16\哈巴狗.jpg"
文件。

❷ 选择【滤镜】➢【艺术效果】➢【塑料包装】
菜单命令,在弹出的【塑料包装】对话框
中进行参数设置。

> **Tips**
>
> 　【塑料包装】对话框中各个参数的含
> 义如下。
> 　(1) 高光强度:设置高亮点的亮度。
> 　(2) 细节:设置细节的复杂程度。
> 　(3) 平滑度:设置光滑程度。

❸ 单击【确定】按钮即可为图像添加塑料包
装效果。

16.2.15 涂抹棒

【涂抹棒】滤镜使用短的对角描边涂抹暗区以柔化图像,但亮区会变得更亮,以致失
去细节。

❶ 打开随书光盘中的"素材\ch16\孔雀.jpg"
文件。

❷ 选择【滤镜】➢【艺术效果】➢【涂抹棒】

菜单命令,在弹出的【涂抹棒】对话框中
进行参数设置。

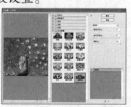

❸ 单击【确定】按钮即可为图像添加涂抹棒效果。

16.3 【杂色】滤镜组

■ **本节视频教学录像：7 分钟**

　　【杂色】滤镜可以添加或移去杂色或带有随机分布色阶的像素。这有助于将选区混合到周围的像素中。【杂色】滤镜可以创建与众不同的纹理或移去有问题的区域，如灰尘和划痕等。

16.3.1 减少杂色

　　【减少杂色】滤镜在基于影响整个图像或各个通道的用户设置保留边缘的同时减少杂色。

❶ 打开随书光盘中的 "素材\ch16\新年.jpg" 文件。

❷ 选择【滤镜】▶【杂色】▶【减少杂色】菜单命令，在弹出的【减少杂色】对话框中进行参数设置。

❸ 单击【确定】按钮即可为图像减少杂色。

16.3.2 蒙尘与划痕

【蒙尘与划痕】滤镜通过更改相异的像素减少杂色。为了在锐化图像和隐藏瑕疵之间取得平衡，请尝试【半径】与【阈值】设置的各种组合，或者在图像的选中区域应用此滤镜。

❶ 打开随书光盘中的"素材\ch16\彩色铅笔.jpg"文件。

❷ 选择【滤镜】➤【杂色】➤【蒙尘与划痕】菜单命令，在弹出的【蒙尘与划痕】对话框中进行参数设置。

Tips

　　【蒙尘与划痕】对话框中各个参数的含义如下。

　　(1) 半径：用来设置以多大半径为范围搜索像素间的差异。该值越高，模糊程度越强。

　　(2) 阈值：用来设置像素的差异有多大才能被视为杂点。该值越高，去除杂点的效果就越弱。

❸ 单击【确定】按钮即可为图像添加蒙尘与划痕效果。

16.3.3 去斑

【去斑】滤镜用于检测图像的边缘（发生显著颜色变化的区域）并模糊除那些边缘外的所有选区。该模糊操作会移去杂色，同时保留细节。

❶ 打开随书光盘中的"素材\ch16\盘花.jpg"文件。

❷ 选择【滤镜】➤【杂色】➤【去斑】菜单命令，为图片添加去斑的效果。

16.3.4 添加杂色

【添加杂色】滤镜将随机像素应用于图像，模拟在高速胶片上拍照的效果。也可以使用【添加杂色】滤镜来减少羽化选区或渐进填充中的条纹，使经过重大修饰的区域看起来更真实。

❶ 打开随书光盘中的"素材\ch16\糖果.jpg"文件。

❷ 选择【滤镜】▷【杂色】▷【添加杂色】菜单命令，在弹出的【添加杂色】对话框中进行参数设置。

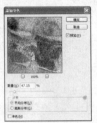

❸ 单击【确定】按钮即可为图像添加杂色效果。

16.3.5　中间值

　　【中间值】滤镜通过混合选区中像素的亮度来减少图像的杂色。此滤镜搜索像素选区的半径范围以查找与亮度相近的像素，扔掉与相邻像素差异太大的像素，并用搜索到的像素的中间亮度值替换中心像素。此滤镜在消除或减少图像的动感效果时非常有用。

❶ 打开随书光盘中的"素材\ch16\蜡笔.jpg"文件。

❷ 选择【滤镜】▷【杂色】▷【中间值】菜单命令，在弹出的【中间值】对话框中进行参数设置。

❸ 单击【确定】按钮即可为图像添加中间值效果。

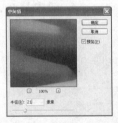

16.4　【其他】滤镜组

🎞 **本节视频教学录像：7 分钟**

　　【其他】子菜单中的滤镜允许创建自己的滤镜、使用滤镜修改蒙版、在图像中使选区发生位移和快速调整颜色。

16.4.1 高反差保留

【高反差保留】滤镜在有强烈颜色转变发生的地方按指定的半径保留边缘细节，并且不显示图像的其余部分。

❶ 打开随书光盘中的"素材\ch16\盘花2.jpg"文件。

❷ 选择【滤镜】➤【其他】➤【高反差保留】菜单命令，在弹出的【高反差保留】对话

框中进行参数设置。

❸ 单击【确定】按钮即可为图像添加高反差保留效果。

16.4.2 位移

【位移】滤镜为将选区移动指定水平量或垂直量，而选区的原位置变成空白区域。可以用当前背景色、图像的另一部分填充这块区域，或者如果选区靠近图像边缘，也可以使用所选择的填充内容进行填充。

❶ 打开随书光盘中的"素材\ch16\铜钱.jpg"文件。

❷ 选择【滤镜】➤【其他】➤【位移】菜单命令，在弹出的【位移】对话框中进行参数设置。

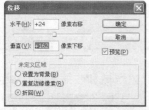

> **Tips**
>
> 　　【位移】对话框中各个参数的含义如下。
> 　　(1) 水平：用来设置水平偏移的距离。
> 　　(2) 垂直：用来设置垂直偏移的距离。
> 　　(3) 未定义区域：用来设置偏移图像后产生空缺部分的填充方式。

❸ 单击【确定】按钮即可使图像发生位移变化。

16.4.3 自定

【自定】滤镜可以设计自己的滤镜效果。使用【自定】滤镜，根据预定义的数学运算（称为卷积）可以更改图像中每个像素的亮度值，也可以根据周围的像素值为每个像素重

新指定一个值。

❶ 打开随书光盘中的"素材\ch16\彩色铅笔
2.jpg"文件。

❷ 选择【滤镜】▶【其他】▶【自定】菜单命
令，在弹出的【自定】对话框中进行参数
设置。

❸ 单击【确定】按钮即可为图像添加自定的
效果。

16.4.4　最大值

　　【最大值】滤镜对于修改蒙版非常有用，有应用阻塞的效果，主要用来展开白色区域
和阻塞黑色区域。

❶ 打开随书光盘中的"素材\ch16\多色太阳
花.jpg"文件。

❷ 选择【滤镜】▶【其他】▶【最大值】菜单
命令，在弹出的【最大值】对话框中进行
参数设置。

❸ 单击【确定】按钮即可为图像添加最大值
效果。

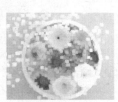

16.4.5　最小值

　　【最小值】滤镜有应用伸展的效果，主要用来展开黑色区域和收缩白色区域。

❶ 打开随书光盘中的"素材\ch16\红色花.jpg"
文件。

❷ 选择【滤镜】➤【其他】➤【最小值】菜单命令，在弹出的【最小值】对话框中进行参数设置。

❸ 单击【确定】按钮即可为图像添加最小值效果。

16.5 【Digimarc】滤镜组

🎬 本节视频教学录像：3 分钟

【Digimarc】滤镜可以将数字水印嵌入到图像中以储存版权信息。

16.5.1 嵌入水印

【嵌入水印】滤镜将数字水印嵌入到图像中以储存版权信息。

❶ 打开随书光盘中的"素材\ch16\风.jpg"文件。

❷ 选择【滤镜】➤【Digimarc】➤【嵌入水印】菜单命令，在弹出的【嵌入水印】对话框中进行参数设置。

❸ 单击【好】按钮，打开【嵌入水印：验证】对话框，单击【好】按钮即可。

> *Tips*
>
> 　　【嵌入水印】对话框中各个参数的含义如下。
>
> 　　(1) 标识号：设置创建者的个人信息，可单击【个人注册】按钮启动 Web 浏览器并访问位于 www.digimarc.com 的 Digimarc Web 站点进行注册。
>
> 　　(2) 图像信息：用来填写版权的申请年份等信息。
>
> 　　(3) 图像属性：用来设置图像的使用范围，包括【限制的使用】、【成人内容】和【请勿拷贝】。
>
> 　　(4) 目标输出：可指定图像是用于显示器显示、Web 显示还是打印显示。
>
> 　　(5) 水印耐久性：设置水印的耐久性和可视性。

16.5.2 读取水印

【读取水印】滤镜将图像中的数字水印读取出来。

❶ 打开随书光盘中的"素材\ch16\树叶.jpg"
文件。

❷ 选择【滤镜】➤【Digimarc】➤【读取水印】
菜单命令，即可显示图片中的水印信息。

16.6 综合实例——去除照片上的杂点

本节视频教学录像：3 分钟

本实例学习使用【去斑】滤镜和【减少杂色】滤镜来修复一张照片。

16.6.1 实例预览

素材\ch16\白天鹅.jpg   结果\ch16\去杂点.jpg

16.6.2 实例说明

实例名称：去除照片上的杂点	
主要工具或命令：【去斑】滤镜命令等	
难易程度：★★ 常用指数：★★★★	

16.6.3 实例步骤

第 1 步：新建文件

❶ 选择【文件】➤【打开】菜单命令。

❷ 打开"素材\ch16\白天鹅.jpg"图片。

第 2 步：执行【减少杂色】命令

❶ 选择【滤镜】➤【杂色】➤【减少杂色】菜
单命令。

❷ 在弹出的【减少杂色】对话框中设置【强
度】为"9"，【保留细节】为"93%"，【减
少杂色】为"100%"，【锐化细节】为"57%"。

❸ 单击【确定】按钮。

第3步：执行【去斑】命令

❶ 选择【滤镜】➢【杂色】➢【去斑】菜单命令，为图片去斑。

❷ 按【Ctrl+F】组合键继续执行【去斑】命令，连按 3 次即可。

16.6.4　实例总结

本实例使用【减少杂色】和【去斑】滤镜对图片进行清晰化处理。

16.7　举一反三

根据本章所学的知识，制作一幅水彩画。

素材\ch16\水彩画.jpg

结果\ch16\水彩画.jpg

提示：

⑴ 选择【滤镜】➢【艺术效果】➢【调色刀】菜单命令，为图片调整水彩的效果；

⑵ 选择【滤镜】➢【艺术效果】➢【水彩】菜单命令，加深水彩效果。

16.8　技术探讨

　　在使用【阈值】命令或将图像转换为位图模式之前，将【高反差】滤镜应用于连续色调的图像会很有帮助。此滤镜对于从扫描图像中提取艺术线条和大的黑白区域非常有用。

第 17 章　Photoshop CS4 新增功能——3D 图像处理

本章引言

　　Photoshop CS4 新增了 3D 图层菜单，今后我们就可以直接使用 Photoshop 进行 3D 图像处理了。本章就来讲解 3D 图层的应用，学习完这些知识，我们就可以掌握 3D 图像处理的精髓了。

对 3D 图像进行处理，是 Photoshop CS4 新增的功能。Photoshop CS4 支持多种 3D 文件格式，并且可以处理和合并现有的 3D 对象、创建新的 3D 对象、编辑和创建 3D 纹理及组合 3D 对象与 2D 图像。

17.1 3D 概述

🎬 **本节视频教学录像：27 分钟**

Photoshop CS4 引入了 3D 功能，它允许用户导入 3D 格式文件，并且可以在画布上对 3D 物体旋转移动等变换。更重要的是用户还可以在 3D 物体上面直接绘画，这大大提升了 Photoshop CS4 处理图像的功能。

17.1.1 3D 基础

使用 Photoshop CS4 不但可以打开和处理由 MAYA、3ds MAX 等软件生成的 3D 对象，而且 Photoshop CS4 还支持下列 3D 文件格式：U3D、3DS、OBJ、KMZ 以及 DAE。

1. 3D 组件

3D 文件可包含下列一个或多个组件。

(1) 网格

网格提供 3D 模型的底层结构。3D 模型通常至少包含一个网格，也可能包含多个网格。在 Photoshop 中，可以在多种渲染模式下查看网格，还可以分别对每个网格进行操作。

(2) 材料

一个网格可具有一种或多种相关的材料，这些材料控制整个网格的外观或局部网格的外观。右图是更改 3D 图像中材料设置的效果对比图。

(3) 光源

光源类型包括无限光、聚光灯和点光。可以移动和调整现有光照的颜色和强度，并且可以将新光照添加到 3D 场景中。下面是更改 3D 图像中光源设置的效果对比图。

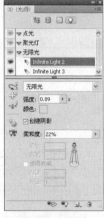

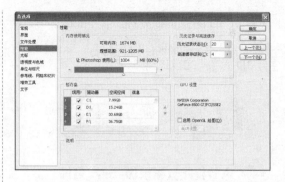

2. 关于 OpenGL

OpenGL 是一种软件和硬件标准，可在处理大型或复杂图像（如 3D 文件）时加速视频处理过程。在安装了 OpenGL 的系统中，打开、移动和编辑 3D 模型时的性能将极大提高。

> **Tips**
>
> 如果未在系统中检测到 OpenGL，则 Photoshop 使用只用于软件的光线跟踪渲染来显示 3D 文件。

如果系统中安装有 OpenGL，则可以在 Photoshop 首选项中启用它。

❶ 选择【编辑】➤【首选项】➤【性能】菜单命令，打开【首选项】对话框。

❷ 在【GPU 设置】组合框中，选择【启用 OpenGL 绘图】复选框。

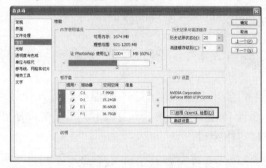

❸ 单击【确定】按钮。首选项会影响新的（不是当前已打开的）窗口，故无需重启。

> **Tips**
>
> 必须选定【启用 OpenGL 绘图】复选框才能显示 3D 轴、地面和光源 Widget。

3. 打开 3D 文件

可以打开 3D 文件自身或将其作为 3D 图层添加到打开的 Photoshop 文件中。将文件作为 3D 图层添加时，该图层会使用现有文件的尺寸。3D 图层包含 3D 模型和透明背景。

Photoshop 可以打开下列 3D 文件格式：U3D、3DS、OBJ、DAE (Collada) 以及 KMZ (Google Earth 格式)。

执行下列操作之一可以打开 3D 文件。

方法一：选择【文件】➤【打开】菜单命令，在【打开】对话框中选择文件。

方法二：在文档打开时，选择【3D】➤【从3D文件新建图层】菜单命令，然后选择要打开的3D文件。此操作会将现有的3D文件作为图层添加到当前的文件中。

17.1.2 【3D】调板概述

打开【3D】调板的方法有以下3种。

(1) 选择【窗口】➤【3D】菜单命令。

(2) 在【图层】调板中的图层缩览图上双击【3D图层】按钮 。

(3) 选择【窗口】➤【工作区】➤【高级3D】菜单命令。

打开【3D】调板后，此时【3D】调板会显示关联的3D文件的组件。在调板顶部列出文件中的网格、材料和光源。调板的底部显示在顶部选择的3D组件的设置和选项。下图所示为打开一个3D文件时，选中【场景】选项卡后的【3D】调板。

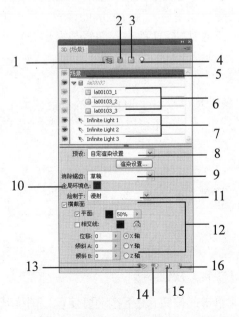

下面介绍【3D】调板中各个按钮或选项的作用和功能。

1.【场景】按钮

单击此按钮，显示所有的场景组件。

2.【网格】按钮

单击此按钮，可查看网格设置和3D面板底部的信息。

3.【材料】按钮

单击此按钮，可查看在3D文件中所使用的材料信息。

4.【光源】按钮

单击此按钮，可查看在3D文件中所使用的所有光源组件及类型。

5. 网格

显示3D文件中出现的所有网格。

6. 材料

显示3D文件中出现的所有材料。

7. 光源

显示3D文件中出现的所有光源。

8. 渲染预设菜单

指定模型的渲染预设。此菜单共包括了17种渲染预设。要自定选项，请单击【渲染设置】按钮。

9. 消除锯齿

选择该设置，可在保证优良性能的同时，呈现最佳的显示品质。使用【最佳】设置可获得最高显示品质，使用【草稿】设置可获得最佳性能。

10. 全局环境色

设置在反射表面上可见的全局环境光的颜色。该颜色与用于特定材料的环境色相互作用。

11. 绘制于

直接在 3D 模型上绘画时，请使用该菜单选择要在其上绘制的纹理映射。

> **Tips**
>
> 也可以通过选择【3D】➤【3D 绘画模式】菜单命令，选择用于绘画的目标纹理。

12. 横截面设置

在此设置区中可以设置平面、相交线、位移和倾斜等横截面的相关属性。

13.【切换地面】按钮 ◈

单击此按钮，可以切换到地面设置。地面是反映相对于 3D 模型的地面位置的网格。

14.【切换光源】按钮 ☜

单击此按钮，可以显示或隐藏光源参考线。

> **Tips**
>
> 只有在系统上启用 OpenGL 时，才能启用【切换地面】和【切换光源】按钮。

15.【创建新光源】按钮 ⬆

单击此按钮，然后选择光源类型（点光、聚光灯或无限光），可以创建一个新光源。

16.【删除光源】按钮 ⬇

单击此按钮，可以删除在光源列表中已选定的光源。

了解了【3D】调板中的各个按钮和选项的功能与作用后，通过相应的设置，可以更加方便地对 3D 文件进行编辑与操作。

17.1.3 使用 3D 工具

选定 3D 图层时，会激活 3D 工具。使用 3D 对象工具可以更改 3D 模型的位置或大小；使用 3D 相机工具可以更改场景视图。如果系统支持 OpenGL，还可以使用 3D 轴来操控 3D 模型。

选择【3D 旋转工具】 ◈ 后，其属性栏如下图所示。

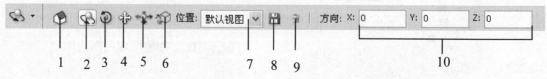

1.【返回到初始相机位置】按钮 ◈

单击此按钮，可返回到模型的初始视图。

2.【旋转】按钮 ◈

单击此按钮，上下拖动可使模型围绕其 x 轴旋转，左右拖动可使模型围绕其 y 轴旋转。

3.【滚动】按钮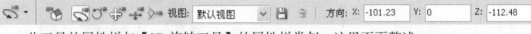

单击此按钮，两侧拖动可使模型绕 z 轴旋转。

4.【拖动】按钮

单击此按钮，两侧拖动可沿水平方向拖动模型，上下拖动可沿垂直方向拖动模型，按住【Alt】键的同时进行拖动可沿 x/z 方向移动。

5.【滑动】按钮

单击此按钮，两侧拖动可沿水平方向移动模型，上下拖动可将模型移近或移远，按住【Alt】键的同时进行拖移可沿 x/y 方向移动。

6.【缩放】按钮

单击此按钮，可以缩放 3D 模型的大小。

7. 位置菜单

可以更改 3D 模型的视图模式。

8.【存储当前位置/相机视图】按钮

单击此按钮，可以保存 3D 模型的当前位置/相机视图。

9.【删除当前位置/相机视图】按钮

单击此按钮，可以删除 3D 的当前位置/相机视图。

10. 位置/相机视图坐标

可以显示 3D 模型的当前位置/相机视图坐标。

选择【3D 环绕工具】后，其属性栏如下图所示。

| | | 视图：默认视图 | | 方向：X: -101.23 | Y: 0 | Z: -112.48 |

此工具的属性栏与【3D 旋转工具】的属性栏类似，这里不再赘述。

17.1.4 3D 场景设置

使用 3D 场景设置可以更改渲染模式、选择要在其上绘制的纹理或创建横截面。要访问场景设置，请单击【3D】调板中的【场景】按钮，然后在调板顶部选择【场景】条目。

1. 查看横截面

通过将 3D 模型与一个不可见的平面相交，可以查看该模型的横截面，该平面以任意角度切入模型并仅显示其一个侧面上的内容。

(1) 选择【3D{场景}】调板底部的【横截面】复选框。

(2) 设置【对齐】、【位置】和【方向】等相关的选项。

【平面】复选框：选择该复选框，可以显示创建横截面的相交平面，并可以选择平面颜色和不透明度。

【相交线】复选框：选择以高亮显示横截面平面相交的模型区域。单击颜色框可以选择高光颜色。

【翻转横截面】按钮 ：将模型的显示区域更改为相交平面的反面。

位移和倾斜：使用【位移】设置可以沿平面的轴移动平面，而不更改平面的斜度。在使用默认位移 0 的情况下，平面将与 3D 模型相交于中点。使用最大正位移或负位移时，平面将会移动到它与模型的任何相交线之外。使用【倾斜】设置可以将平面朝其任一可能的倾斜方向旋转至 360°。对于特定的轴，【倾斜】设置会使平面沿其他两个轴旋转。例如，可将与 y 轴对齐的平面绕 x 轴（倾斜 A）或 z 轴（倾斜 B）旋转。

对齐方式（x、y、z 轴）：为交叉平面选择一个轴（x、y 或 z），该平面将与选定的轴垂直。

2．对每个横截面应用不同的渲染模式

可以对横截面的每个面使用不同的渲染模式，以合并同一 3D 模型的不同视图，例如，带【实色线框】渲染模式。

下面通过一个实例来介绍 3D 场景设置的方法。

❶ 打开随书光盘中的"素材\ch17\冰激凌.3DS"文件。

❷ 打开【3D{场景}】调板，选择【横截面】复选框，当前的渲染设置已应用于可见的横截面。

❸ 单击【3D 场景】调板中的 渲染设置... 按钮，弹出【3D 渲染设置】对话框。

❹ 在【3D 渲染设置】对话框中的【预设】下拉列表中选择【实色线框】选项。

❺ 单击【确定】按钮，即可看到图像发生了变化。

17.1.5 3D 材料设置

　　【3D】调板顶部列出了在 3D 文件中使用的材料。可以使用一种或多种材料来创建模型的整体外观。如果模型包含多个网格，则每个网格可能会有与之关联的特定材料；或者模型可以从一个网格构建，但使用多种材料。在这种情况下，每种材料分别控制网格特定部分的外观。

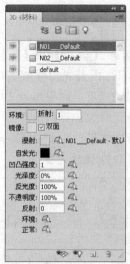

　　对于【3D】调板顶部选定的材料，底部会显示该材料所使用的特定纹理映射。某些纹理映射（如"漫射"和"凹凸"）通常依赖于 2D 文件来提供创建纹理的特定颜色或图案。如果材料使用纹理映射，则纹理文件会列在映射类型旁边。

　　材料所使用的 2D 纹理映射也会作为纹理出现在【图层】调板中，并按纹理映射类别编组。不同的材料可以使用相同的纹理映射。

　　可以使用每个纹理类型旁的【纹理映射菜单】按钮 创建、载入、打开、移去或编辑纹理映射的属性，也可以通过直接在模型区域上绘画来创建纹理。

> *Tips*
>
> 　　根据纹理类型，可能不需要单独的 2D 文件来创建或修改材料的外观。例如，可以通过输入值或使用这些纹理类型旁的小滑块控件来调整材料的光泽度、反光度、不透明度或反射。

　　下面通过一个实例来介绍材料设置的方法。

❶ 打开随书光盘中的"素材\ch17\会议桌.3DS"文件。

❷ 选择【窗口】▷【3D】菜单命令，弹出【3D】调板，在打开的【3D】调板中单击【材料】按钮 。

❸ 在打开的【3D{材料}】调板中设置【凹凸强度】为"5"，【光泽度】为"70"，【反光度】为"70"，【不透明度】为"75%"，【反射】为"30"，最终效果如下图所示。

17.1.6　3D 光源设置

3D 光源从不同角度照亮模型，从而添加逼真的深度和阴影。Photoshop CS4 提供 3 种类型的光源，每种光源都有独特的功能。

(1) 点光像灯泡一样，向各个方向照射。

(2) 聚光灯照射出可调整的锥形光线。

(3) 无限光像太阳光，从一个方向平面照射。

要调整这些光源的位置，可使用与 3D 模型工具类似的工具。

1. 添加或删除各个光源

在【3D】调板中，执行下列操作可以添加或删除光源。

(1) 要添加光源，请单击【创建新光源】按钮 ，然后选取光源类型（点光、聚光灯或无限光）。

(2) 要删除光源，请从【光源】列表中选择光源，然后单击调板底部的【删除】按钮 。

2. 调整光源属性

(1) 在【3D】调板的【光源】列表中选择光源。

(2) 要更改光源类型，请从位于调板下半部分的第一个下拉列表中选择其他的选项。

(3) 设置以下选项。

强度：调整亮度。

颜色：定义光源的颜色。单击该框以访问拾色器。

创建阴影：从前景表面到背景表面、从单一网格到其自身或从一个网格到另一个网格的投影。禁用此选项可稍微改善性能。

柔和度：模糊阴影边缘，产生逐渐的衰减。

(4) 对于点光或聚光灯，请设置以下选项。

聚光（仅限聚光灯）：设置光源明亮中心的宽度。

衰减（仅限聚光灯）：设置光源的外部宽度。

使用衰减：【内径】和【外径】设置项决定衰减锥形，以及光源强度随对象距离的增加而减弱的速度。对象接近【内径】限制时，光源强度最大；对象接近【外径】限制时，光源强度为零；处于中间距离时，光源从最大强度线性衰减为零。

> ### Tips
> 将鼠标指针悬停在【聚光】、【衰减】、【内径】和【外径】选项上，其右侧图标中的红色轮廓指示受影响的光源元素。

下面通过一个实例来介绍调整光源属性的方法。

❶ 打开随书光盘中的 "素材\ch17\花瓶.3DS" 文件。

❷ 选择【窗口】>【3D】菜单命令，弹出【3D】调板，在打开的【3D】调板中单击【光源】按钮 。

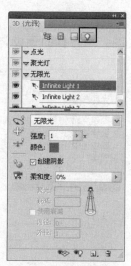

❸ 在【无限光】中选择【Infinite Light2】光源。

❹ 在打开的【3D{光源}】调板中设置【强度】为"2.97"，【颜色】为绿色（R:28、G:251、B:90）"，最终效果如下图所示。

3. 调整光源位置

在【3D{光源}】调板中更改以下任意一个选项就会调整光源位置。

【旋转】工具 （仅限聚光灯和无限光）：旋转光源，同时保持其在 3D 空间的位置。

【拖移】工具 （仅限聚光灯和点光）：将光源移动到同一 3D 平面中的其他位置。

【滑动】工具 （仅限聚光灯和点光）：将光源移动到其他 3D 平面。

原点处的点光 （仅限聚光灯）：使光源正对模型中心。

移至当前视图 ：将光源置于与相机相同的位置。

4. 添加光源参考线

光源参考线为进行光源调整提供三维参考点。这些参考线反映了每个光源的类型、角度和衰减。点光显示为小球，聚光灯显示为锥形，无限光显示为直线。

在【3D】调板底部单击【切换光源】按钮 即可添加光源参考线。下图所示为添加光源参考线后的效果。

5. 存储、替换或添加光源组

要将光源包含到其他项目中，请添加到现有组中或替换现有组。

单击【3D】调板右上角的黑色倒三角按钮 ，弹出如右图所示的下拉菜单。

存储光源预设：将当前光源组存储为预设，这样可以使用以下命令重新载入。

添加光源：对于现有光源，添加选定的

光源预设。

替换光源：用选择的预设替换现有光源。

17.2 使用 2D 图像创建 3D 对象

本节视频教学录像：8 分钟

Photoshop 可以将 2D 图层作为起始点，生成各种基本的 3D 对象。创建 3D 对象后，可以在 3D 空间移动、更改渲染设置、添加光源或将其与其他 3D 图层合并。

17.2.1 创建 3D 明信片

下面通过一个实例来介绍创建 3D 明信片的方法。

❶ 打开随书光盘中的 "素材\ch17\图 01.jpg" 文件。

❷ 选择【3D】➤【从图层新建 3D 明信片】菜单命令。

2D 图层转换为【图层】调板中的 3D 图层后，2D 图层内容将作为材料应用于明信片两面。原始 2D 图层作为 3D 明信片对象的【漫射】纹理映射出现在【图层】调板中。另外，3D 图层将保留原始 2D 图像的尺寸。

17.2.2 创建 3D 形状

根据所选取的对象类型，最终得到的 3D 模型可以包含一个或多个网格。【球面全景】选项映射 3D 球面内部的全景图像。

下面通过一个实例来介绍创建 3D 形状的方法。

❶ 打开随书光盘中的"素材\ch17\17-1.jpg"文件。

❷ 选择【3D】➢【从图层新建形状】➢【易拉罐】菜单命令。

17.2.3 创建 3D 网格

【从灰度新建网格】命令可以将灰度图像转换为深度映射，从而将明度值转换为深度不一的表面。较亮的值生成表面上凸起的区域，较暗的值生成凹下的区域。

选择【3D】➢【从灰度新建网格】菜单命令，可以选择想要创建的 3D 网格。

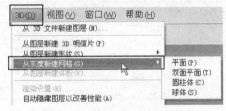

（1）【平面】：将深度映射数据应用于平面表面。

（2）【双面平面】：创建两个沿中心轴对称的平面，并将深度映射数据应用于两个平面。

（3）【圆柱体】：从垂直轴中心向外应用深度映射数据。

（4）【球体】：从中心点向外呈放射状应用深度映射数据。

下面通过一个实例来介绍创建 3D 网格的方法。

❶ 选择【文件】➢【新建】菜单命令，新建一个 800×600（像素）的文档。

❷ 选择【滤镜】➢【渲染】➢【分层云彩】菜单命令。

❸ 选择【窗口】➢【调整】菜单命令，打开【调整】调板。

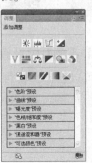

❹ 单击【调整】调板中的【创建新的曲线调
整图层】按钮，打开【曲线】调板，对
曲线进行如下图所示的调整。

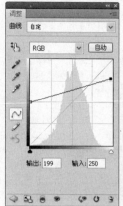

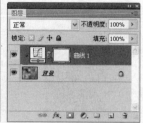

❻ 选择【3D】➤【从灰度新建网格】➤【双
面平面】菜单命令，然后使用【3D 旋转工
具】可查看绘制的图像。

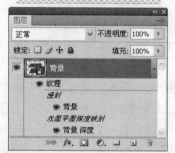

Tips

　　单击【曲线】调板下方的【此调整影
响下面的所有图层（单击可剪切到图层）】
按钮，可对曲线图层下方的所有图层执
行调整操作。

❺ 右击【曲线 1】图层，在弹出的菜单中选择
【向下合并】命令。

Tips

　　黑白区分越小，呈现出的高低效果越
不明显。可以根据自己的需要使用曲线调
整黑白图像的色差。

　　此外，如果将 RGB 图像作为创建网格
时的输入，则【绿】通道会被用于生成深度
映射。如有必要，请调整灰度图像以限制明
度值的范围。

17.3　创建和编辑 3D 对象的纹理

🎬 **本节视频教学录像：11 分钟**

　　3D 纹理可以看作是各种不同的立方体材料，内部包括整个体积的像素点，每个点在纹
理内部空间中有三维的相对坐标，也可以把 3D 纹理简单地想象成有内部花纹的大理石（或
水晶）立方体。

用户可以使用 Photoshop 的绘画工具和调整工具来编辑 3D 文件中包含的纹理或创建新纹理。纹理作为 2D 文件与 3D 模型一起导入，作为条目显示在【图层】调板中，嵌套于 3D 图层下方，并按以下映射类型编组：散射、凹凸、光泽度等。

要在 Photoshop CS4 中编辑 3D 纹理，请执行下列操作之一。

方法一：将纹理作为 2D 文件在其自身的文档窗口中打开，以便进行编辑。纹理将作为智能对象打开。

方法二：直接在模型上编辑纹理。如有必要，可以暂时去除模型表面，以访问要绘制的区域。

17.3.1 编辑 2D 格式的纹理

编辑 2D 格式的纹理的具体操作如下。

❶ 打开随书光盘中的"素材\ch17\象棋.3DS"文件。

❷ 双击【图层】调板中的【MW141】纹理，纹理将作为"智能对象"在独立的文档窗口中打开。

❸ 使用画笔工具对纹理进行编辑。

❹ 选择包含 3D 模型的窗口，以查看应用于模型的已更新纹理。

❺ 关闭"智能对象"窗口，并存储对纹理所做的更改。

17.3.2 显示或隐藏纹理

单击纹理图层旁边的眼睛图标可隐藏或显示纹理。要隐藏或显示所有纹理，请单击顶层纹理图层旁边的眼睛图标。通过操作显示和隐藏纹理可以帮助用户识别应用了纹理的模型区域。

17.3.3 创建 UV 叠加

3D 模型上多种材料所使用的漫射纹理文件可以应用于模型上不同表面的多个内容区域编组，这个过程叫做 UV 映射，它将 2D 纹理映射中的坐标与 3D 模型上的特定坐标相匹配。UV 映射使 2D 纹理可以正确地绘制在 3D 模型上。

对于在 Photoshop 外创建的 3D 内容，UV 映射发生在创建内容的程序中。然而，Photoshop 可以将 UV 叠加创建为参考线，这样能直观地了解 2D 纹理映射如何与 3D 模型表面匹配。在编辑纹理时，这些叠加可以作为参考线。

❶ 打开随书光盘中的"素材\ch17\吊灯.3DS"文件。

❷ 双击【图层】调板中的【NO1_Default-默认纹理】纹理，以打开进行编辑。

❸ 选择【3D】▶【创建 UV 叠加】▶【正常映射】菜单命令。

❹ 选择包含 3D 模型的窗口，以查看应用于模型的 UV 叠加效果。

❺ 关闭打开的纹理编辑窗口，存储 UV 叠加效果。

17.3.4 重新参数化纹理映射

可能偶尔会打开其纹理未正确映射到底层模型网格的 3D 模型。效果较差的纹理映射会在模型表面外观中产生明显的扭曲，如多余的接缝、纹理图案中的拉伸或挤压区域。当用户直接在模型上绘画时，效果较差的纹理映射还会造成不可预料的问题。

要检查纹理参数化情况，请打开要编辑的纹理，然后应用 UV 叠加以查看纹理是如何与模型表面对齐的。

使用【重新参数化】命令可以将纹理重新映射到模型，以校正扭曲并创建更有效的表面覆盖。【重新参数化】选项的窗口如下图所示。

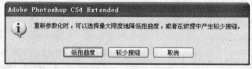

【低扭曲度】按钮使纹理图案保持不变，但会在模型表面产生较多接缝。

【较少接缝】按钮会使模型上出现的接缝数量最小化。这会产生更多的纹理拉伸或挤压，具体情况取决于模型。

另外还可以使用【重新参数化】命令改进从 2D 图层创建 3D 模型时产生的默认纹理映射。

17.3.5 创建重复纹理的拼贴

重复纹理由网格图案中完全相同的拼贴构成。重复纹理可以提供更逼真的模型表面覆盖、使用更少的存储空间，并且可以改善渲染性能。可将任意 2D 文件转换成拼贴绘画。在预览多个拼贴如何在绘画中相互作用之后，可存储一个拼贴以作为重复纹理。

要设置重复纹理的网格，需要使用创建模型的 3D 应用程序。

下面通过一个实例，介绍创建重复纹理的拼贴的具体操作。

❶ 打开随书光盘中的"素材\ch17\风景.jpg"文件。

❷ 选择【背景】图层，然后选择【3D】➤【新建拼贴绘画】菜单命令。

❸ 选择【滤镜】➤【艺术效果】➤【木刻】菜单命令，并对参数进行如下图所示的设置。

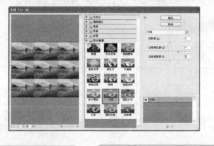

❹ 单击【确定】按钮，将单个拼贴存储为 2D 图像。

❺ 单击【3D】调板中的【材料】按钮，选择【漫射】菜单中的【打开纹理】命令，然后选择【文件】➤【存储为】菜单命令，存储新生成的文档，并指定名称、位置和格式。

❻ 要以重复的纹理载入拼贴，请打开 3D 模型文件。在【3D】调板的材料部分，从【漫射】菜单中选取【载入纹理】命令，然后选择在上述操作中存储的文件。

17.4　在 3D 对象上绘图

本节视频教学录像：9 分钟

可以使用任何 Photoshop 绘画工具直接在 3D 模型上绘画，就像在 2D 图层上绘画一样。使用选取工具将特定的模型区域设为目标，或让 Photoshop 识别并高亮显示可绘画的区域。使用 3D 菜单命令可清除模型区域，从而访问内部或隐藏的部分，以便进行绘画。

17.4.1　显示需要绘画的表面

对于具有内部区域或隐藏区域的更复杂的模型，可以隐藏模型的某一部分，以便直接访问要在上面绘画的表面。例如，要在汽车模型的仪表盘上绘画，可以暂时去除车顶或挡风玻璃，然后缩放到汽车内部以获得不受阻挡的视图。

（1）使用选取工具（如【套索工具】或【选框工具】）选择要去除的模型区域。

（2）使用以下任何一种 3D 菜单命令来显示或隐藏模型区域。

隐藏最近的表面：只隐藏 2D 选区内的模型多边形的第一个图层。要快速去掉模型表面，可以在保持选区处于激活状态时重复使用此命令。

Tips

　　隐藏表面时，如有必要，请旋转模型以调整表面的位置，使之与当前视角正交。

仅隐藏封闭的多边形：选择该选项后，【隐藏最近的表面】命令只会影响完全包含在选区内的多边形。取消选择后，将隐藏选区所接触到的所有多边形。

反转可见表面：使当前可见表面不可见，不可见表面可见。

显示所有表面：使所有隐藏的表面再次可见。

下面就是选择【隐藏最近的表面】命令前后的对比效果图。

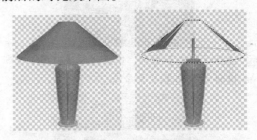

17.4.2　设置绘图衰减角度

在模型上绘画时，绘画衰减角度用于控制表面在偏离正面视图弯曲时的油彩使用量。衰减角度是根据"正常"或根据朝向自己的模型表面突出部分的直线来计算的。

选择【3D】▶【3D 绘画衰减】菜单命令，可以设置绘图衰减角度的最小角度和最大角度。

最大角度：在 0°～90° 之间。为 0° 时，绘画仅应用于正对前方的表面，没有减弱角度；为 90° 时，绘画可沿弯曲的表面（如球面）延伸至其可见边缘；45° 时，绘画区域限制在未弯曲到大于 45° 的球面区域。

最小角度：设置绘画随着接近最大衰减角度而渐隐的范围。例如，如果最大衰减角度是 45°，最小衰减角度是 30°，那么在 30° 和 45° 的衰减角度之间，绘画不透明度将会从 100 减少到 0。

17.4.3　标识可绘图区域

只观看 3D 模型，可能还无法明确判断是否可以成功地在某些区域绘画。因为模型视图不能提供与 2D 纹理之间的一一对应，所以直接在模型上绘画与直接在 2D 纹理映射上绘画是不同的。模型上看起来是个小画笔，相对于纹理来说可能实际上是比较大的，这取决于纹理的分辨率，或应用绘画时用户与模型之间的距离。

最佳的绘画区域，就是那些能够以最高的一致性和可预见的效果在模型表面应用绘画或其他调整的区域。在其他区域中，绘画可能会由于角度或用户与模型表面之间的距离，出现取样不足或过度取样。

标识最佳绘图区域的具体操作如下。

❶ 打开随书光盘中的"素材\ch17\灯笼.3DS"文件。

❷ 选择【3D】➤【选择可绘画区域】菜单命令，选框高亮显示的即为可在模型上绘画的最佳区域。

❸ 在【3D场景】调板中，从【预设】下拉列表中选取【绘画蒙版】。

Tips

　　在"绘画蒙版"模式下，白色显示最佳绘画区域，蓝色显示取样不足的区域，红色显示过度取样的区域。要在模型上绘画，必须将"绘画蒙版"渲染模式更改为支持绘画的渲染模式，如"实色"渲染模式。

❹ 使用【画笔工具】在选区内进行绘制，按【Ctrl+D】组合键取消选区，最终效果如下图所示。

17.5　3D 图层应用

🎬 **本节视频教学录像：8 分钟**

　　3D 图层应用主要体现在将 3D 图层转换为 2D 图层、3D 图层转换为智能对象、合并 3D 图层、合并 3D 图层和 2D 图层等方面。下面具体介绍 3D 图层的应用。

17.5.1　3D 图层转换为 2D 图层

　　转换 3D 图层为 2D 图层可将 3D 内容在当前状态下进行栅格化。只有不想再编辑 3D 模型位置、渲染模式、纹理或光源时，才可以将 3D 图层转换为常规图层。栅格化的图像会保留 3D 场景的外观，但格式为平面化的 2D 格式。

　　将 3D 图层转换为 2D 图层的具体操作是：在【图层】调板中选择 3D 图层，然后选择【3D】➤【栅格化】菜单命令即可。

17.5.2　3D 图层转换为智能对象

　　将 3D 图层转换为智能对象，可保留包含在 3D 图层中的 3D 信息。转换后，可以将变换或智能滤镜等其他调整应用于智能对象。可以重新打开【智能对象】图层以编辑原始 3D

场景。应用于智能对象的任何变换或调整会随之应用于更新的 3D 内容。

下面通过一个实例介绍将 3D 图层转换为智能对象的具体操作。

❶ 打开随书光盘中的"素材\ch17\台灯.3DS"
文件。

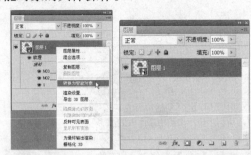

❷ 在【图层】调板中选择 3D 图层。

❸ 在【图层】调板中右击，在弹出的快捷菜
单中选择【转换为智能对象】命令，即可
将 3D 图层转换为智能对象。

Tips

要重新编辑 3D 内容，请双击【图层】
调板中的【智能对象】图层。

17.5.3　合并 3D 图层

使用合并 3D 图层功能可以合并一个场景中的多个 3D 模型。合并后，可以单独处理每
个 3D 模型，或者同时在所有模型上使用位置工具和相机工具。

下面通过一个实例来介绍合并 3D 图层的具体操作。

❶ 打开随书光盘中的"素材\ch17\吊灯.3DS"
和"素材\ch17\象棋.3DS"两个文件。

❷ 将"象棋"文件拖曳到"吊灯"文件中。

❸ 在【工具】调板中选择【3D 相机工具】，
在其属性栏中的【位置】下拉列表中选择
【图层 1】，并调整"象棋"和"吊灯"的
位置和大小。

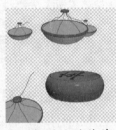

❹ 在【图层】调板的右键菜单中选择【合并
可见图层】命令，即可将两个 3D 图层合并
成一个 3D 图层。

Tips

根据每个 3D 模型的大小，在合并 3D
图层之后，一个模型可能会部分或全部嵌
入到其他模型中。

合并两个 3D 模型后，每个 3D 文件的所有网格和材料都包含在目标文件中，并显示在【3D】调板中。在【网格】调板中可以使用其中的【3D 位置工具】，选择并重新调整各个网格的位置。

如果需要在同时移动所有模型和移动图层中的单个模型之间转换，请在【工具】调板的【3D 位置工具】和【网格】调板的工具之间切换。

17.5.4　合并 3D 图层和 2D 图层

合并 3D 图层和 2D 图层有以下两种方法。

方法一：2D 文件打开时，选择【3D】➤【从 3D 文件新建图层】菜单命令，并打开 3D 文件。

方法二：2D 文件和 3D 文件都打开时，将 2D 图层或 3D 图层从一个文件拖曳到打开的其他文件的文档窗口中，并将添加的图层移动到【图层】调板的顶部。

将 3D 图层与一个或多个 2D 图层合并后可以创建复合效果。例如，可以对照背景图像置入模型，并更改其位置或查看角度以与背景匹配。

另外在处理包含合并的 2D 图层和 3D 图层的文件时，可以在处理 3D 图层时暂时隐藏 2D 图层以改善性能。暂时隐藏 2D 图层有以下两种方法。

方法一：选择【3D】➤【自动隐藏图层以改善性能】菜单命令。

方法二：选择 3D 位置工具或相机工具。

除此之外使用任意一种工具在按住鼠标左键时，所有 2D 图层都会临时隐藏；松开鼠标时，所有 2D 图层将再次出现。移动 3D 轴的任何部分也会隐藏所有 2D 图层。

而在 2D 图层位于 3D 图层上方的多图层文档中，可以暂时将 3D 图层移动到图层堆栈顶部，以便快速进行屏幕渲染。

17.6　创建 3D 动画

🎬 **本节视频教学录像：6 分钟**

使用 Photoshop 动画时间轴，可以创建 3D 动画，在空间中移动 3D 模型并实时改变其显示方式。

下面通过一个实例来介绍创建 3D 动画的具体操作。

❶ 打开随书光盘中的 "素材\ch17\灯笼.3DS" 文件。

❷ 使用【3D 比例工具】调整图像的大小。

❸ 新建【图层 1 副本】图层，并使用【3D 滚动工具】调整图像的位置。

❹ 重复步骤❸的操作，制作的效果如下图所示。

❺ 选择【窗口】▷【动画】菜单命令，打开【动画】调板并转换为【动画（帧）】调板。

❻ 隐藏除【图层1】图层之外的所有副本图层，并在第1帧的下方调整间隔时间为0.1秒。

❼ 单击【复制所有帧】按钮 ，隐藏除【图层1副本】图层之外的所有图层。

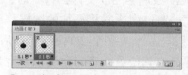

❽ 重复步骤❼的操作，并设置重复次数为【永远】，制作的效果如下图所示。

❾ 单击【播放】按钮 ，查看动画效果。

17.7 3D 对象的渲染和输出

🎬 **本节视频教学录像：8 分钟**

3D 对象通过渲染后，可以通过系统所支持的格式来输出 3D 文件。

17.7.1 渲染设置

渲染设置决定如何绘制 3D 模型。Photoshop 为默认预设提供了常用设置，也可以自定设置以创建自己的预设。

Tips

渲染设置是图层特定的。如果文档包含多个 3D 图层，请为每个图层分别指定渲染设置。

下面通过一个实例来介绍渲染设置的具体操作。

❶ 打开随书光盘中的"素材\ch17\花瓶..3DS"文件。

❷ 单击【场景】选项卡中的 渲染设置... 按钮，弹出【3D 渲染设置】对话框。

❸ 根据需要对图像进行设置，设置完参数后
单击【确定】按钮即可对文件进行渲染。

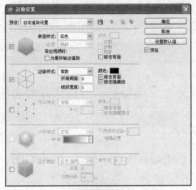

1．选择渲染预设

标准渲染预设为【实色】，即显示模型
的可见表面。【线框】和【顶点】预设会显
示底层结构。要合并实色和线框渲染，请选
择【实色线框】预设。要以反映其最外侧尺
寸的简单框来查看模型，请选择【外框】预
设。

17.7.2 渲染 3D 文件

2．自定渲染设置

在【3D】调板顶部单击【场景】按钮可
以进行渲染设置。

> ### Tips
> 要在更改时查看新设置的效果，请选
> 择【预览】。若还要指定每一半横截面的唯
> 一设置，请单击对话框顶部的【横截面】
> 按钮。

3．存储或删除渲染预设

（1）存储预设

根据自己的需要设置渲染参数，单击
【存储】按钮 🖫 即可存储渲染预设。

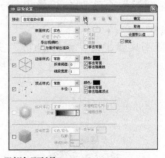

（2）删除预设

从【预设】下拉列表中选择要删除的渲
染预设，单击【删除】按钮 🗑 即可删除渲
染预设。

完成 3D 文件的处理之后，可以创建最终渲染以产生用于 Web、打印或动画的最高品
质输出。最终渲染使用光线跟踪和更高的取样速率以捕捉更逼真的光照和阴影效果。

下面通过一个实例来介绍渲染 3D 文件的具体操作。

❶ 打开"素材\ch17\吊灯.3DS"文件。

❷ 选择【3D】➤【为最终输出渲染】菜单命令。

渲染完成后，可拼合 3D 场景以便用其他格式输出，或将 3D 场景与 2D 内容复合，或直接从 3D 图层打印。

> *Tips*
> 对 3D 图层所做的任何更改（例如移动模型或更改光照）都会停用最终渲染并恢复到先前的渲染设置。

另外，在导出 3D 动画时，可使用【为最终输出渲染】选项。在创建动画时，动画中的每个帧都将为最终输出进行渲染。

17.7.3 存储和导出 3D 文件

要保留文件中的 3D 内容，请以 Photoshop 格式或另一受支持的图像格式存储文件。还可以用受支持的 3D 文件格式将 3D 图层导出为文件。

1. 导出 3D 图层

可以用以下所有受支持的 3D 格式导出 3D 图层：Collada DAE、Wavefront/OBJ、U3D 和 Google Earth 4 KMZ。选择导出格式时，需考虑以下因素。

(1)【纹理】图层以所有 3D 文件格式存储，但 U3D 只保留【漫射】、【环境】和【不透明度】纹理映射。

(2) Wavefront/OBJ 格式不存储相机设置、光源和动画。

(3) 只有 Collada DAE 会存储渲染设置。

下面通过一个实例介绍导出 3D 图层的具体操作。

❶ 打开随书光盘中的"素材\ch17\灯笼.3DS"文件。

❷ 选择【3D】➤【导出 3D 图层】菜单命令，在弹出的【存储为】对话框中为图像重命名，并选择文件存储格式。

> *Tips*
> U3D 和 KMZ 支持 JPEG 或 PNG 作为纹理格式，DAE 和 OBJ 支持所有 Photoshop 支持的用于纹理的图像格式。

❸ 单击【保存】按钮，在弹出的【3D 导出选项】对话框中的【纹理格式】下拉列表中选择要导出的图像格式。

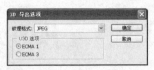

PSD、PSB、TIFF 或 PDF 格式储存。

选择【文件】➢【存储】或【文件】➢【存储为】菜单命令，在文件类型下拉菜单中选择【Photoshop(PSD)】、【Photoshop PDF】或【TIFF】格式，然后单击【确定】按钮即可存储 3D 文件。

❹ 单击【确定】按钮即可导出 3D 图层。

2. 存储 3D 文件

要保留 3D 模型的位置、光源、渲染模式和横截面，应将包含 3D 图层的文件以

17.8 举一反三

根据本章所学的内容制作一个贴有人物照片的圆柱体。

素材\ch17\图 01.jpg　　　素材\ch17\图 02.jpg　　　结果\ch17\圆柱体.psd

提示：

1. 打开随书光盘中的"素材\ch17\图 01.jpg"文件；

2. 选择【3D】➢【从图层新建形状】➢【圆柱体】菜单命令，将图像变成圆柱体；

3. 在【场景】调板中选择【顶部】中的【顶部材料】选项，然后单击【漫射】选项后面的【编辑漫射纹理】按钮，在弹出的菜单中选择【载入纹理】选项，在弹出的【打开】对话框中选择纹理文件（此处选择随书光盘中的"素材\ch17\图 02.jpg"文件）；

4. 使用 3D 选装工具旋转图像进行查看。

17.9 技术探讨

本章主要讲解了 3D 图像处理的一些基本操作，包括从 2D 图像创建 3D 图像，创建和编辑 3D 对象的纹理，在 3D 对象上绘图，3D 图层应用以及 3D 对象的渲染和输出等内容。

本章通过对 3D 基本内容的讲解及实例操作，系统而全面地介绍了 3D 在图像处理方面的功能与应用，希望读者学完本章后，在处理二维与三维图像时能更加得心应手、游刃有余。

第18章 网页、动画与视频的制作

本章引言

使用 Photoshop CS4 的 Web 工具，可以轻松构建网页组件，或者按照预设或自定格式输出完整网页。本章就来学习如何制作简单的网页、动画与视频。

在制作针对网络应用的图像时，通常需要在图像的品质和图像的大小之间进行选择，从而将图像存储为适合网页的文字格式。

18.1 切片的制作与优化

🎬 **本节视频教学录像：6 分钟**

所谓【切片】就是指根据图层或参考线精确选择的区域，或者使用【切片工具】 ✂ 创建的趋向区域。

18.1.1 创建切片

利用【切片工具】 ✂ 可以创建用户切片。

1. 利用切片工具创建切片

❶ 打开随书光盘中的"素材\ch18\图 01.jpg"文件。

❷ 选择【切片工具】 ✂ ，在属性栏中的【样式】下拉列表中选择【正常】。

❸ 在需要创建切片的区域上单击鼠标并拖出一个矩形选框，释放鼠标左键即可创建一个用户切片。

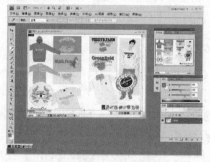

2.【切片工具】属性栏的参数设置

在【样式】下拉列表中有 3 个选项。

选择【正常】选项可以通过拖曳确定切片比例。

选择【固定长宽比】选项可以设置高度与宽度的比例，可以输入整数或小数作为长宽比。

选择【固定大小】选项，可以指定切片的高度和宽度，可以输入整数像素值。

3. 切片工具使用技巧

可以使用参考线在图中创建切片，其方法如下。

在文档中创建参考线，单击属性栏中的 `基于参考线的切片` 按钮，可基于参考线创建切片，效果如下图所示。

> 𝓣𝓲𝓹𝓼
>
> 在要创建切片的区域上拖曳时，按住【Shift】键并拖曳鼠标可以将切片限制为正方形，而按住【Alt】键拖曳鼠标则可以从中心绘制。选择【视图】➤【对齐】菜单命令，可以使新切片与参考线或者图像中的另一个切片对齐。

18.1.2 切片输出

切片创建好之后，就需要对切片进行输出，本节就来讲解一下切片的输出。

❶ 打开随书光盘中的"素材\ch18\图 01.jpg"
文件。

❷ 使用【切片工具】✂工具创建切片。

❸ 选择【文件】▷【存储为 Web 和设备所用
格式】菜命令，在弹出的【存储为 Web 和
设备所用格式】对话框中可根据需要进行
设置，然后单击【存储】按钮。

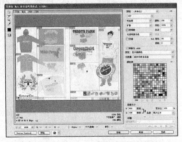

❹ 在弹出的【将优化结果存储为】对话框中
输入文件的名称，【保存类型】设置为
【HTML 和图像】选项。

❺ 单击【保存】按钮，即可在指定位置生成
一个包含所有切片图片的 images 文件夹和
一个 HTML 文件。

Tips

在保存类型中有 3 个选项，选择
【HTML 和图像】选项可将输出的切片存
储为一个包含所有切片图片的 images 文件
夹和一个 HTML 文件。选择【仅限图像】
选项可将输出的切片只存储为一个包含所
有切片图片的 images 文件夹。选择【仅限
HTML】选项可将输出的切片只存储为一
个 HTML 文件。

可将图像优化为多种格式。

1. 优化为 GIF 格式

GIF 是用于压缩具有单调颜色和清晰细
节的图像(如艺术线条、徽标或带文字的插
图)的标准格式，它是一种无损的压缩格式。
在【存储为 Web 和设备所用格式】对话框中
的文件格式下拉列表中选择【GIF】选项，
可切换到【GIF】设置调板。

2. 优化为 PNG-8 格式

与 GIF 格式一样，PNG-8 格式可有效地压缩纯色区域，同时保留清晰的细节。

该格式具备 GIF 支持透明、JPE 色彩范围广泛的特点，并且可包含所有的 Alpha 通道。在【存储为 Web 和设备所用格式】对话框中的文件格式下拉列表中选择【PNG-8】选项，可切换到【PNG-8】设置调板。

3. 优化为 JPEG 格式

JPEG 是用于压缩连续色调图像(如照片)的标准格式。将图像优化为 JPEG 格式采用的是有损压缩，它将有选择地扔掉数据。在【存储为 Web 和设备所用格式】对话框中的文件格式下拉列表中选择【JPEG】选项，可切换到【JPEG】设置调板。

4. 优化为 PNG-24 格式

PNG-24 适合于压缩连续色调图像，但它所生成的文件比 JPEG 格式生成的文件要大得多。使用 PNG-24 的优点在于可在图像中保留多达 256 个透明度级别。在【存储为 Web 和设备所用格式】对话框中的文件格式下拉列表中选择【PNG-24】选项，可切换到【JPNG-24】设置调板，该格式的优化选项较少，设置方法可以参阅优化为 GIF 格式的相应选项。

5. 优化为 WBMP 格式

WBMP 格式是用于优化移动设备(如移动电话)图像的标准格式。WBMP 支持 1 位颜色，也就是说 WBMP 图像只包含黑色和白色像素。在【存储为 Web 和设备所用格式】对话框中的文件格式下拉列表中选择【WBMP】选项，可切换到【WBMP】设置调板，该格式的仿色算法可参阅优化为 GIF 格式相应选项。

18.2 动画

⊙ **本节视频教学录像：7 分钟**

动画是在一段时间内显示的一系列图像或帧，当每一帧较前一帧都有轻微的变化时，连续快速地显示帧就会产生运动或其他变化的视觉效果。下面就来学习如何在 Photoshop CS4 中创建和编辑动画。

▌ 18.2.1 帧模式【动画】调板

选择【窗口】➤【动画】菜单命令，可以打开【动画】调板。在 Photoshop CS4 中，【动画】调板以帧模式出现，并显示动画中的每个帧的缩览图。使用调板底部的工具可浏览各个帧，设置循环选项，添加和删除帧以及预览动画。

(1) 【当前帧】：当前选择的帧。

(2) 【帧延迟时间】：设置帧在回放过程中的持续时间。

(3) 【循环选项】▼：设置动画在作为动画 GIF 文件导出时的播放次数。

(4) 【选择第一帧】◄◄：单击该按钮，可自动选择序列中的第一个帧作为当前帧。

(5) 【选择上一帧】◄▮：单击该按钮，可选择当前帧的前一帧。

(6) 【播放动画】►：单击该按钮，可在窗口中播放动画，再次单击可停止播放。

(7) 【选择下一帧】▮►：单击该按钮，可选择当前帧的下一帧。

(8) 【过渡动画帧】°°°：单击该按钮，可以自动添加或修改两个现有帧之间的一系列帧，均匀地改变新帧之间的图层属性（位置、不透明度或效果参数）以创建运动显示效果。

(9) 【复制所选帧】▫：单击该按钮，可向调板中添加帧。

(10) 【删除所选帧】🗑：可删除选择的帧。

18.2.2 时间轴模式【动画】调板

单击【动画】调板中的【转换为时间轴动画】按钮，可以将调板切换为时间轴模式状态。时间轴模式显示文档图层的帧持续时间和动画属性。使用调板底部的工具可以浏览各个帧、时间显示、切换洋葱皮模式、删除关键帧和预览视频。可以使用时间轴上自身的控件调整图层的帧持续时间，设置图层属性的关键帧并将视频的某一部分指定为工作区域。

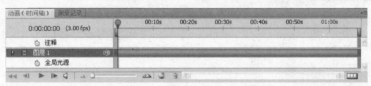

(1) 【注释轨道】：从调板菜单中选择【编辑时间轴注释】，可以在当前时间处插入注释。注释在注释轨道中显示为 ■ 形状图标，并当鼠标指针移动到图标上方时作为工具提示出现。

(2) 【转换为帧动画】：用于帧动画的关键帧转换时间轴动画。

(3) 【时间码或帧号显示】：显示当前帧的时间码或帧号(取决于调板选项)。

(4) 【当前时间指示器】♟：拖曳当前时间指示器可导航帧或更改当前时间或帧。

(5) 【全局光源轨道】：显示要在其中设置和更改图层效果，例如投影、内阴影以及斜面和浮雕的主光照角度的关键帧。

(6) 【关键帧导航器】：设置属性的初始关键帧之后，Photoshop 将显示关键帧导航器，可以使用此导航器从一个关键帧移动到另一个关键帧或者设置或移去关键帧。

(7) 【图层持续时间条】：指定图层在视频或动画中的时间位置。要将图层移动到其他时间位置可拖曳该条。要裁切图层(调整图层的持续时间)可拖曳该条的任一端。

(8) 【已改变的视频轨道】：对于视频图层，为已改变的每个帧显示一个关键帧图标。

要跳转到已改变的帧，应使用轨道标签左侧的关键帧导航器。

(9)【时间标尺】：根据文档的持续时间和帧速率，水平测量持续时间(或帧计数)。(从【调板】菜单中选取【文档设置】可更改持续时间或帧速率。)刻度线和数字出现在标尺上，其间距随时间轴缩放设置的改变而变化。

(10)【时间变化秒表】 ⏱ ：启用或停用图层属性的关键帧设置。选择此选项可插入关键帧并启用图层属性的关键帧设置。取消选择可移去所有关键帧并停用图层属性的关键帧设置。

(11)【工作区域指示器】：拖曳位于顶部轨道任一端的蓝色标签，可标记要预览或导出的动画或视频的特定部分。

(12)【切换洋葱皮】 🔘 ：单击该按钮可切换到洋葱皮模式。洋葱皮模式将显示在当前帧上绘制的内容以及在周围的帧上绘制的内容。这些附加描边将以指定的不透明度显示，以便与当前帧上的描边区分开。洋葱皮模式对于绘制逐帧动画很有用，因为该模式可为我们提供描边位置的参考点。

(13)【转换为帧动画】：单击该按钮，可将【动画】调板切换为帧动画模式。

> *Tips*
>
> 在时间轴模式中，【动画】调板显示 Photoshop Extended 文档中的每个图层(除背景图层之外)，并与【图层】调板同步。只要添加、删除、重命名、分组、复制图层或为图层分配颜色，就会在两个调板中更新所做的更改。

下面制作一个简单动画。

❶ 选择【文件】➢【打开】菜单命令，打开"素材\ch18\图 02.psd"文件。

❷ 选择【窗口】➢【动画】菜单命令，打开【动画】调板。在【动画】调板中，将调板设置为帧模式状态。在【帧延迟时间】下拉列表中选择【0.1 秒】，单击【动画】调板中的【复制所选帧】按钮 🔲，添加一个动画帧。

❸ 单击【图层 2】图层左侧的眼睛按钮 👁，并隐藏【图层 1】图层，形成一个新的动画帧。

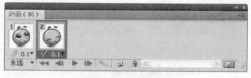

❹ 单击【动画】调板中的【复制所选帧】按钮 🔲，添加一个动画帧。单击【图层 3】图层左侧的眼睛按钮 👁，并隐藏【图层 2】图层，形成一个新的动画帧。

第18章

网页、动画与视频的制作

❺ 使用同样的方法继续添加新帧。

❻ 单击【播放动画】按钮 ▶ 播放动画。再次
单击可停止播放。

❼ 选择【文件】➤【存储为 Web 和设备所用
格式】菜单命令，在弹出的【存储 Web 和
设备所有格式】对话框中进行如下图所示
的设置，然后单击【存储】按钮。

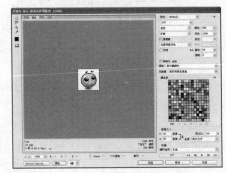

18.3 视频

本节视频教学录像：1 分钟

Photoshop CS4 中的视频图层功能使得 Photoshop Extended 可以编辑视频和图像系列文
件，除了使用 Photoshop 工具在视频上进行编辑和绘制之外，还可以应用滤镜、蒙版、变换、
图层样式和混合模式。

18.4 综合实例——迎春纳福动画

本节视频教学录像：4 分钟

本实例学习使用【动画】调板制作一个迎春纳福的小动画。

18.4.1 实例预览

素材\ch18\图 03.psd

结果\ch18\迎春纳福.gif

18.4.2 实例说明

实例名称：迎春纳福	
主要工具或命令：【过渡动画帧】命令等	
难易程度：★★★★　　常用指数：★★★★	

18.4.3 实例步骤

第1步：新建文件

❶ 选择【文件】➤【打开】菜单命令。

❷ 打开随书光盘中的"素材\ch18\图 03.psd"文件。

第2步：设置动画帧

❶ 在【动画】调板中将调板设置为帧模式状态。在【帧延迟时间】下拉列表中选择【0.1秒】，在【图层】调板中隐藏【图层2】和【图层3】图层。

❷ 单击【动画】调板中的【复制所选帧】按钮，添加一个动画帧。

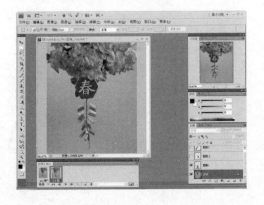

❸ 在【图层】调板中隐藏【图层1】图层，将【图层2】图层显示出来。

❹ 单击【动画】调板中的【过渡动画帧】按钮，弹出【过渡】对话框，设置【过渡方式】为【上一帧】，【要添加的帧数】为【3】，单击【确定】按钮，可在两个动画帧之间添加过渡帧。

❺ 单击【动画】调板中的【复制所选帧】按钮，添加一个动画帧，在【图层】调板中隐藏【图层2】和【图层1】图层，并将【图层3】图层显示出来。

❻ 单击【动画】调板中的【过渡动画帧】按钮，弹出【过渡】对话框，设置【过渡方式】为【上一帧】，【要添加的帧数】为【3】，单击【确定】按钮，可在第5帧和第6帧之间添加过渡帧。

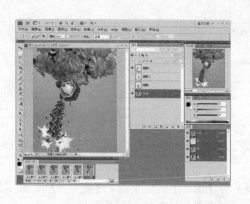

❼ 单击【播放动画】按钮 ▶，播放动画。再次单击可停止播放。

18.4.4 实例总结

在制作动画时，时间的设置应根据内容的需要而定，不可太快也不能太慢。

18.5 举一反三

根据本章所学的知识，制作一个情人节贺卡小动画。

素材\ch18\图 04.psd

结果\ch18\情人节.gif

提示：

(1) 选择【文件】➢【打开】菜单命令，打开图像；

(2) 在【动画】调板设置参数。

18.6 技术探讨

1. 移动切片

若要移动切片，可使用【切片选择工具】 将该切片拖曳到新的位置。按住【Shift】键可将移动限制在垂直、水平或45°对角线方向上。下图所示为移动前状态。

下图所示为按住【Shift】键移动切片的效果。

2. 调整切片大小

若要调整切片的大小，可以选取切片的边手柄或角手柄并拖曳调整。右图所示为调整前和调整后的效果。如果选择相邻切片并调整其大小，那么这些切片共享的公共边缘将一起被调整大小。

第 19 章　打印与印刷

本章引言

　　对于一个电脑使用者来说，为了让自己的作品或是网络上取得的一些文件能够见诸于纸张，最简单的方式就是打印了，本章就来学习打印的方法。

19.1 打印

🎬 **本节视频教学录像：4 分钟**

当所有的设计工作都已经完成时，需要将作品打印出来以供欣赏。在打印之前还需要对所输出的版面和相关的参数进行设置，以确保正确地打印作品，准确地表达设计者的意图。

19.1.1 页面设置

页面大小也就是页面的尺寸大小，用户在进行打印之前应根据需要设置适合于打印的页面的尺寸。

❶ 打开随书光盘中的"素材\ch19\图 01.jpg"文件。

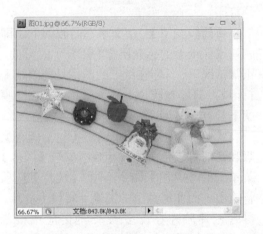

❷ 选择【文件】➤【页面设置】菜单命令，弹出【页面设置】对话框，在【大小】下拉列表中设置纸张的大小，在【方向】设置中选择【纵向】单选项。

❸ 设置完毕后单击【打印机】按钮，弹出【页面设置】对话框，在该对话框中可对打印机进行设置。设置完成之后即可对文档进行打印了。

19.1.2 打印设置

用户设置好页面并完成图形的绘制后，接下来就要考虑打印输出文件了。在正式打印之前，预览图形文件的打印情况是非常有必要的。

要进行打印预览，可以选择【文件】➤【打印】菜单命令，弹出【打印】对话框，如下图所示。

第 19 章　打印与印刷

【打印】对话框中各个选项的功能如下。

在【打印机】下拉列表中选择打印机。

【份数】参数框用来设置打印的份数。

单击【页面设置】按钮可以在打开的【文档属性】对话框中设置字体嵌入和颜色安全等参数。

【位置】用来设置所打印的图像在画面中的位置。

【缩放后的打印尺寸】用来设置缩放的比例、高度、宽度和分辨率等参数。

【纵向打印纸张】按钮 用来设置纵向打印。

【横向打印纸张】按钮 用来设置横向打印。

【校准条】打印 11 级灰度，即一种按10%的增量从 0 到 100%的浓度过渡效果。使用 CMYK 分色，将会在每个 CMYK 印版的左边打印一个校准色条，并在右边打印一个连续颜色条。

【套准标记】：在图像上打印套准标记（包括靶心和星形靶)，这些标记主要用于对齐分色。

【角裁切标记】：在要裁剪页面的位置打印裁切标记，也可以在角上打印裁切标记。在 PostScript 打印机上，选择此选项也将打印星形色靶。

【中心裁切标记】：在要裁剪页面的位置打印裁切标记。可在每个边的中心打印裁切标记。

【说明】：打印在【文件简介】对话框中输入的任何说明文本（最多约 300 个字符）。系统将始终采用 9 号 Helvetica 无格式字体打印说明文本。

【标签】：在图像上方打印文件名。如果打印分色，则将分色名称作为标签的一部分打印。

【药膜朝下】：使文字在药膜朝下（即胶片或像纸上的感光层背对用户）时可读。正常情况下，打印在纸上的图像是药膜朝上打印的，打印在胶片上的图像通常采用药膜朝下的方式打印。

【负片】：打印整个输出（包括所有蒙版和任何背景色）的反相版本。与【图像】菜单中的【反相】命令不同，【负片】选项将输出（而非屏幕上的图像）转换为负片。尽管正片胶片在许多国家/地区应用很普遍，但是如果将分色直接打印到胶片，可能需要负片。与印刷商核实，确定需要哪一种方式。若要确定药膜的朝向，请在冲洗胶片后于亮光下检查胶片。暗面是药膜，亮面是基面。与印刷商核实，确定要求胶片正片药膜朝上、负片药膜朝上、正片药膜朝下还是负片药膜朝下。

【背景】：选择要在页面上的图像区域外打印的背景色。例如，对于打印到胶片记录仪的幻灯片，黑色或彩色背景可能很理想。要使用该选项，请单击【背景】，然后从拾色器中选择一种颜色。这仅是一个打印选项，它不影响图像本身。

【边界】：在图像周围打印一个黑色边框。键入一个数字并选择单位值，指定边框的宽度。

【出血】：在图像内而不是在图像外打印裁切标记。使用此选项可在图形内裁切图像。键入一个数字并选择单位值，指定出血的宽度。

【网屏】：为印刷过程中使用的每个网屏设置网频和网点形状。

【传递】：调整传递函数。传递函数传统上用于补偿将图像传递到胶片时出现的网点补正或网点丢失情况。仅当直接从Photoshop打印或当以EPS格式存储文件并将其打印到PostScript打印机时，才识别该选项。通常，最好使用【CMYK 设置】对话框中的设置来调整网点补正。但是，当针对没有正确校准的输出设备进行补偿时，传递函数将十分有用。

【插值】通过在打印时自动重新取样，从而减少低分辨率图像的锯齿状外观。

19.1.3 打印文件

打印中最为直观简单的操作就是【打印一份】命令，可选择【文件】➤【打印一份】菜单命令打印，也可按【Alt+Shift+Ctrl+P】组合键打印。

在打印时，也可以同时打印多份。选择【文件】➤【打印】菜单命令，在弹出的【打印】对话框中的【份数】文本框中输入要打印的数值，即可一次打印多份。

19.2 PDF 文件制作

本节视频教学录像：2 分钟

有些打印机首选接受 PDF 文件格式的作品。在工作中可以通过将图像转换为 PDF 文档。创建 PDF 文档的具体操作步骤如下。

❶ 打开随书光盘中的"素材\ch19\美容网页.psd"文件。

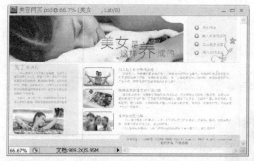

❷ 选择【文件】➤【存储为】菜单命令，弹出【存储为】对话框，在【格式】下拉列表中选择【Photoshop PDF】，然后单击【保存】按钮。

❸ 在弹出的【存储 Adobe PDF】对话框中的【Adobe PDF 预设】下拉列表中选择【PDF/X-la:2001(Japan)】预设。

❹ 单击【存储 PDF】按钮，文档即可被保存为 PDF 格式。

19.3 出片与打样

本节视频教学录像：2 分钟

出片又叫输出菲林片，现在一般指激光照片输出，是印刷制版的主流方式，将电脑中的图文文件，按照印刷的四色法进行机器分色（分成 CMYK 四色）后，通过激光曝光的方式，精密的曝光在胶片上，用于印刷。

打样分传统打样和数码打样两种，都是为了在印刷前小批量的制作样章。传统打样可以供印刷厂追样参考，并且和印刷的工艺质量基本一致，但是必须出片才能制版打样，所需时间很长，一般超过 5 个小时，油墨需要晾干；数码打样一般可以追样，但是由于是用喷墨的技术，所以颜色和印刷有一定差距，但差距不是很大，仅是更亮一些。数码打样因为具有不用出胶片、成本低和速度快等优点受到对色彩要求不高的用户的喜爱，但注意其与喷墨打印还是有色彩管理上的本质区别的。

19.4 综合实例——照片输出

本节视频教学录像：2 分钟

本实例学习使用打印设置来输出一张照片。

19.4.1 实例预览

素材\ch19\输出照片.jpg

19.4.2 实例说明

实例名称：输出照片
主要工具或命令：【打印】命令等
难易程度：★★★★　　常用指数：★★★★

19.4.3 实例步骤

第1步：打开文件

❶ 选择【文件】➤【打开】菜单命令。

❷ 打开随书光盘中的"素材\ch19\输出照片.jpg"文件。

第2步：设置打印

❶ 选择【文件】➤【打印】菜单命令，弹出【打印】对话框，进行如下设置。

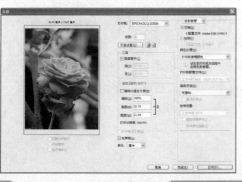

❷ 单击【页面设置】按钮，在打开的【文档属性】对话框中单击【高级】按钮，在打开的【高级选项】对话框中进行相关的设置。

❸ 单击【确定】按钮返回【打印】窗口，单击【打印】按钮即可打印文件。

19.4.4 实例总结

本实例主要讲解如何输出照片，可以根据需求灵活地对各项参数进行设置，以输出不同大小的照片。

19.5 举一反三

根据本章所学的知识，制作一个 PDF 文件。

素材\ch19\国际象棋.jpg

提示：
(1) 选择【文件】➤【打开】菜单命令，打开图像；
(2) 选择【文件】➤【存储为】菜单命令。

19.6 技术探讨

喷绘与写真的图像输出要求。

喷绘一般是指户外广告画面输出，它输出的画面很大，如高速公路旁的广告牌画面就是喷绘机输出的结果。输出机型有 NRU SALSA 3200 、彩神 3200 等，一般是 3.2 m 的最大幅宽。喷绘机使用的介质一般都是广告布（俗称灯箱布），墨水使用油性墨水，喷绘公司为保证画面的持久性，一般画面色彩比显示器上的颜色要深一点。它实际输出的图像分辨率一般只需要 30~45 点/英寸（按照印刷要求对比），画面实际尺寸比较大，有上百平方米的面积。

写真一般是指户内使用的，它输出的画面一般只有几平方米大小。如在展览会上厂家使用的广告小画面。输出机型如 HP5000，一般是 1.5 m 的最大幅宽。写真机使用的介质一般是 PP 纸、灯片，墨水使用水性墨水。在输出图像完毕后还要覆膜、裱板才算成品，输出分辨率可以达到 300~1200 点/英寸（机型不同会有不同的），它的色彩比较饱和、清晰。

第4篇 案例实战篇

案例实战篇主要通过处理照片瑕疵、数字美容、工作中的图像处理、图像合成、美术设计和网页设计等案例讲解Photoshop CS4的综合应用。这些案例总结了本书中所介绍的知识点，与实际应用完美结合。读者在学完本篇后将能进一步提高Photoshop CS4的应用技能。

第 20 章　照片瑕疵处理

本章引言

本章主要学习如何综合运用各种修复工具来修复有瑕疵的数码照片。

20.1　修复曝光问题

🎬 **本节视频教学录像：4 分钟**

　　本实例主要讲解使用【自动对比度】、【自动色调】和【曲线】等命令修复曝光过强的照片。

20.1.1　实例预览

素材\ch20\曝光照片.jpg　　　　　结果\ ch20\修复曝光照片.jpg

20.1.2　实例说明

实例名称：修复曝光照片	
主要工具或命令：【自动对比度】、【自动色调】以及【曲线】命令等	
难易程度：★　　常用指数：★★★★★	

20.1.3　实例步骤

第1步：打开文件

❶ 选择【文件】➤【打开】菜单命令。

❷ 打开随书光盘中的"素材\ch20\曝光照片.jpg"素材图片。

第2步：调整颜色

❶ 选择【图像】➤【自动色调】菜单命令，调整图像颜色。

❷ 选择【图像】➤【自动对比度】菜单命令，调整图像对比度。

第3步：调整亮度

❶ 选择【图像】➤【调整】➤【曲线】菜单命令。

❷ 在弹出的【曲线】对话框中拖曳曲线以调整图像的颜色，或者直接设置【输出】为"103"，【输入】为"166"。

❸ 单击 确定 按钮。

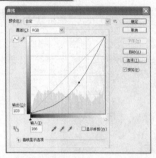

第4步：调整色彩平衡

❶ 选择【图像】➤【调整】➤【色彩平衡】菜单命令。

❷ 在弹出的【色彩平衡】对话框中设置【色阶】为"11"、"17"和"29"。

❸ 单击 确定 按钮，调整后的效果如下图所示。

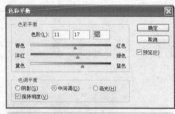

20.1.4 实例总结

通过本实例的学习，可以了解到【自动色调】命令可以增强图像的对比度，在像素平均分布并且需要以简单的方式增强对比度的特定图像中，该命令可以提供较好的效果。在使用 Photoshop 修复照片的第一步就可以使用此命令来调整图像。

20.2　畸变矫正

本节视频教学录像：3 分钟

使用广角镜头拍摄建筑物，通过倾斜相机可以将所有建筑物纳入照片中，但结果往往会产生扭曲、畸变，即建筑物看上去像是向后倒一样，使用【镜头校正】命令可修复此类图像。

20.2.1 实例预览

素材\ch20\畸变矫正.jpg

结果\ch20\畸变矫正.jpg

20.2.2 实例说明

实例名称：畸变矫正	
主要工具或命令：【镜头矫正】命令等	
难易程度：★★	常用指数：★★★★★

20.2.3 实例步骤

第1步：打开文件

❶ 选择【文件】➢【打开】菜单命令。
❷ 打开随书光盘中的"素材\ch20\畸变矫正.jpg"素材图片。

第2步：镜头矫正

❶ 选择【滤镜】➢【扭曲】➢【镜头矫正】菜单命令，弹出【镜头矫正】对话框。

❷ 在【镜头矫正】对话框中设置各项参数，直到与地平线垂直的线条与垂直网格平行。

❸ 单击 确定 按钮。

第3步：修剪图像

❶ 选择【裁剪工具】 ，对画面进行修剪。
❷ 确定修剪区域后，按【Enter】键确认。

20.2.4 实例总结

本实例主要讲解使用【镜头矫正】命令校正畸形图像。【镜头矫正】命令还可以矫正桶形和枕形失真以及色差等，也可以用来旋转图像，或修复由于相机垂直或水平倾斜而导致的图像透视问题。

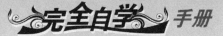

20.3　调整偏色图像

本节视频教学录像：4 分钟

　　造成彩色照片偏色的主要原因是拍摄和采光问题，我们可以使用 Photoshop CS4 的【匹配颜色】和【曲线】命令轻松地修复严重偏色的图片。

20.3.1　实例预览

素材\ch20\偏色照片.jpg　　　　　结果\ch20\偏色照片效果图.jpg

20.3.2　实例说明

实例名称：调整偏色图像
主要工具或命令：【匹配颜色】、【曲线】命令
难易程度：★★　　常用指数：★★★★★

20.3.3　实例步骤

第 1 步：打开数码照片

❶ 选择【文件】➤【打开】菜单命令。

❷ 打开"素材\ch20\偏色照片.jpg"素材图片。

第 2 步：复制图层

❶ 在【图层】调板中单击选中【背景】图层，并将其拖至调板下方的【创建新图层】按钮 🖳 上。

❷ 创建【背景 副本】图层。

第 3 步：使用【匹配颜色】命令

❶ 选择【图像】➤【调整】➤【匹配颜色】菜单命令。

❷ 在弹出的【匹配颜色】对话框中的【图像选项】设置区中选中【中和】复选框。

❸ 单击 ▢确定▢ 按钮。

第4步：使用【曲线】命令

❶ 选择【图像】▷【调整】▷【曲线】菜单命令。

❷ 在弹出的【曲线】对话框中的【通道】下拉列表中选择【红】选项。

❸ 使用鼠标拖曳曲线（或设置【输入】为"175"，【输出】为"103"）。

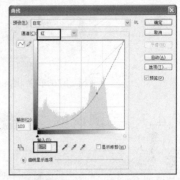

❹ 单击 确定 按钮，调整偏色照片的最终效果如下图所示。

Tips

　使用【匹配颜色】命令能够使一幅图像的色调与另一幅图像的色调自动匹配，这样就可以使不同的图片拼合时达到色调统一的效果，或者对照其他图像的色调修改自己的图像色调。

20.3.4　实例总结

本实例主要讲解使用【匹配颜色】命令快速地调整偏色的照片的方法。【匹配颜色】对话框中的【中和】复选框的作用是将颜色匹配的效果减半，这样在最终效果中将保留一部分原先的色调。

20.4　去除照片上的多余物

📽 **本节视频教学录像：6 分钟**

在拍照的时候，照片中难免会摄入一些自己不想要的人或物体，下面就来学习如何去除照片上多余的人或物。

20.4.1 实例预览

素材\ch20\多余物.jpg

结果\ch20\去除照片上的多余物.jpg

20.4.2 实例说明

实例名称：去除照片上的多余物
主要工具或命令：【仿制图章工具】和【曲线】命令等
难易程度：★★★★★　　常用指数：★★★★★

20.4.3 实例步骤

第1步：打开文件

❶ 选择【文件】➤【打开】菜单命令。

❷ 打开随书光盘中的"素材\ch20\多余物.jpg"素材图片。

第2步：使用【仿制图章工具】

❶ 选择【仿制图章工具】，并在其参数设置栏中进行如下图所示的设置。

❷ 在需要去除物体的边缘按住【Alt】键吸取相近的颜色，在去除物上拖曳即可去除。

第3步：调整色彩

❶ 多余物全部去除后，选择【图像】➤【调整】➤【曲线】菜单命令。

❷ 在弹出的【曲线】对话框中拖曳曲线以调整图像亮度（或者在【输出】文本框中输入"119"，【输入】文本框中输入"145"）。

❸ 单击 确定 按钮，完成图像的修饰。

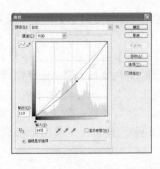

20.4.4 实例总结

本实例主要使用【仿制图章工具】来去除多余的物体，在吸取覆盖的颜色时一定要在去除物的周边吸取，否则就会失真。去除多余物后可以通过调整图像颜色来统一画面的色调。

20.5 调整照片暗部

📽 **本节视频教学录像：3 分钟**

在拍摄的时候，可能会因为光线不足或者拍摄角度的问题使拍摄出的图像偏暗。

20.5.1 实例预览

素材\ch20\暗部照片.jpg

结果\ch20\调整照片暗部.jpg

20.5.2 实例说明

实例名称：调整照片暗部
主要命令：【色彩平衡】命令和【曲线】命令
难易程度：★★★★★　　常用指数：★★★★★

20.5.3 实例步骤

第1步：打开文件

❶ 选择【文件】➢【打开】菜单命令。

❷ 打开随书光盘中的"素材\ch20\暗部照片.jpg"素材图片。

第2步：调整颜色

❶ 选择【图像】▷【调整】▷【色彩平衡】菜
单命令。

❷ 在弹出的【色彩平衡】对话框中的【色阶】
参数框中依次输入"-23"、"+44"和"+3"。

❸ 单击 确定 按钮。

第3步：调整亮度

❶ 选择【图像】▷【调整】▷【曲线】菜单命
令。

❷ 弹出【曲线】对话框，将鼠标指针放置在
曲线上需要拖曳的位置处，然后按住鼠标
左键向上拖曳来调整亮度（或者设置【输
入】为"70"，【输出】为"123"）。

❸ 单击 确定 按钮，完成图像的调整。

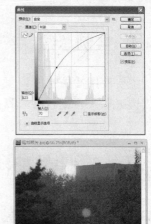

20.5.4 实例总结

本实例主要使用【色彩平衡】和【曲线】命令来调整图像色彩。Photoshop CS4 的图像
调整功能是非常强大的，用户可以针对不同的情况使用不同的命令，或配合其他命令以达
到完美的效果。

20.6 老照片翻新

本节视频教学录像：6 分钟

家里总有一些爷爷、奶奶或是父母的泛黄的老照片，大家可以使用 Photoshop CS4 来翻
新这些老照片，作为礼物送给长辈，他们一定会很高兴的。

20.6.1 实例预览

素材\ch20\老照片.jpg   结果\ch20\老照片翻新.jpg

20.6.2 实例说明

实例名称：老照片翻新
主要工具或命令：【污点修复画笔工具】、【色彩平衡】命令和【曲线】命令等
难易程度：★★★★★　　常用指数：★★★★★

20.6.3 实例步骤

第1步：打开文件

❶ 选择【文件】➤【打开】菜单命令。

❷ 打开随书光盘中的"素材\ch20\老照片.jpg"素材图片。

第2步：修复划痕

❶ 选择【污点修复画笔工具】 ，并在【画笔】选取器中进行如下图所示的设置。

❷ 将鼠标指针移到需要修复的位置，按住【Alt】键，在需要修复处的附近单击鼠标进行取样，然后在需要修复的位置单击鼠标即可修复划痕。

第3步：调整色彩

❶ 选择【图像】➤【调整】➤【色彩平衡】菜单命令，调整图像色彩。

❷ 在弹出的【色彩平衡】对话框中的【色阶】参数框中依次输入"0"、"0"和"+42"。

❸ 单击 确定 按钮。

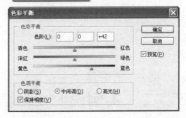

第4步：调整图像亮度

❶ 选择【图像】➤【调整】➤【曲线】菜单命令。

❷ 在弹出的【曲线】对话框中拖曳曲线以调整图像的亮度（或者设置【输入】为"136"，【输出】为"165"）。

❸ 单击 确定 按钮。

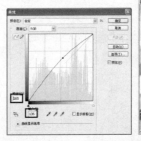

20.6.4 实例总结

翻新旧照片主要是修复划痕和调整颜色，因为旧照片通常都泛黄，因此在使用【色彩平衡】命令时应该相应地降低黄色成分，以恢复照片本来的黑白效果。

20.7　给黑白照片上色

本节视频教学录像：21 分钟

　　我们可以利用 Photoshop CS4 将黑白照片变成彩色照片。例如将自己和爱人童年的黑白照片分别加上颜色，然后合成为一张照片送给自己的爱人，相信他（她）一定会喜欢的。

20.7.1　实例预览

素材\ch20\黑白照片上色.jpg　　　　结果\ch20\黑白照片上色.jpg

20.7.2　实例说明

实例名称：黑白照片上色
主要工具或命令：【钢笔工具】和【模糊工具】等
难易程度：★★★★★　　常用指数：★★★★★

20.7.3　实例步骤

第 1 步：打开文件

❶ 选择【文件】▶【打开】菜单命令。

❷ 打开随书光盘中的"素材\ch20\黑白照片上色.jpg"素材图片。

第 2 步：翻新上衣

❶ 使用【钢笔工具】✒️建立上衣选区。

❷ 新建一个图层并命名为"上衣"。

❸ 设置前景色为黄色（C：0、M：0、Y：100、K：0），然后按下【Alt+Delete】组合键用前景色填充选区。

❹ 调整图层的混合模式为【颜色】，按【Ctrl+D】组合键取消选区。

第3步：翻新裙子

❶ 创建裙子的选区，新建图层并重命名为"裙子"，填充为蓝色（C：86、M：78、Y：0、K：0）。

❷ 调整图层的混合模式为【变暗】，按【Ctrl+D】组合键取消选区。

第4步：调整身体

❶ 创建腿、胳膊和面部的选区，新建图层并重命名为"身体"，填充为棕色（C：4、M：10、Y：37、K：0）。

❷ 调整图层的混合模式为【颜色】，按【Ctrl+D】组合键取消选区。

第5步：翻新头巾

❶ 创建头巾的选区，新建图层并重命名为"头巾"，填充为红色（C：0、M：100、Y：100、K：0）。

❷ 调整图层的混合模式为【线性减淡】，按【Ctrl+D】组合键取消选区。

第6步：融合边缘

❶ 按【Ctrl+Shift+E】组合键合并所有图层。

❷ 选择【模糊工具】，在两种颜色的交接处进行模糊操作，使两种颜色能够自然地融合。

20.7.4 实例总结

在旧照片翻新的时候要注意颜色的搭配，保留原来黑白图像的明暗变化效果，最后处理好不同颜色区域的交接位置，使其能够自然地融合。

20.8 举一反三

根据本章所学的知识，修复一张人物照片。

素材\ch20\坏照片.jpg   结果\ ch20\修复坏照片.jpg

提示：

(1) 使用【污点修复画笔工具】 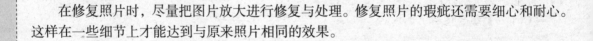 修复划痕；

(2) 使用【曲线】命令调整亮度；

(3) 使用【色彩平衡】命令调整颜色。

20.9 照片瑕疵类处理通用法则

在修复照片时，尽量把图片放大进行修复与处理。修复照片的瑕疵还需要细心和耐心。这样在一些细节上才能达到与原来照片相同的效果。